# O DIA EM QUE VOLTAMOS DE MARTE

## Tatiana Roque

Uma história da ciência e do poder com pistas para um novo presente

CRÍTICA

Copyright © Tatiana Roque, 2021
Todos os direitos reservados.

*Preparação:* Thais Rimkus
*Revisão:* Renato Ritto e Fernanda Guerriero Antunes
*Diagramação:* Márcia Matos
*Capa:* Luciana Facchini

Dados Internacionais de Catalogação na Publicação (CIP)
Angélica Ilacqua CRB-8/7057

---

Roque, Tatiana
  O dia em que voltamos de Marte: uma história da ciência e do poder com pistas para um novo presente / Tatiana Roque. - São Paulo: Planeta, 2021.
  368 p.

Bibliografia
ISBN 978-65-5535-483-6

1. Ciência - História 2. Desenvolvimento social - História 3. Guerras - História 4. Meio-ambiente 5. Futuro I. Título
21-3384                                     CDD 303.483

---

Índice para catálogo sistemático:
1. Ciência - Desenvolvimento - História

 Ao escolher este livro, você está apoiando o manejo responsável das florestas do mundo

2021
Todos os direitos desta edição reservados à
**EDITORA PLANETA DO BRASIL LTDA.**
Rua Bela Cintra, 986 – 4º andar
01415-002 – Consolação
São Paulo-SP
www.planetadelivros.com.br
faleconosco@editoraplaneta.com.br

Para Tania, minha amada mãe, que
segurou as pontas no passado.

Para Matias e toda a sua geração, que
preparam um belo futuro para o mundo,
se tiverem chance.

# Agradecimentos

Obrigada a Eduardo Valdoski, que me deu a ideia de escrever este livro e acompanhou todos os passos com amor.

A minha irmã, Carolina, pela eterna parceria de vida, e a nosso querido pai, Fefé.

A Ana Kiffer, Mariana Patrício, Marici Passini, Masé Lemos e Rosana Pinheiro-Machado, amigas que são parte deste livro e inspiraram tanta coisa que eu nem saberia nomear.

A Adriana Abdenur, Alyne Costa, André Felipe da Silva, Antonio Augusto Videira, Carlos Gadelha, Christine Ruta, Claudine Dereczynski, Eduardo Lociser, Fabio Scarano, Dominichi Miranda de Sá, Fernanda Bruno, Fernando Santoro, Ilana Strozenberg, Ismar Carvalho, João Torres, Josué Medeiros, Lígia Bahia, Lise Sedrez, Luiz Gleiser, Marcos Nobre, Mariana Castro, Miguel Conde, Moysés Pinto Neto, Rebeca Lerer, Renato Noguera, Ricardo Abramovay, Silvia Ulpiano, Silvio Almeida, Simone Kropf, Thiago Krauser, Victor Giraldo e Walcy Santos. Essas pessoas leram partes maiores ou menores, conversaram comigo, indicaram referências, deram ideias que estão no livro de modo consciente ou não. De uma forma ou de outra, vocês estão aí e obviamente não são responsáveis por nenhuma das falhas, que são de minha inteira responsabilidade. Somos sempre uma rede, tecendo ideias de forma coletiva.

A Clarissa Melo e Cassiano Elek Machado, que acreditaram no projeto desde o início.

A Miriam Starosky e toda a equipe que está comigo no Fórum de Ciência e Cultura da Universidade Federal do Rio de Janeiro (UFRJ). Eu não teria conseguido escrever este livro sem a competência e a dedicação de vocês a nossos projetos.

A Denise Pires de Carvalho, Carlos Frederico Rocha e todo o grupo da reitoria. Compartilhamos a difícil e importante tarefa de manter a UFRJ forte e democrática. Uma missão imprescindível neste momento. Devo toda a minha trajetória à UFRJ.

# Sumário

Introdução     9

Parte I – A razão     21
    Capítulo 1 – A vingança de Jean, o matemático     22
    Capítulo 2 – Deus e a ordem dos planetas     29
    Capítulo 3 – A paixão pela verdade     33
    Capítulo 4 – A álgebra contra a intervenção divina     41
    Capítulo 5 – Equações que governam tudo     49
    Capítulo 6 – O nascimento das ciências exatas     59
    Capítulo 7 – A ideia de um futuro melhor     66

Parte II – O progresso     73
    Capítulo 8 – Mary, com a cabeça nos céus     74
    Capítulo 9 – Tempo é dinheiro     81
    Capítulo 10 – Prosperidade a todo vapor     88
    Capítulo 11 – A outra face do progresso     98
    Capítulo 12 – Olhar para o céu com os pés no chão     106
    Capítulo 13 – Computadores humanos     117
    Capítulo 14 – Assim na terra como nos céus     125

Parte III – A guerra     135
    Capítulo 15 – Nas asas de Dorothy     136
    Capítulo 16 – A túnica do Super-Homem     145
    Capítulo 17 – O espírito de 45     154
    Capítulo 18 – Guerra de nervos     164
    Capítulo 19 – Quando a razão quase perdeu a cabeça     171
    Capítulo 20 – Botões que se apertam sozinhos     178
    Capítulo 21 – Olhos no céu     186
    Capítulo 22 – O espaço, a fronteira final     196
    Capítulo 23 – Era de Aquário     208

Pausa – Como continuar nossa história? 219
Capítulo 24 – Uma descoberta que deslocou o tempo 220
Capítulo 25 – O clima virou um problema 234
Capítulo 26 – Modelos não são fórmulas 258
Capítulo 27 – A verdade não faz política 264
Capítulo 28 – Retomar os negócios: em Marte 277

Parte IV – A vida (Viagem de volta à Terra) 289
Capítulo 29 – O novo pacto verde 290
Capítulo 30 – A bússola invertida 306
Capítulo 31 – Do arroz ao açaí, do urânio às vacinas 318
Capítulo 32 – Cuidar do futuro, agir no presente 332
Capítulo 33 – Chegamos ao fim da picada, e agora? 341
Conclusão – O pouso na Terra 357

# INTRODUÇÃO

Meu tataravô era cacique. Chamava-se Simão Trancinha, da tribo dos goitacases. Vivendo na cidade e considerado sábio na região, era convidado a opinar quando aparecia algum conflito. Certa vez foi o caso de uma briga entre dois posseiros, um que plantava milho e outro que criava galinhas. Nada tão importante. Viviam em Campos dos Goytacazes, no norte do Rio de Janeiro. Cada um tinha uma roça e uma espingarda. Antes de partir para as vias de fato, consultaram Simão Trancinha – felizmente!

O caso era que as galinhas de um tinham avançado no terreno do outro e comido toda a sua plantação de milho, causando um prejuízo modesto, porém desagradável. O dono do milho, achando-se coberto de razão, clamava por um posicionamento contra o dono das galinhas, no que se via apoiado por vizinhos e lavradores indignados. Foi grande a surpresa quando o cacique disse que quem tinha razão era o dono das galinhas, essas impertinentes que comeram o milho do outro. "Como assim? As galinhas dele comeram meu milho, eu que tenho razão!", respondeu o dono da plantação. Ao que Trancinha respondeu, sem pestanejar: "Por isso mesmo. A regra está a seu lado, logo tenho que dar razão a ele. Se ficar sem razão nenhuma, pode se zangar feio".

Lógica estranha. Só mesmo alguém distante de nossas leis pode argumentar de um jeito tão curioso. Para nós, que nos consideramos civilizados, razão não é algo que se possa tirar de quem tem e dar a quem não tem. Ou a lei está ao lado da pessoa, fazendo com que tenha razão, ou está contra. Ocorre que, na querela de Campos dos Goytacazes, ambos eram posseiros, sem título de propriedade para recorrer ao sistema jurídico. Ainda assim, esperava-se que os critérios para decidir quem estava certo seguissem as normas correntes, o que impedia qualquer pessoa de sair por aí distribuindo razão a quem não tem. Simão Trancinha não estava nem aí para o esperado; tem horas que seguir um caminho reto agrava os problemas. Achou mais sábio levantar o moral do dono das galinhas. Afinal, ele era tão ferrado quanto o dono do milho, mas, diferentemente desse, não tinha ninguém ao lado, nem os vizinhos, nem os costumes.

Moral da história: quando alguém está muito sem razão, precisa de uma saída honrosa. Se, além de não ter razão, a pessoa fica sem apoio e sem dignidade, é capaz de se enfurecer e partir para a agressão. Pode, inclusive, apontar sua munição contra tudo e contra todos – contra um sistema que não lhe dá nada nem lhe garante nada. Nem razão. A pessoa mais perigosa é aquela que nada tem a perder.

# A subida ao espaço sideral e a travessia de volta

Este livro é uma viagem pela história. Começa na época da razão e termina no mundo de hoje, quando o apreço pela razão parece diminuir. Só que essa impressão pode ter dois significados. O primeiro é o de que comportamentos irracionais são mais frequentes. Já o segundo é mais sutil: o mundo não parece funcionar de maneira razoável. A vida em comum vem perdendo apelo e as pessoas parecem viver em mundos paralelos, com regras e valores próprios. No que chamamos de "bolhas". Em algumas dessas bolhas, há quem acredite em teorias conspiratórias ou fatos alternativos. Nossa opinião é de que essas pessoas não são ignorantes nem tomam esses caminhos por falta de conhecimento ou má-fé. O fenômeno chamado de "pós-verdade" é apenas um alarme a indicar outro problema mais abrangente. É como um grito mais alto em meio a rumores de descontentamento, que têm alguma razão de ser e merecem nossa atenção. Muita gente está deixando de acreditar nos pactos que fizeram o mundo funcionar até aqui. Esses acordos uniram a ciência e a política, num casamento que rendeu frutos. É o caso de tantas descobertas e invenções que melhoraram nosso cotidiano. Além disso, as novas tecnologias prometiam um futuro melhor. A partir das expectativas criadas, construíam-se projetos. A sensação de pertencimento a um mundo comum nos dava certa segurança. O avanço científico e tecnológico fortalecia a confiança de que as dificuldades que restassem seriam resolvidas com o passar do tempo. Hoje, essa confiança está se desfazendo. As pessoas começaram, então, a se reunir em pequenos grupos, e esses grupos passaram a funcionar como mundos separados. Como se cada um vivesse em seu próprio planeta.

Onde vamos parar se seguirmos assim? Há quem sugira ir para Marte. De verdade, não é brincadeira. Alguns bilionários têm investido em planos para colonizar o planeta vizinho. Para eles, essa é uma saída possível caso tenhamos que abandonar a Terra. Ou seja, caso as mudanças climáticas se agravem ou recursos essenciais, como a água, se esgotem. Mas cabe todo mundo nesse projeto? Não, seria impossível. Visitar Marte, tudo bem. Contudo, reencontrar nossa moradia naquele planeta não é razoável. Na prática, trata-se de um atalho para evitar uma apreciação séria e comprometida de problemas que nos espreitam. Problemas graves e desafiadores demais, que demandam saídas em que caiba todo mundo. Por isso, neste livro, daremos pistas para voltarmos a acreditar na vida na Terra.

Como a ciência e a política podem criar novos pactos para reconquistar a confiança? Vamos buscar uma resposta usando a história como aprendizado. A historiadora da ciência Naomi Oreskes batizou seu livro recente com a pergunta *Por que confiar na ciência?*.[1] Convenhamos que há alguns anos essa frase, escrita como uma pergunta, sequer faria sentido. Que a questão precise ser respondida já sugere a corrosão de antigos acordos. Antes de encontrar novos caminhos, contudo, é preciso entender a crise que afeta a ciência e a política ao mesmo tempo.[2] Por isso, narramos suas histórias juntas, escolhendo momentos emblemáticos dos últimos trezentos anos. A ciência descobriu e descreveu as leis que movem os planetas. No século 18, esses conhecimentos foram determinantes na criação de uma visão de mundo apoiada na lei de gravitação universal. Também surgiram instituições para que o público acompanhasse os avanços científicos e apreciasse a utilidade das invenções tecnológicas. O Observatório Astronômico foi uma das mais importantes e ganhou o mundo no século 19. Depois vieram as guerras e, na segunda metade do século 20, a corrida espacial e os primeiros passos do homem na Lua. O impossível parecia ter-se tornado realidade. Desde 1972, contudo, nenhum ser humano voltou a pisar em nosso satélite natural. Por que será? Falaremos disso em detalhes adiante. Sem querer dar *spoiler*, a resposta está no contexto político da Guerra Fria.

O lugar da ciência não é numa torre de marfim, protegida do debate político. A confiança depositada nesse modo de conhecer o mundo mudou com o tempo e com os contextos de cada época. Nas páginas seguintes, contaremos histórias da ciência, enfatizando momentos virtuosos, quando ela entrou na vida social e no cotidiano das pessoas. Para isso, foi preciso muito trabalho e articulação. Encantar e envolver as pessoas comuns, quer dizer, aquelas que não tinham formação científica aprofundada, era um projeto em si mesmo. Foi assim que o casamento entre ciência e política funcionou. O sistema planetário

---

1. Oreskes, Naomi. *Why Trust Science?* Princeton: Princeton University Press, 2019.

2. Roque, Tatiana. "A queda dos experts". *piauí*, maio de 2021. Disponível em: https://piaui.folha.uol.com.br/materia/queda-dos-experts/. Acesso em: junho 2021.

guia a narrativa, pois envolve desde a relação com Deus e a ordem do Universo até a nossa capacidade de prever fenômenos e desafiar a gravidade para ir ao espaço. Nossa imagem do planeta é marcada por essa história, que une astronomia, matemática e física. Mas não só. Envolve o poder, a sociedade e o público em geral.

Duas histórias serão narradas em conjunto. Uma é a dos movimentos planetários: a admissão da ação da gravidade como princípio universal, a matemática da mecânica celeste, a previsão da passagem dos astros, a corrida espacial, a intervenção de forças humanas no clima e no equilíbrio da Terra. A outra é a história da industrialização, do comércio internacional, da colonização, das guerras, da democracia, das lutas dos excluídos e dos conflitos mundiais. Esses acontecimentos fizeram parte de uma narrativa única, ao menos nos últimos trezentos anos. Porém, recentemente, essas histórias começaram a se separar.

No meio do caminho, uma descoberta foi decisiva para a mudança de rumos, tornando difícil refazer os mesmos pactos: a ação humana está alterando o clima do planeta de forma grave. A ciência vem mostrando isso. Essa descoberta alterou a relação entre os fatos e o poder. Além disso, embaralhou nossa percepção do futuro, pois ainda não conseguimos enxergar – de forma positiva – como será um mundo sem combustíveis fósseis e com as transformações econômicas exigidas por isso. Além das indústrias, há os aviões e os carros, o plástico ou as tintas, além de certas comidas e alguns remédios. Para todas essas coisas, há alternativas, porém algumas são fáceis de ser aceitas, e outras, difíceis. Nossos modos de vida serão afetados de um jeito que ainda não conseguimos vislumbrar. Talvez por isso a imagem de futuro esteja povoada por distopias, como as que vemos no cinema em desenhos infantis, como *Wall-E,* ou em sucessos de público, como *O dia depois de amanhã*. Neles, há só terra arrasada. No máximo ilhas de prosperidade destinadas a poucos.[3]

Sentimos o tempo deslocado, como se a linha histórica que vínhamos seguindo tivesse se rompido. De fato, algo se rompeu. A aposta nos avanços tecnológicos como guias seguros para um futuro melhor convence menos hoje do que décadas atrás. A ciência sempre foi uma promessa de resgate em meio a turbulências. Ao longo dos últimos séculos, o conhecimento serviu para prolongar a vida,

---

3. É o caso, respectivamente, das séries *Round 6* e *3%*, ambas da Netflix.

curar doenças, produzir alimentos e criar máquinas para maior comodidade cotidiana. Mais recentemente, contudo, a tecnologia também tem despertado apreensão: os robôs podem substituir a força de trabalho humana? Um conflito nuclear tem chance de destruir o planeta? Agrotóxicos e transgênicos acarretam males definitivos à saúde? Até onde as pesquisas sobre o genoma humano podem nos levar? As novas tecnologias envolvem riscos, como ficou evidente para a sociedade desde a explosão das bombas atômicas no fim da Segunda Guerra Mundial. Por isso, decisões sobre os usos da ciência devem levar em conta fatores políticos e sociais.

A ciência e a tecnologia serão essenciais para enfrentarmos a crise climática que se anuncia, pois teremos que adaptar os sistemas produtivos e mudar totalmente a energia utilizada. Mas isso não substitui nem ameniza a necessidade de grandes transformações sociais e políticas. Teremos que refazer os pactos, e eles terão que ser muito diferentes dos que funcionaram no passado.

# Duas histórias

Todos os anos, após o verão, a população do Rio de Janeiro, assim como a de várias regiões do Brasil, sofre as consequências das chuvas. O impacto é mais grave para quem mora em favelas, várzeas de rios ou encostas. Costumamos entender os temporais como fenômenos da natureza. Como são esperados, a solução depende da ação humana e da boa vontade política, que parece rara. Uma vez, conversando com moradores da Rocinha, uma das maiores favelas da capital fluminense, quis saber como eles percebem as mudanças climáticas. O lixo logo apareceu na conversa. Os danos dos temporais poderiam ser evitados se houvesse uma coleta de lixo bem-feita e políticas de saneamento básico. Além disso, eles notam que as chuvas estão se tornando mais extremas, o que vai agravar o problema. Essa situação envolve duas histórias. Uma, a do descaso dos políticos com as populações mais vulneráveis. Outra, as chuvas fortes, que costumam ser vistas como um fenômeno natural e inevitável (como se estivesse fora da história). Em geral, pensamos mais na primeira história, pois a causa dos desastres é a falta de iniciativas para prevenir os danos dos temporais. Isso porque variáveis como o calor, o vento e a chuva não costumam ser enxergadas como suscetíveis à ação humana. Claro que esses eventos sempre afetaram a vida das pessoas – é o que a história ambiental tem mostrado. Mas, até aqui, esses fenômenos não eram vistos como causados pelo ser humano. Logo, bastaria que os políticos agissem mais e melhor, a fim de prevenir os estragos de desastres naturais previsíveis, já que são cíclicos. Isso ainda precisa ser feito e é mais urgente do que nunca. Chega a ser espantoso que temporais repetidos ano após ano sejam prenúncio das mesmas tragédias sempre. Mas hoje o problema está se agravando, pois as chuvas tendem a ser mais intensas. Ou seja, quando chove o volume da precipitação tende a ser maior. A novidade assustadora é que esse aumento de eventos extremos foi provocado pelo ser humano. Quer dizer, não se trata mais de um desastre natural. A ciência do clima mostra que o aquecimento global, provocado pelas atividades humanas, aumenta a frequência e a intensidade das chuvas ou das secas, a depender da região.[4] Ou seja, os eventos extremos estão se tornando mais frequentes e tendem a ser cada vez mais extremos.

Nossa história política é repleta de descaso com os mais pobres. Mas também ressalta conquistas, períodos de prosperidade ou rupturas, como as revoluções. Essa história inclui tempestades, vulcões, meteoritos, terremotos ou tsunâmis. Mas esses acontecimentos fazem parte da história da Terra, da natureza ou do sistema planetário. As duas histórias se dão em escalas tão distintas que costumamos vê-las separadamente. Elas se cruzaram, porém, depois da descoberta científica de mudanças climáticas planetárias provocadas pelo ser humano. Isso quer dizer que nós modificamos o clima do planeta, assim como vulcões, terremotos e meteoritos fizeram no passado. O uso de combustíveis fósseis por indústrias ou meios de transporte, mas também a agricultura e a pecuária em grandes extensões, está transformando a atmosfera terrestre e muitas outras condições do planeta. A humanidade sempre foi uma força de transformação biológica da Terra, mas, nos últimos setenta anos, converteu-se em força geológica (já que alterou o próprio clima).

---

4. O impacto em diferentes regiões do globo pode ser visto no Atlas que acompanha o último relatório do IPCC (Painel Intergovernamental sobre Mudanças Climáticas). Disponível em: https://interactive-atlas.ipcc.ch. Acesso em: agosto de 2021.

Essas descobertas embaralharam as caixinhas em que costumávamos guardar – separadamente – a história humana e a história da Terra. O historiador indiano Dipesh Chakrabarty diz que a defasagem entre a seriedade do problema e a mobilização para enfrentá-lo (que ainda é baixa) pode ser explicada pela surpresa com o ineditismo dessa descoberta.[5] Não fomos acostumados a pensar que a história das conquistas humanas tenha relação com a história das formações rochosas, dos oceanos, da atmosfera e da explosão de uma bola de fogo em milhares de planetas. Agora, porém, nossos modos de produção não habitam o eixo da história humana apenas: eles interferem no clima da Terra. Dióxido de carbono emitido por veículos e indústrias ou lixo residual de nosso consumo – como o plástico – fazem parte da história planetária. Estamos habituados a viver com a segurança de que a terra, o céu ou a água vão sempre nos proporcionar um solo estável, sobre o qual poderemos construir novas formas de vida. Foi assim que a formação ocidental nos ensinou. A ideia de que esses recursos estão se esgotando ainda não foi assimilada como deve ser, tampouco o foi a consciência de que a escala de recuperação é de milhões de anos, ou seja, está fora da escala de tempo da humanidade. A Terra já existia – e pode continuar a existir – sem o ser humano. Assim, uma visão do planeta depois de nossa passagem por aqui passou a ser uma possibilidade. Isso nos desorienta e pode dificultar a ação para reverter esse processo. Soluções imediatas para conter os danos existem, mas precisam ganhar escalas mais abrangentes e maior intensidade.

A pandemia de covid-19 pode ter mudado um pouco esse quadro. Estudos científicos mostram que a destruição de seu hábitat natural leva animais, como morcegos, a terem mais contato com humanos, aumentando a transmissão de vírus desconhecidos.[6] É bastante provável que novas pandemias aconteçam, sobretudo se não fizermos nada para preservar as florestas.[7] Seguir no automático terá o preço de aprofundar a crise ambiental, fazendo com que pandemias e eventos extremos, como secas e tempestades, tornem-se mais frequentes. Mas esses dois

---

5. Chakrabarty, Dipesh. *The Climate of History in a Planetary Age*. Chicago: University of Chicago Press, 2021.

6. Quammen, David. *Contágio: infecções de origem animal e a evolução das pandemias*. São Paulo: Companhia das Letras, 2020.

7. Morens, David; Fauci, Anthony S. "Emerging Pandemic Diseases: How We Got to Covid-19". *Cell*, n. 182, setembro de 2020, pp. 1.077-92.

anos de pandemia também mostraram que uma desaceleração da economia mundial pode ser necessária, embaralhando a linha do tempo do progresso. A parte mais difícil no enfrentamento da crise sanitária foi implementar as medidas de proteção necessárias no contexto de uma economia que depende da circulação de pessoas e mercadorias. Por isso, a necessidade de um novo contrato social ficou mais evidente do que nunca. Como esse aprendizado pode inspirar transformações?

Há um desajuste em nosso tempo, sentido como angústia e desespero por muita gente. Essa sensação tem lastro nas mudanças pelas quais o mundo está passando e que desafiam as antigas formas de unir ciência e política. As saídas ainda não são evidentes para todo mundo, tampouco as possibilidades de futuro. Sendo assim, não podemos tirar a razão de quem não consegue mais confiar que tais mudanças ocorrerão para melhor. Devemos criar, juntos, novas razões para seguir acreditando, com os pés fincados na Terra.

## O que você encontrará neste livro

Começamos pela época da razão, quando foi dado o primeiro passo para a descrição do movimento dos planetas em torno do Sol, sem recorrer à intervenção divina. À diferença dos séculos anteriores, Deus passou a ter participação comedida nas leis naturais, cujo novo exemplo paradigmático foi a gravidade. O século 18 costuma ser celebrado como a época das Luzes, outro nome para o Iluminismo. Veremos que a paixão pela verdade era mais importante do que a verdade em si. Não à toa, o conhecimento letrado era praticado em ambientes mundanos e a ciência invadia cafés, salões e saraus literários. Foi então que as ciências exatas passaram a ser valorizadas e as promessas da técnica sustentaram a aposta de que o futuro avançaria sempre para melhor.

A segunda parte é dedicada ao progresso. Em meados do século 19, surgiram ciências com impacto direto em inovações, como o telégrafo, relacionadas à prática da astronomia. Grandes exposições universais, verdadeiras feiras de ciência e tecnologia, buscavam afirmar o progresso como ideal de um mundo que se tornava interligado pelo comércio. Era uma visão parcial e essencialmente europeia, da qual muitas pessoas, dentro e fora do continente, viam-se excluídas. O outro lado da festa foi a separação convicta – e pretensamente científica – entre povos civilizados e selvagens. Mas o ideal de progresso vigorou porque foi estimulado por instituições portentosas e populares, que datam desse período.

Saltamos para a guerra, na terceira parte. Muitas tecnologias emblemáticas foram criadas durante ou logo após a Segunda Guerra Mundial, como a bomba atômica, os computadores digitais e os foguetes. A ordem mundial se transformou, com o poder conquistado pelos Estados Unidos e o processo de descolonização. A narrativa otimista de que a ciência e a tecnologia serviriam apenas ao bem da humanidade foi posta em questão. A uma guerra explícita seguiu-se outra, a Guerra Fria, baseada em espionagem e batalhas simbólicas. Dessa disputa, surgiram os satélites, com o pioneiro, *Sputnik*, lançado pela União Soviética em 1957. Depois, veio a réplica e a tréplica, com a corrida espacial e a viagem à Lua. A ciência nunca foi tão explicitamente política quanto no pós-Segunda Guerra Mundial. Protestos de diferentes tipos fecham o período, como as marchas pelos direitos civis, os atos de 1968, a insurreição contra a Guerra do Vietnã e o nascimento dos movimentos ecológicos. Exatamente quando protestos políticos e culturais começaram a questionar aquela ordem mundial, a Terra foi vista inteira do espaço pela primeira vez. Ainda não se imaginava que aquele planeta solitário era tão diferente dos outros, pois agia sobre ele uma força singular chamada "homem".

Uma pausa é necessária para entrarmos nos anos 1980 e 1990. A Administração Nacional da Aeronáutica e Espaço (NASA) passou por mudanças desde então, voltando-se para o estudo da Terra, que começou a ser vista como um sistema sujeito à interferência de diversos fenômenos interligados. Com o desenvolvimento dos satélites e a expansão dos computadores, os modelos se aprimoraram. Tornou-se mais precisa e rigorosa a constatação de que os seres humanos vinham agindo de modo comparável a uma força geológica, alterando as condições atmosféricas. Uma reviravolta decisiva era gestada: a humanidade já estava alterando o clima do planeta – e de modo definitivo. A noção de Antropoceno começou a ser debatida e a ciência do clima nasceu, diferenciando-se da meteorologia. Também começou a ficar evidente que a história progressiva contada nas primeiras partes deste livro, centrada na Europa e nos Estados Unidos, não tinha lugar para o resto do mundo.

O historiador da ciência espacial Erik Conway designa a inversão de prioridade da NASA como uma "volta à Terra" (*back to Earth*, em inglês).⁸ As pesquisas que visavam a explorar Marte passaram a investigar a Terra, levando a proposta de que o planeta deve ser visto como um sistema suscetível à interferência de muitos estímulos interligados. Essa ideia ressoa com o chamado do filósofo Bruno Latour para que pousemos na Terra de novo, inventando formas de vida mais terrestres e contrapondo a tendência escapista de fuga para Marte (que seria um modo de definir os negacionismos).⁹

A parte final do livro se dedica à vida e se volta para os países do Sul, em particular para o Brasil. Países que estiveram à margem da história da industrialização, mas que serão os mais afetados por suas consequências. O Brasil tem um papel determinante para evitar a crise climática, pois possui a maior parte da Amazônia, cujo desmatamento compromete qualquer política ambiental. Sem a terra-floresta, alerta o ianomâmi Davi Kopenawa, "a terra esquenta e permite que epidemias e seres maléficos se aproximem de nós".¹⁰

Não é que o Brasil tenha um lugar grandioso no mundo, como já se acreditou (seríamos "o país do futuro"). Mas novos projetos precisam ser capazes de resolver dois problemas que nos definem: a desigualdade e a negligência com o meio ambiente. Em várias partes do mundo, surgem ideias para um novo pacto verde (*green new deal*, em inglês). Mas como elas podem ser adaptadas a um país como o Brasil? Como a alcunha "verde" pode ganhar novos sentidos no Sul? Um pacto verde precisa contar novas histórias e recusar a temporalidade acelerada do pós-guerra.

O objetivo deste livro é despertar a sensibilidade histórica para o momento em que vivemos, que é excepcional e sem precedentes. Não adianta sonhar com castelos de areia em Marte, ou seja, com futuros que parecem promissores, mas trazem armadilhas. Feitos esses alertas, tentamos resumir o pouso em dez passos no fim do livro, como uma preparação para criarmos caminhos coesos e duradouros. São apenas pistas para vivermos na Terra construindo um novo presente.

---

8. Conway, Erik M. "Bringing NASA back to Earth: A Search for Relevance during the Cold War". *In:* Oreskes, Naomi; Krige, John. *Science and Technology in the Global Cold War*. Cambridge: MIT Press, 2014.

9. Latour, Bruno. *Onde aterrar? Como se orientar politicamente no Antropoceno*. Rio de Janeiro: Bazar do Tempo, 2020.

10. Kopenawa, Davi; Albert, Bruce. *A queda do céu: palavras de um xamã yanomami*. São Paulo: Companhia das Letras, 2015, p. 480.

# PARTE I
# A RAZÃO

Capítulo 1
# A VINGANÇA DE JEAN, O MATEMÁTICO

Um bebê abandonado na escadaria da igreja. Franzino, quase esquelético, parecendo faltar pouco para o último suspiro. Jogado numa carroça, passou de mão em mão até encontrar uma cuidadora. Demorou a aparecer uma alma piedosa, disposta a cuidar do infeliz. Quem diria que, anos mais tarde, ele se tornaria um dos matemáticos mais célebres do século 18. O nome dele traz a marca desse destino nefasto: Jean le Rond d'Alembert.

A igreja onde fora encontrado, em Paris, era devota de São João Batista, santo que, na França, tinha o apelido de "O Redondo". Em francês, diz-se, portanto, Jean le Rond. Durante bom tempo, enquanto era estudante, o futuro matemático usou apenas esses primeiros nomes: Jean, o Redondo. Episódios pouco conhecidos de sua vida levam a crer que o sofrimento foi parceiro de Jean antes que ele se tornasse o grande D'Alembert. Seu caminho do abandono à fama não foi casual. Deixar um legado é um objetivo que exige determinação, coisa que não lhe faltava. Em breve, o mesmo mundo que quase apagou sua existência teria motivos de sobra para notar sua presença e julgá-la imprescindível.

Além de abandoná-lo ainda bebê, a mãe do pequeno Jean nunca buscou contato com o filho. Claudine Guérin de Tencin, conhecida como Madame de Tencin, era figura conhecida nas altas rodas parisienses, uma dama dos salões literários. O século 18 viu proliferar essas verdadeiras festas das letras, ambientes cultos, acessíveis a um público mais amplo que o acadêmico. Bastava ser versado em filosofia, artes ou literatura para ter lugar garantido. A aristocracia recebia uma educação exclusiva, em escolas inacessíveis aos mortais. Mas, no século das Luzes, mesmo plebeus, sem título de nobreza, podiam entrar no mundo da alta cultura. Cafés, festivais e salões serviam a essa frequentação. Aí se faziam amizades, recitavam-se poemas, liam-se textos profundos, também se bebia muito e se comia bem. Boa parte dos salões era comandada por mulheres, damas da sociedade com comportamento avançado para a época, pois não eram necessariamente casadas nem dedicadas à vida familiar. Madame de Tencin, então, comandava um famoso salão parisiense. Fazia parte do pequeno contingente de mulheres que começavam a fundar novos costumes. Não nos cabe julgá-las, portanto. O jogo estava contra elas: nenhuma ajuda para criar os filhos, julgamento moral severo de uma sociedade ainda pouco habituada a aceitar mulheres autônomas. Devia ser difícil manter uma vida ativa nos salões e cuidar de um bebê, ainda mais sem marido.

O pai provável de Jean le Rond era um senhor chamado Destouches. Era um militar que estava em missão fora do país quando Jean nasceu, mas foi procurá-lo assim que voltou a Paris, concedendo-lhe uma boa pensão. Essa é a versão oficial, encontrada em muitas biografias de D'Alembert. Suspeita-se, porém, a partir de pesquisas mais recentes, que o militar não tenha sido o verdadeiro progenitor do matemático.

Jean entrou para a história como D'Alembert. Há até um teorema de matemática com esse nome, versando sobre a divisão de polinômios. Como sempre se assume a existência de grandes gênios por trás dos resultados matemáticos, pouco se conhece das vidas por trás dos grandes nomes. Quando se fala de "postulado de Euclides" ou "leis de Newton", quem pensa sobre os percalços na vida desses homens? Quase sempre é mais complexa do que se imagina. No caso de D'Alembert, é uma baita surpresa aprender que esse sobrenome famoso não é de sua mãe biológica nem de seu pai oficial. Mais estranho ainda é que, presumidamente na época em que Jean foi concebido, estava em Paris um duque chamado Léopold-Philippe-Charles-Joseph d'Arenberg. Pode ser mera coincidência, mas o nobre belga era figura fácil nos salões literários, em particular na casa de Madame de Tencin.

Apesar de plebeu, Jean foi aceito em uma escola reservada aos nobres, o Colégio das Quatro Nações. Quando inscrito, usou o nome Jean le Rond d'Arenberg, como consta nos registros do estabelecimento. Só mais tarde mudou o sobrenome para D'Alembert, hoje célebre no mundo da ciência.

Não há indícios de que o matemático soubesse sua história em detalhes. Ainda que tenha escrito muito, D'Alembert contou pouco sobre si mesmo. É certo, porém, que a vida tortuosa determinou muitos de seus passos. E talvez tenha contribuído para sua capacidade de foco. Desde cedo, parecia claro que, mais que a fortuna, Jean buscava um propósito. Um caminho que o tornasse relevante em seu tempo. Numa época de mudanças, não era fácil escolher o rumo a seguir. Mas seu faro provou-se apurado.

Logo após concluir os estudos em direito, D'Alembert passou a se dedicar com afinco à matemática. Não havia emprego nem renda fácil para quem escolhia o caminho das ciências. Só mesmo algum prestígio e, mesmo assim, reservado a poucos. Com 24 anos, conseguiu ingressar na Academia de Ciências de Paris, a instituição mais prestigiosa para um cientista. Não havia dúvidas do brilhantismo do jovem Jean, que, apesar da idade, tinha ideias matemáticas relevantes.

O caminho da ciência era árduo, mas, quando dava certo, proporcionava um reconhecimento sólido. Esta era uma novidade da época: a possibilidade de ascender socialmente pelo saber, considerando que "subir de vida" não significava necessariamente ganhar dinheiro, e sim ser respeitado, construir uma reputação. Além disso, o conhecimento dava acesso ao mundo culto, que fervilhava nos salões parisienses e em diferentes instituições inovadoras para a época.

Nas primeiras décadas do século 18, surgia na França uma verdadeira República das Letras. Para ser aceito como membro, era preciso praticar um saber amplo e não especializado, ser um homem de gosto e distinguir-se pelo espírito filosófico. D'Alembert sabia que o público apreciava essas qualidades, mas a elas deveriam se somar preocupações com o rigor.[1] Reconhecido como cientista e homem de espírito, ele tinha passe livre tanto na academia como nas festas mundanas das artes e das letras. Era assíduo no salão de Madame du Deffand, frequentado por Voltaire e outros ícones do Iluminismo. Foi ali que conheceu sua grande amiga, por quem parece ter se apaixonado: Julie de Lespinasse. Além desse, foram muitos os salões frequentados por ele. Menos um: o de Madame de Tencin.

É verdade que o salão de sua mãe era mais voltado para a política e que ela morreu em 1749, no início da carreira de D'Alembert. Chegou a correr um boato de que a dama teria procurado o filho quando tomou conhecimento de sua fama, e D'Alembert teria recusado o convite. Nada disso aconteceu. À amiga Madame Suard, o matemático confidenciou o desejo de ter encontrado a mãe: "Ah! Jamais teria recusado os abraços da mãe que os pedisse; seria tão doce recebê-la".[2]

D'Alembert foi, sim, à forra. Mas sua vingança não foi rejeitar a mãe que o abandonou e provavelmente jamais o procurou. Foi destacar-se em seu tempo, conquistando reconhecimento por seus méritos e sua dedicação. É por esse motivo, mais até que por suas teorias, que D'Alembert pode ser considerado um ícone do Iluminismo. O espírito da época incentivava o mérito pessoal e aproximava o conhecimento acadêmico do saber mundano, unindo a ciência às artes e às letras.

---

1. D'Alembert, Jean le Rond. "Réflexions sur l'état présent de la république des lettres, 1760". *In:* Henry, M. Charles. *Oeuvres et correspondances inédites de D'Alembert.* Paris: Perrin et Cie, 1887, pp. 67-114.

2. Launay, Françoise. "Les identités de D'Alembert". *Recherches sur Diderot et sur l'Encyclopédie*, 2012, v. 47.

O discurso preliminar da *Enciclopédia*, escrito por D'Alembert em 1751, tornou-se um emblema da visão de que o pensamento transforma. Em 1753, um livro com textos juntando diversos saberes (chamado de "misturas") visava atingir um público vasto, já que D'Alembert não se contentava com uma obra especializada demais, cujo alcance era restrito.[3] Era preciso abrir novos horizontes e conquistar um número maior de pessoas para o saber.

As regras do reconhecimento público eram caprichosas. A República das Letras podia amar alguém num dia e maldizer os mesmos ídolos noutro. A reputação contava muito no século 18, e isso tinha um lado bom e um ruim. Por um lado, permitia ir além da consideração reservada a nobres e aristocratas, que exigia atributos inalcançáveis, obtidos apenas por nascença. Mesmo que não falasse disso, D'Alembert tinha sido um bebê rejeitado. Caía-lhe como uma luva o papel de porta-voz de um novo tipo de reconhecimento, independente de *pedigree*. Por outro lado, a reputação era traiçoeira; poderia alçar uma pessoa ao topo e destruí-la em seguida com a mesma facilidade. O uso de sátiras, por exemplo, era um jeito corriqueiro de queimar reputações. D'Alembert não queria correr o risco – e talvez nem suportasse uma exposição pública depois de tudo o que passara na vida.

As relações entre saber e poder estavam mudando. Se, antes, bastava o poder assegurado pelo nascimento, reservado à nobreza e aos afortunados, agora, mesmo grandes nomes precisavam da aprovação do público letrado, a quem cabia construir (ou destruir) reputações. Homens de letras eram formadores de opinião, e começava a existir um público mais amplo, culto, com espírito crítico apurado, que julgava os homens de poder. O instrumento para ocupar essa posição estratégica era o talento.

Além disso, patronos e mecenas garantiam um lugar ao sol para quem, por mérito, se tornasse uma pessoa culta. A República das Letras era, portanto, um meio de assegurar sustento para quem não tinha garantias de berço, mas conquistava acesso ao conhecimento. Antes que instituições garantissem empregos e salários, o que só aconteceria depois da Revolução Francesa, a reputação rendia pensões e outros meios de subsistência. Só que esses fatores tornavam o mundo das letras ainda mais arriscado, além de elitista. Nada disso afetava

---

3. D'Alembert, Jean le Rond. *Mélanges de littérature, d'histoire et de philosophie*. Paris: Briasson, 1753, v. 2.

D'Alembert, pois ele tinha uma pensão garantida, versada por aquele que se supunha ser seu pai, o senhor Destouches. Uma das explicações para tamanha generosidade era a de ser tal senhor um preposto, às escondidas, do pai verdadeiro, o nobre belga.

Mas não era só dinheiro que importava. Para garantir uma posição intelectual de destaque na República das Letras, sujeita à volatilidade da fama, era preciso se proteger. D'Alembert era perfeitamente consciente disso. A posteridade e o reconhecimento sólido só viriam com pesquisas consistentes e legitimadas pelo mundo acadêmico. Ao passo que as letras eram cultivadas, frequentemente, a fim de agradar ao público, a física e a matemática não precisavam disso – poderiam ser praticadas até mesmo numa ilha deserta. É exatamente no meio dessa reflexão que D'Alembert usa, quando ainda não era praxe, o adjetivo "exatos" para designar os saberes capazes de trazer satisfação sem necessidade de reconhecimento público.[4]

A opinião pública era importante, por isso deviam-se unir "clareza e verdade". Contudo, era a verdade que faria durar uma obra filosófica, para além do desejo de divertir ou de impressionar. Mesmo quando destinadas a um público amplo, as obras de D'Alembert continham figuras de geometria e afirmações áridas voltadas a quem preferisse refletir profundamente sobre as coisas. Um combate político e filosófico precisava enfrentar, ao mesmo tempo, dois inimigos: a frivolidade (que tendia a abordar os assuntos de modo superficial) e o academicismo (cujo risco era manter o saber como exclusividade dos iniciados). A *Enciclopédia* escrita por D'Alembert e Denis Diderot, analisada adiante, foi o ápice desse projeto, unindo consistência e capacidade de persuasão.

A altivez e a determinação, nutridas ao longo da vida, podem ter ajudado D'Alembert a encontrar seu lugar no mundo. Teria sido mais fácil se esconder atrás da fama ou da superioridade acadêmica. Mas a época exigia posturas arriscadas, e Jean le Rond, após tantas agruras, desenvolveu uma coragem ímpar para driblar os caminhos fáceis. Relatos biográficos costumam destacar a genialidade precoce do matemático, porém, talvez tenha sido a dor – que também torna as pessoas mais fortes – o ingrediente decisivo na trajetória dele. Por trás do cientista, havia um homem buscando garantias sólidas, não

---

4. Idem. "Essai sur la société des gens de lettres et des grands, sur la réputation, sur les mécènes, et sur les récompenses littéraires". *In:* ibidem, pp. 81-163.

fáceis. Essa é uma linha tênue, que certamente não é para os fracos. Ele poderia não agradar aos salões nem à academia. Mas conseguiu ser celebrado por esses dois mundos.

Algo parecido acontece na vida de muita gente. Das fraquezas mais doloridas, nascem também a coragem e a ousadia. O troco de Jean le Rond contra o infortúnio que o acompanhou desde nascença foi plantar as sementes de um novo modo de buscar a verdade.

# Capítulo 2
# DEUS E A ORDEM DOS PLANETAS

Por que os planetas se movem em torno do Sol? Por causa da lei da gravidade. Isso é ensinado na escola, mas pouco aprendemos sobre as polêmicas envolvidas nessa resposta. Isaac Newton publicou um livro chamado *Princípios matemáticos de filosofia natural* em 1687. Ele já afirmava que os corpos celestes se atraem mutuamente, ou seja, o Sol atrai a Terra, e a Terra atrai o Sol; e o mesmo se passa com Marte, Vênus e os demais. É isso que explica o movimento desses planetas em torno do Sol e dá motivos para que essa lei seja chamada também de "atração universal". Só que, pela mesma lei, esses planetas se atraem mutuamente – e a outros astros –, como a Terra atrai a Lua, e vice-versa. Essa teoria provocou polêmicas que se estenderam até o século seguinte.

Como é possível explicar uma ação a distância? O Sol está separado da Terra por quase 150 milhões de quilômetros. Que tipo de força é essa, capaz de atrair corpos tão longínquos? Poderia ser um ímã gigante, mas o magnetismo não atua a distâncias tão grandes, além de sofrer com o calor. Diante de dúvidas como essas, não demoraram a surgir críticas a Newton – afinal, a ciência sempre avançou a partir de controvérsias. Um matemático alemão chamado Gottfried Wilhelm Leibniz – também responsável por ideias e símbolos por trás do estudo da derivada, assim como Newton – foi o primeiro a contestar essa hipótese. Como explicar que o movimento de um corpo é gerado por outro corpo sem que os dois estejam ligados por algo, como um braço mecânico? Sem que nenhum dos dois tenha asas? Para Leibniz, as leis da mecânica exigem algum traço material que explique o movimento: para fazer uma bola de sinuca se mover, preciso empurrá-la com um taco. Sem explicação desse tipo, Newton estava ressuscitando as qualidades ocultas – explicações ultrapassadas que afirmavam que a causa dos movimentos estavam em qualidades inerentes aos próprios corpos.

Além disso – e mais importante –, nada garantia que a atração que os planetas exercem uns sobre os outros não perturbasse seus movimentos em torno do Sol. Afinal, a Terra se move em torno do Sol porque atrai e é atraída por ele, e isso explica sua órbita elíptica (quase circular) em torno daquele astro, responsável pela temperatura de nosso planeta. Só que Marte também atrai a Terra, e vice-versa. Por que isso não perturba a órbita da Terra, fazendo com que possa se despregar da órbita do Sol? Claro que a massa do Sol é bem maior do que a de Marte. Mas, mesmo assim, juntando a atração de Marte com a de Vênus e de outros planetas, poderiam ocorrer pequenas perturbações da órbita da Terra, comprometendo sua trajetória. Esse problema é conhecido como "estabilidade do Sistema Solar". Nosso sistema ser estável garante que os planetas fiquem sempre girando, como esperado, em torno do Sol, do modo como se observa há tantos séculos.

Diante das críticas, Isaac Newton não titubeou. Publicou nova edição do livro, adicionando uma precaução contra ameaças à estabilidade do Sistema Solar. Inseriu um escólio (uma afirmação posterior a um conjunto de argumentos ordenados) ao capítulo que tratava da atração universal. Pois bem, o escólio de Newton deixaria atônito qualquer cientista em nossos dias: era Deus. O Ser Todo-Poderoso que criou o Sistema Solar e o pôs em movimento seria responsável por garantir sua estabilidade. "Este magnífico sistema de Sol, planetas e cometas poderia somente proceder do conselho e domínio de um Ser inteligente e poderoso", dizia Newton.[1] De tempos em tempos, esse mesmo Deus intervinha para recolocar os planetas em ordem. Caso as órbitas fossem perturbadas pela atração de outros planetas, teriam sua regularidade restaurada pela intervenção divina.

> Um destino cego não poderia mover assim todos os planetas, salvo algumas irregularidades quase imperceptíveis, que podem provir da ação mútua entre os planetas e os cometas e que, provavelmente, se tornarão maiores para um tempo longo, até que enfim este sistema precise ser recolocado em ordem pelo seu Autor.[2]

Essa resposta foi um prato cheio para Leibniz. Com a ironia que lhe era peculiar, acusou o Deus de Newton de ser como um relojoeiro. A cada vez que o mecanismo da atração universal trava, vem um Deus acertar os ponteiros. Aproveitando a deixa de Leibniz, outros cientistas zombaram da explicação de Newton, dando origem a uma das controvérsias mais marcantes da segunda metade do século 17. Por trás do recurso a Deus, nota-se, no pensamento de Newton, uma dificuldade para encontrar a causa da gravitação universal.

> Até aqui não fui capaz de descobrir a causa dessas propriedades da gravidade a partir dos fenômenos, e não construo nenhuma hipó-

---

1. Newton, Isaac. *Princípios matemáticos da filosofia natural*. São Paulo: Nova Cultural, 1987, pp. 167-8.

2. Ibidem, p. 170.

tese; pois tudo que não é deduzido dos fenômenos deve ser chamado uma hipótese; e as hipóteses, quer metafísicas ou físicas, quer de qualidades ocultas ou mecânicas, não têm lugar na filosofia experimental. Nessa filosofia as proposições particulares são inferidas dos fenômenos e depois tornadas gerais pela indução. Assim foi que a impenetrabilidade, a mobilidade e a força impulsiva dos corpos, e as leis dos movimentos e da gravitação foram descobertas. E para nós é suficiente que a gravidade realmente exista, aja de acordo com as leis que explicamos e sirva abundantemente para considerar todos os movimentos dos corpos celestiais e de nosso mar.[3]

O trecho citado ficou famoso, pois Newton acabou se entregando ao dizer: "Não construo nenhuma hipótese". Parecia reconhecer, assim, a insuficiência de sua própria tentativa de explicar a atração universal pela intervenção divina. Para os padrões da filosofia experimental, as leis deveriam ser inferidas a partir de fenômenos observáveis. Era exatamente isso que dizia Leibniz ao notar que Deus não pode produzir leis como milagres, sem uma contrapartida observável nas coisas criadas.

Deus podia ter criado o mundo quando começara a existir, isso não estava em questão. Mas essa hipótese não deveria ser usada na descrição dos movimentos, e esse passava a ser um princípio da filosofia natural (como as ciências físicas eram chamadas na época). Os movimentos dos planetas em torno do Sol, assim como a estabilidade do Sistema Solar, deveriam ser explicados única e exclusivamente pelas leis de Newton, sem recurso à intervenção divina ou qualquer outra hipótese. A missão de D'Alembert, com outros pensadores do século 18, foi justamente instituir esses padrões para qualquer descrição matemática do mundo físico – muitos usados até hoje.

Todos os movimentos dos céus, como as órbitas dos planetas ou a passagem de cometas, deveriam ser explicados por uma única lei. Esta, a atração universal, garante que consigamos caminhar com os pés fincados na terra e consegue descrever a alteração das marés. Newton sugeriu, mas só no século 18 essa lei foi traduzida em equações. Os critérios de verdade estavam mudando, e o recurso a Deus incomodava a ciência da época, ainda que os motivos não fossem religiosos.

---

3. Ibidem.

# Capítulo 3
**A PAIXÃO PELA VERDADE**

O Iluminismo tem retornado com força nos debates atuais. Frequentemente, como arma contra aqueles que ousam contradizer a ciência e que, segundo algumas interpretações, estariam apegados a crenças e paixões irracionais. O antídoto, portanto, seria reafirmar a superioridade da razão. Na luta contra o obscurantismo, só as luzes podem despertar a razão e libertá-la dos dogmas. As questões humanas devem ser guiadas pela racionalidade e pela ciência, deixando de lado a fé e a superstição.

Essa é uma caricatura da época iluminista, como alguns historiadores – citados adiante – têm mostrado. Erigida a partir da filosofia de alguns nomes famosos, a descrição peca por negligenciar o contexto em que viveram. Olhando de perto, usando fontes e registros históricos mais amplos, nota-se que a razão iluminista não se opunha à religião, ainda que tenha mudado seu papel. Nem contradizia as paixões. Trabalhos históricos recentes enfatizam, inclusive, que os sentimentos moviam a busca pelo saber: a paixão pela verdade era anterior à razão.

O historiador Stéphane van Damme publicou, em 2014, um livro com título sugestivo, *Içar velas em busca da verdade*,[1] ressaltando os afetos mobilizados na defesa de um novo modo de conhecer. Como muitos historiadores do período já haviam mostrado, é essencial levar em conta que a disputa pela verdade acontecia na arena pública. Pensadores do século 18 não viviam apenas no conforto de suas bibliotecas ou academias: eram militantes do saber. A filosofia e a ciência eram praticadas em diálogo com as pessoas, que adquiriam modos de acessar a leitura.

Houve uma revolução midiática[2] no Iluminismo, pois os meios impressos tornavam-se acessíveis a qualquer um. Ainda que as tecnologias sejam distintas, não deixa de haver certo parentesco com o papel das redes sociais hoje. Surgia um leitor anônimo e desconhecido, favorecido pela redução do analfabetismo, que podia fazer o uso que quisesse de suas leituras. Ainda que a imprensa já tivesse sido inventada, foi no período iluminista que publicações se tornaram acessíveis, ganhando formatos diversos, como brochuras, panfletos, compilações, livros de divulgação ou de viagem. Esses meios se adequavam a novos hábitos, que se disseminavam por cafés, clubes e salões. Homens das

---

1. Van Damme, Stéphane. *À toutes voiles vers la vérité: une autre histoire de la philosophie au temps des Lumières*. Paris: Média Diffusion, 2014 (*e-book*). Os parágrafos iniciais deste capítulo são baseados nesse livro.

2. Lilti, Antoine. *L'héritage des lumières-ambivalences de la modernité*. Paris: Média Diffusion, 2019, p. 182.

letras começavam a conviver com mulheres cultas, ao mesmo tempo que deixavam de lado a imagem do erudito solitário e pedante. Os salões eram um local privilegiado para praticar essa nova sociabilidade.[3] Ali conviviam as elites sociais, políticas e intelectuais da República das Letras, mas esses grupos se ampliavam com a ascensão de figuras cultas da burguesia, como D'Alembert – e também sua mãe.

Dizer que o conhecimento devia ser divulgado o mais amplamente possível é pouco. Não se tratava de "explicar" saberes eruditos para pessoas incultas, tidas como meras receptoras de ideias. O espírito crítico era visto como ferramenta para a emancipação individual e coletiva, e a razão era apenas um meio nessa conversão. A opinião pública era o próprio motivo dos novos saberes, que se tornavam mais vastos e demandavam definições mais precisas.

Não havia empregos em universidades nem em instituições científicas. Alguns pensadores eram financiados por reis ou mecenas. Outros criticavam esse sistema, pois pensadores arriscariam perder sua independência ao se submeter a patrocínios. Todas as pessoas letradas estavam convidadas a propor reflexões. Por isso mesmo, como as opiniões se multiplicavam, eram necessários critérios para que uma afirmação pudesse ser considerada correta e válida. Começava a existir, então, uma separação dos saberes, uma preocupação rara na época precedente. Jean le Rond d'Alembert sugeria distinguir as ciências especulativas e as práticas: "As primeiras podem se reduzir à física e à história; as outras, à medicina, à jurisprudência e à ciência do mundo [...], a arte de se portar com os homens para tirar do comércio que praticam a maior vantagem possível, sem se distanciar das obrigações impostas pela moral".[4]

O Antigo Regime já favorecia a participação de categorias profissionais no espaço público, como médicos, juristas ou técnicos, que participavam de comissões, julgavam projetos e controlavam a comercialização de medicamentos. Isso ajudava a ciência a ser vista como útil, associada à competência técnica de especialistas. Era um saber prático, valorizado pela ação pública dos intelectuais. Em meados do século 18, porém, a prática da especulação foi ganhando espaço, ou seja, fortalecia-se uma

---

3. Idem, *Le monde des salons: sociabilité et mondanité à Paris au XVIIIe siècle*. Paris: Fayard, 2005.

4. D'Alembert, Jean le Rond. *Essais sur les éléments de philosophie (1759)*. Paris: Fayard, 1986.

ciência que usava e abusava da arte de conjecturar, propondo muitas afirmações que, em seguida, deveriam ser mais bem elaboradas e testadas. A experimentação era defendida como forma de verificar as afirmações sobre a natureza, mas não era tão praticada assim; havia muito espaço para textos especulativos desde que fossem bem argumentados.

É importante notar que "ciência" e "cientistas" não eram termos usados com o sentido de hoje, que só surgiu no século 19.[5] A palavra "ciência" era usada com significado análogo ao que entendemos das expressões "ter ciência, estar ciente". Ou seja, ter conhecimento sobre o mundo e os fenômenos naturais. Assim, a física era um ramo da filosofia: a filosofia natural, como no título de *Princípios* de Isaac Newton. A ciência não era, portanto, uma disciplina, ou seja, um corpo de conhecimentos separado de outras formas de saber. Mas aos poucos, como veremos, a física se transformava, empregando uma nova matemática e instrumentos que se distanciavam ainda mais da lógica clássica, que dependia de formas de julgamento apoiadas na linguagem ordinária.

A prática discursiva adquiria grande valor. Por isso, os argumentos usados para legitimar as verdades eram tão ou mais importantes do que as afirmações finais. Isso é compreensível se nos lembrarmos de que o contexto da época priorizava o convencimento, justamente pela preponderância da opinião pública. Expandir o raio de alcance do conhecimento gerava vantagens e riscos. Quanto mais gente participa do debate, podendo produzir e divulgar as próprias ideias, maior é o risco de que afirmações duvidosas repercutam. No século 18, o problema foi abordado com a valorização e a disseminação de formas de julgar, usando as armas da crítica. A razão podia ser exercida de vários modos, mas eles precisavam ser filtrados ao fim. Assim, no século 18, foram instaurados verdadeiros tribunais da razão, como academias, parlamentos, universidades, jornais científicos ou censuras. O conhecimento era promovido e debatido, mas também filtrado e, por vezes, interditado.

A opinião pública não era formada apenas por pessoas esclarecidas ou iluminadas nem se definia a princípio pelos critérios de racionalidade ou privilegiava argumentos universais. Uma série de tensões

---

5. Outram, Dorinda. *The Enlightenment*. Cambridge: Cambridge University Press, 2019, pp. 109-10. A autora fala da história do termo "ciência" a partir das obras de Ross, Sydney. "'Scientist': The Story of a Word". *Annals of Science*, 1962, v. 18, n. 2, pp. 65-86; e Williams, Raymond. *Keywords: A Vocabulary of Culture e and Society*. Londres: Croom Helm, 1976.

atravessava a filosofia das Luzes. Por isso mesmo, a divulgação e a comunicação do saber não eram etapas acessórias, consideradas em um momento posterior ao da criação: o próprio saber trazia, em seu cerne, a intenção de converter uma audiência ampla, para além dos círculos restritos da República das Letras. Isso fazia com que os momentos da criação e da comunicação fossem intimamente articulados. A vontade de chegar ao público era parte da produção do saber, incluindo a preocupação com suas formas de legitimação, que seriam usadas como meio de convencimento. Ou seja, conceitos e argumentos se desenvolviam já com intenção de favorecer a performance, de capturar a atenção do público e de convencer.

Isso multiplicava as práticas de julgamento, que seguiam critérios bastante variados: "As modalidades desses julgamentos fazem surgir sistemas muito diferentes que não obedecem todos a uma vontade de universalização dos enunciados", acrescenta Van Damme.[6] Isso contradiz uma visão difundida que considera o Iluminismo como sinônimo de universalismo, ou seja, como se fosse uma época marcada pela intenção de ultrapassar as verdades particulares em direção a enunciados universais. Essa interpretação é contestável, ainda que esteja presente na obra de filósofos-ícones das Luzes, como Immanuel Kant. Analisando o contexto de forma mais cuidadosa, ou seja, olhando para a filosofia em seu contexto histórico, notam-se maneiras muito diversas de julgar os enunciados e de praticar a arte da crítica (não apenas ao modo de Kant).

O sentido da universalidade estava em se dirigir a todo mundo, dedicando a atividade filosófica a disseminar um uso crítico da razão, um exercício que se dava em público. O ideal emancipador se traduzia no desejo de falar com o maior número possível de pessoas, em especial as que ainda não eram esclarecidas.

> O que caracteriza as luzes como movimento intelectual, o que constitui sua unidade para além das divergências teóricas, é a dimensão militante e pedagógica, a convicção de que a luta contra os preconceitos e as superstições deve ser travada publicamente, de que o saber e o espírito crítico devem ser difundidos o mais amplamente possível.[7]

---

6. Van Damme, Stéphane. *À toutes voiles vers la vérité*, op. cit., capítulo II, seção "Juger la philosophie: les cultures critiques en Europe".

7. Lilti, Antoine. *L'héritage des lumières-ambivalences de la modernité*, op. cit., p. 270.

Para alcançar esse objetivo, o conhecimento tinha que ser exercido de modo preciso. A filosofia devia ser, ao mesmo tempo, útil, simples de entender e acurada. O modo de evitar a incerteza e o erro era a precisão, e a filosofia, ao se difundir, tinha o papel de conferir sua exatidão a outros saberes. Portanto, no que diz respeito à validação dos enunciados, a precisão (ou a exatidão) era mais importante do que a universalidade. No caso da filosofia natural, o critério de "exatidão" estava associado ao método sugerido por René Descartes no século anterior (como veremos no capítulo 6).

A racionalidade, na época, sofria a concorrência de uma "comunidade sensível", sem que isso fosse contrário à prática científica.[8] Os afetos e as paixões eram o motor da verdade e não ficavam escondidos: apareciam e eram estimulados publicamente. O pensamento devia ser transparente, e a inspeção dos limites da filosofia fazia parte de seu exercício. Aliás, esta era a essência da crítica: saber até onde se sabe, como se sabe e o que não se pode saber.

A moral da história é que o conhecimento racional não convence por si mesmo. Em meados do século 18, um ambiente social propício à produção e à difusão do saber letrado motivou o engajamento de um público amplo em novos ideais. As luzes não acendem, despertando a razão, como se apertássemos um interruptor. Antes, o esclarecimento gera um brilho nos olhos, fazendo com que se vislumbre um mundo mais interessante que o anterior.

Não é fato, tampouco, que o debate iluminista fosse civilizado. Isso não surpreende, já que novos porta-vozes ganhavam espaço e novas arenas passavam a sediar o debate intelectual. O uso da palavra em público levava, assim, a manifestações indignadas e até ao uso da calúnia como arma política. Denúncias e escândalos, verdadeiros ou falsos, marcaram o período que se estendeu até os primeiros anos da Revolução Francesa. Este é outro assunto controverso entre historiadores: a relação entre o Iluminismo e o espírito revolucionário que irrompeu em 1789. Quando se pensa em revolução, logo vem à mente o papel das classes mais pobres. Mas tudo o que foi dito até aqui diz respeito apenas a uma elite que podia pagar para ser membra de bibliotecas e clubes. O consumo de

---

8. Alguns teóricos fizeram do programa de Immanuel Kant uma espécie de síntese da cultura crítica das luzes. Mas isso não dá conta do contexto complexo da época, como observam os historiadores citados.

cultura era intenso, mas a frequentação dos ambientes de debate permanecia desigual.

A leitura, porém, era um hábito que ia além da elite. Com a alfabetização crescente e a mudança na língua dos textos, que deixavam de ser apenas em latim, aumentava a difusão das publicações, que ganhavam diferentes formatos. No fim do século, 40% dos trabalhadores domésticos e 35% dos operários possuíam livros. Podia-se ler em qualquer lugar, além disso, não mais apenas em bibliotecas e locais silenciosos. Leituras orais e coletivas tornavam-se hábito, por exemplo. As práticas de leitura se multiplicavam junto com a diversificação dos formatos das publicações, como mostra Roger Chartier.[9] Não eram apenas comunidades intelectuais que se formavam; simpatias movidas pelo afeto aproximavam pessoas diferentes por meio do hábito da leitura.

Alguns historiadores chegaram a sugerir uma convergência entre a alta e a baixa cultura no século 18.[10] Um exemplo seria o protagonista da ópera de Mozart, composta em 1780: Fígaro, um mordomo familiarizado com as ideias iluministas de sua época. Outras teses afirmam, contudo, que grupos excluídos dos círculos literários da elite se revoltavam contra os privilégios de grandes filósofos, como Diderot ou Voltaire, contribuindo para o ambiente de indignação que ajudou a derrubar o Antigo Regime. Após a análise desses diferentes textos históricos, Dorinda Outram defende que as ideias do Iluminismo de fato uniram diferentes setores, mas apenas entre as elites. A aristocracia, os altos membros das burocracias eclesiais, as elites comerciais e os profissionais valorizados, como médicos e militares, passaram a debater e se organizar melhor.[11] Mobilizavam-se, assim, vastos setores da sociedade, contribuindo para a constituição de uma opinião pública e criando novas formas de sociabilidade, ainda que permitissem relações intelectuais entre as próprias elites. Essa remobilização das elites pode ter redefinido as relações de poder, criando condições para mudanças políticas. Isso é diferente de dizer que o Iluminismo *preparou* a Revolução Francesa, como já se acreditou. Não há evidências suficientes de que a leitura dos escritos dos filósofos tenha ajudado a minar as

---

9. Chartier, Roger. *Lectures et lecteurs dans la France d'Ancien Régime*. Paris: Seuil, 1987.

10. Muchembled, Robert. *Popular Culture and Elite Culture in France 1400-1750*. Baton Rouge: Louisiana State University Press, 1985.

11. Outram, Dorinda. *The Enlightenment*, op. cit.

condições sociais que mantinham a monarquia no poder, até porque a maioria dos pensadores tinha boa relação com o *status quo*.

A valorização da razão teve pouco efeito na abolição da escravidão, por exemplo. Ao mesmo tempo que pessoas letradas, de diferentes partes da Europa, defendiam a racionalidade como traço distintivo do homem, havia muitas outras pessoas sendo comercializadas como se fossem mercadorias. Esse não era um valor acessório das economias da época, pelo contrário: a escravidão integrava a economia mundial, gerando altos lucros para grupos poderosos nos países colonizadores. Por isso, mesmo que a causa da abolição mobilizasse vozes dissonantes, questionar a escravidão ameaçava estruturas globalmente organizadas, que garantiam lucros e poder para os governos e para as elites. Inventavam-se, então, com apoio de boa parte da ciência da época, as justificativas mais absurdas para manter seres humanos escravizados. Como era possível que essa situação convivesse com a defesa da justiça, que passava a ser uma tônica na filosofia? Assim: todos os humanos deveriam ter direitos, mas nem todos eram plenamente humanos, e isso se definia pela cor da pele ou por outros atributos físicos. Esses problemas estão no coração do Iluminismo e dizem respeito "ao significado e à manipulação da diferença", afirma Dorinda Outram. Essa historiadora enumera diversos argumentos usados para defender a manutenção da escravidão: o estabelecimento da inferioridade social e legal com base em diferenças físicas, o poder normativo da diferença racial, a relação entre propriedade e liberdade e os limites da igualdade espiritual.[12] O legado do Iluminismo, que supõe a afirmação de direitos iguais e universais, deve ser matizado, visto que só valiam para parte da humanidade. No que tange à outra parte, havia interesse em afirmar diferenças. Inclusive cientificamente, a partir de critérios biológicos para legitimar a inferioridade de grande parte dos seres humanos. Nessa época, "o homem" se tornava objeto da ciência – e não por acaso.

Por contradições como essas, o pensamento iluminista não pode ser invocado apenas a partir dos textos de alguns filósofos ou cientistas. O homem racional, comumente associado ao período, era um tipo ideal. Seu contexto histórico, contudo, traz um panorama bem distinto da visão idealizada.

---

12. Ibidem, p. 89.

Capítulo 4
# A ÁLGEBRA CONTRA A INTERVENÇÃO DIVINA

Eliminar Deus do Sistema Solar era uma motivação da filosofia natural no século 18. Não se tratava, porém, de negar a existência divina nem de se opor à religião. Deus podia continuar sendo a causa última dos fenômenos, mas não deveria interferir na explicação dos movimentos observados no céu e na terra. Para a compreensão dos fenômenos naturais, bastaria obter as leis matemáticas que os regem. A ciência substituía a religião como narrativa prioritária na opinião pública, como afirma Dorinda Outram.[1] Por isso mesmo, concentrava-se no que pode ser observado.

Como deduzir leis explicando aquilo que é observado pelos sentidos? Por exemplo, os corpos pesados caem quando soltos por qualquer pessoa em pé sobre a superfície da terra. A explicação newtoniana, baseada na gravitação universal, tornava-se mais e mais conhecida. No entanto, as justificativas de Newton não se adequavam aos padrões do século 18. Em primeiro lugar, a argumentação dele era puramente geométrica. Além disso, o papel de Deus não era reservado ao momento da criação em *Princípios matemáticos da filosofia natural*. Como vimos, Newton recorria a um Deus interventor, que deve corrigir regularmente as perturbações causadas pela atração entre os planetas. Não havia problema em admitir que a causa última da atração universal fosse de ordem divina. Mas essa lei deveria bastar para explicar todas as características do Sistema Solar, incluindo sua estabilidade, suprimindo qualquer hipótese externa, até mesmo Deus. Só assim a atração universal seria a tão buscada lei geral do movimento dos corpos celestes e terrestres.

A popularização da filosofia natural no século 18 teve grande influência dos escritos de Newton, transmitidos por diversas fontes. Muitos divulgadores interpretavam *Princípios* como a certa imagem de Deus, próxima dos deístas, como indica Dorinda Outram. Para essa corrente religiosa, a crença em Deus não deve ser questão de fé, e sim uma conclusão baseada em evidências dos sentidos e da razão. Essa visão convivia perfeitamente com a crença de que o cosmos teria sido criado por um Deus benevolente. Um dos divulgadores pioneiros da obra de Newton na França era simpático ao deísmo: o filósofo iluminista Voltaire. Por volta de 1736, ele e Émilie du Châtelet estudavam *Princípios matemáticos da filosofia natural*. Essa pensadora era

---

1. Outram, Dorinda. *The Enlightenment*. Cambridge: Cambridge University Press, 2019, p. 126.

das poucas mulheres a frequentar os círculos da física e da matemática na época e traduzia trechos que integrariam, alguns anos mais tarde, a primeira versão do livro de Newton em francês. Ao mesmo tempo, Madamme du Châtelet corrigia a edição em francês do livro *Newtonianismo para as damas*,[2] publicado em 1738, no mesmo ano que *Elementos da filosofia de Newton*, obra que fez com que Voltaire ficasse conhecido como principal divulgador do newtonianismo na França.

A participação de Deus nos fenômenos naturais era tratada a partir de perguntas sobre os propósitos divinos, que não precisavam estar ancorados em princípios contraditórios à razão, como o milagre ou a revelação. A religião poderia se tornar mais razoável e racional. Os sentidos, ou seja, aquilo que vemos, tocamos e ouvimos, também devem ser levados em conta. Surgiam, então, outras perguntas: será que Deus intervém cotidianamente na vida de Suas criaturas? Ou, após criar o mundo, mantém apenas um interesse remoto e distante por Sua criação?

Para muitos pensadores iluministas, a ordem do Universo continuava emanando das leis divinas. Todavia, no desenrolar dos fenômenos, a intervenção de Deus não era necessária. Aos poucos, o conhecimento se tornava uma preocupação com o mundo como ele é – como se mostra e como aparece para os sentidos –, logo não se devia servir de leis escondidas e não observáveis.

À miscelânea de abordagens das primeiras décadas do século 18, sobrepõe-se uma visão mais unificada, que defende a atração universal como princípio geral das leis do movimento. Isso só poderia acontecer, contudo, se houvesse livros de referência disponíveis. O novo público culto assustava os círculos intelectuais tradicionais, aumentando, então, sua dedicação à produção de obras unificadoras e mais facilmente assimiláveis. A popularização da imprensa ajudava a difundir as ideias dos filósofos, mas também abria espaço para charlatões e demagogos. Os livros começavam a ser numerosos demais e, sem o crivo da República das Letras, poderiam dar margem a oportunismos. Diante desse risco, os filósofos nem sempre eram tão entusiastas com uma ampla disseminação do saber, pois isso também promovia uma opinião pública sem filtros. Era preciso impor alguns limites, defendiam.

---

2. Algarotti, Francesco. *Le Newtonianisme pour les dames, ou Entretiens sur la lumière, sur les couleurs et sur l'attraction*. Paris: Montalan, 1738. Tradução de um livro italiano publicado um ano antes.

Por isso, nos anos 1750, começou a ser publicada a *Enciclopédia, ou dicionário razoado das ciências e das artes*,³ uma das iniciativas editoriais mais importantes do período, que serviria para organizar o caos de publicações na arena pública. A ambição da *Enciclopédia* era ser o livro dos livros,⁴ servindo à constituição de uma hierarquia dos conhecimentos e diminuindo a influência dos livros ruins. Ao longo das Luzes, era nítida a dedicação dos filósofos para filtrar a "multidão de livros novos que não nos ensinam nada, nos sobrecarregam e nos repugnam".⁵ As cabeças pensantes tentavam, assim, normatizar a proliferação de novas ideias.⁶

A *Enciclopédia* foi organizada por três nomes simbólicos do Iluminismo francês: Jean le Rond d'Alembert, Denis Diderot e Louis de Jaucourt. O nome desse último, porém, não aparece na maior parte das edições devido à censura. A publicação teve início em 1753, chegando a contar com 74 mil artigos. Os autores eram muitos, a maioria com inclinação política questionadora, especialmente em relação à autoridade de nobres, príncipes e monarcas, que "não receberam da natureza o direito de comandar os outros".⁷ O valor do saber científico estava também em servir de crivo para que qualquer pessoa, com as habilidades intelectuais necessárias, pudesse participar da produção de conhecimento.

---

3. Diderot, Denis; D'Alembert, Jean le Rond. *Encyclopédie: dictionnaire raisonné des sciences, des arts et des métiers*. Paris: Breton, Durand, Briasson, David, 1751-1772. Uma edição atual, crítica e comentada está disponível em *Édition Numérique Collaborative et Critique de l'Encyclopédie*: http://enccre.academie-sciences.fr/encyclopedie/. Acesso em: junho de 2021.

4. Lilti, Antoine. *L'héritage des lumières-ambivalences de la modernité*. Paris: Média Diffusion, 2019. O autor se refere às seguintes obras, defendendo esse ponto de vista: Nouis, Lucien. *De l'infini des bibliothèques au livre unique. L'archive épurée au xviiie siècle*. Paris: Classiques Garnier, 2013; e Tsien, Jennifer. *Le mauvais goût des autres: le jugement littéraire dans la France du XVIIIe siècle*. Paris: Hermann, 2017.

5. Carta de Voltaire a Diderot, 8 de dezembro de 1776. Em Voltaire. *Correspondance*. Paris: Gallimard, 1985, t. XII, p. 707.

6. Essas eram pessoas próximas do poder político, como do ministério de Turgot (1774-1776). Ver Lilti, Antoine. *L'héritage des lumières-ambivalences de la modernité*, op. cit., p. 176.

7. Verbete sobre "autoridade política". *In:* Diderot, Denis; D'Alembert, Jean le Rond. *Encyclopédie*, op. cit., v. I, pp. 898a-900b.

Não é nosso objetivo falar de toda a extensão da obra, mas o debate sobre um precursor da vacina ajuda a dar uma ideia de contexto. Na seção de medicina, a "inoculação" ganhava destaque, já que a varíola fazia milhões de vítimas na Europa. O método era o mesmo da vacina: inocular a doença em doses pequenas, a fim de gerar defesa contra ataques mais graves da doença. Havia grande reação, contudo. Livretos impressos, distribuídos amplamente, alertavam a população contra a "hidra da inoculação", acusando os enciclopedistas de fazerem parte de um subgrupo da maçonaria, que teria a intenção de tomar o poder e controlar a humanidade, em um complô articulado contra a Igreja e a realeza.[8] Muitos dos ataques virulentos à *Enciclopédia* se disseminavam em forma de *fake news* – só não tinha internet. Mas havia muitos livros impressos, distribuídos de graça.

Em 1757, houve um atentado contra o rei Luís XV. Qualquer livro que pudesse atingir a autoridade real passou a ser vigiado pela polícia. Além disso, ganhou força uma imprensa hostil à *Enciclopédia*, articulada principalmente por jansenistas (jesuítas que foram cassados pela Igreja). Em 1759, o papa condenou a publicação e proibiu sua leitura, sob a pena de excomunhão. A essa altura, a *Enciclopédia* era financiada por assinantes, cujo número chegava a 4 mil em 1757. Os últimos volumes continuaram a ser impressos em segredo e foram difundidos mais tarde. A publicação foi retomada em 1765, mas D'Alembert se afastou, com medo de ver seu nome exposto. Diderot passou, então, a publicar compilações de artigos em novo formato. As perseguições e as censuras acabaram saindo pela culatra, pois a *Enciclopédia* passou a ser divulgada por meios extraoficiais. Pequenas brochuras impressas continuaram circulando amplamente, de modo anônimo, contendo artigos selecionados. Os autores convidados eram figuras populares, com boa recepção de seus discursos mesmo durante a proibição. Nem sempre, porém, podia-se garantir que as reproduções fossem totalmente fiéis ao original.

Os artigos científicos da *Enciclopédia* tornaram-se guias no século 18 e a gravitação newtoniana organizava os verbetes relacionados às "ciências físico-matemáticas". A "astronomia física" era considerada exemplar, por seu poder de dar uma "explicação aos fenômenos as-

---

8. Barruel, Augustin. *Mémoires pour servir à l'histoire du jacobinisme*. Hamburgo: P. Fauche, 1798-1799.

tronômicos pela admirável teoria da gravitação".[9] O discurso preliminar, escrito por D'Alembert, abria a obra, explicitando a busca por um princípio unificador no conhecimento da natureza:

> Não é, então, por meio de hipóteses vagas e arbitrárias que podemos esperar conhecer a natureza, é pelo estudo refletido dos fenômenos, pela comparação que faremos entre eles, pela arte de reduzir, tanto quanto possível, um grande número de fenômenos a um só que possa ser visto como princípio.[10]

De novo, "hipóteses vagas e arbitrárias". A supressão dessas hipóteses é associada à defesa da lei da atração universal como o tão almejado princípio unificador da filosofia natural, o que tornava o recurso a Deus desnecessário (ou mesmo inconveniente). A matemática adquiria papel preponderante nessa missão e é defendida insistentemente na *Enciclopédia*. Mas era uma matemática diferente daquela que havia sido usada por Newton em *Princípios*. A matemática deveria descrever as relações observadas nos fenômenos, como era o caso da relação entre as posições de um corpo e o tempo transcorrido desde o início de seu movimento. Todas as propriedades que observamos nos corpos têm relações observáveis entre si. A descoberta dessas relações é a única coisa que nos é permitido conhecer. Logo, a ciência deve se restringir a descrevê-las. Essa prescrição tornava a álgebra uma ferramenta melhor que a geometria, pois mais adequada à descrição de relações entre grandezas mensuráveis.

É engraçado porque, quando aprendemos as leis de Newton na escola, achamos que elas sempre foram dadas como fórmulas algébricas. Mas não. Newton não descrevia o movimento assim, ele usava apenas a geometria. Vejamos o exemplo da Segunda Lei de Newton, que diz que a força é obtida multiplicando a massa pela aceleração. Hoje, escrevemos essa lei como $F = m \times a$ (considerando $F$ a força, $m$ a massa e $a$ a aceleração). Newton, ele mesmo, nunca escreveu uma fórmula algébrica desse tipo. Ou seja, o inventor das leis do movimento usava a linguagem ordinária, seguida de argumentações puramente geométricas. Em *Princípios*, a atração universal era enunciada

---

9. Verbete sobre "ciências físico-matemáticas". *In:* Diderot, Denis; D'Alembert, Jean le Rond. *Encyclopédie*, op. cit., v. XII, pp. 536b-37b.

10. Idem. "Discours Préliminaire des Éditeurs". *In:* ibidem, p. vi.

assim: "Os planetas se atraem segundo a razão direta das massas e a razão inversa do quadrado das distâncias". Quem escreveu a fórmula que usamos hoje foram os pensadores do século 18. Eles que exprimiram a gravitação universal de um modo similar à fórmula $F = G\frac{Mm}{d^2}$, em que $G$ é a constante de gravitação, $M$ e $m$ são as massas dos corpos que se atraem, e $d$ é a distância entre eles. Sabemos hoje que, se as massas são dadas em quilogramas e a distância é dada em metros, a força gravitacional $F$ é medida em newtons, unidade de medida que foi proposta ainda mais tarde.

A tradução das leis de Newton como fórmulas não é mero detalhe. Essa operação se apoia em pressupostos filosóficos, desdobrados ao longo de todo o século 18. A análise matemática, novo método, desenvolvia-se para livrar a ciência da síntese geométrica, que demonstrava afirmações com desenhos e raciocínios pouco consistentes para os novos padrões. O principal objetivo do método analítico era reescrever as leis físicas de modo algébrico, como fazemos até hoje. A motivação primordial era conseguir explicar a maior variedade possível de movimentos *exclusivamente* como consequência das leis de Newton, sem recorrer a hipóteses externas (nem a Deus). O grupo de pensadores que efetuou essas mudanças inclui D'Alembert e outros contemporâneos, como Leonard Euler e Alexis Claude Clairaut, além de nomes que ganharam destaque após a Revolução Francesa e aparecerão no próximo capítulo. Juntos, são considerados os "analistas do século 18".

A fórmula passa a seguinte mensagem: só os atributos mensuráveis da realidade física importam. A lei física relaciona esses atributos, e isso é suficiente para que possa ser escrita em linguagem algébrica, descrevendo os estados futuros de um fenômeno a partir de um estado inicial. Esse é o grande poder de uma fórmula, pois permite fazer previsões. Tomemos um exemplo simples, uma lei afirmando que a posição de um carrinho sobre uma linha reta é dada pelo triplo do tempo decorrido desde o início do movimento. Ela pode ser escrita como $s = 3 \times t$, considerando a posição $s$ dada em metros e o tempo $t$ dado em segundos. Essa lei relaciona dois atributos mensuráveis do fenômeno: o tempo e a distância percorrida. Para qualquer instante, podemos conhecer a posição do carrinho com uma simples multiplicação. Sabemos que, transcorridos 100 mil segundos, o carrinho estará a 300 mil metros de sua posição inicial – e isso sem precisarmos enxergar esse estado futuro. Ou seja, ele pode ser antecipado pela fórmula.

No caso da gravitação, a fórmula tem a vantagem de ressaltar a preponderância dos aspectos manifestos sem que seja preciso refletir sobre a causa da atração entre corpos distantes uns dos outros. Newton via a gravitação como uma força que "propaga sua virtude para todos os lados a imensas distâncias, decrescendo sempre com o inverso do quadrado da distância". Mas isso não bastava como explicação de sua causa, tratava-se apenas de uma descrição. Nos próprios *Princípios,* ele admitia que "até aqui explicamos os fenômenos dos céus e de nosso mar pelo poder da gravidade, mas ainda não designamos a causa desse poder".[11] A atração é uma força que *age* de certo modo, relacionando as massas e a distância, mas isso não explica como essa força é produzida. Em outros textos, Newton segue a busca por uma causa. Não é esse, porém, o caminho seguido pelos analistas do século 18. Para eles, era como se a fórmula pudesse ser vista como causa. Alexandre Koyré, historiador e filósofo que analisou em detalhes o debate sobre a gravitação, chega a lamentar que questões a que o próprio Newton gostaria de ter respondido, sobre a causa dessa força, tenham sido deixadas de lado: "O pensamento do século 18 se reconcilia com o inexplicável".[12] Em outras palavras, a lei de atração universal passou a ser admitida como fato científico independentemente da investigação sobre sua natureza e suas causas.[13] Para evitar "hipóteses vagas e arbitrárias", a física-matemática passaria a se ocupar apenas das propriedades manifestas, que podem ser expressas como quantidades e proporções matemáticas.

---

11. Newton, Isaac. *Princípios matemáticos da filosofia natural.* São Paulo: Nova Cultural, 1987, p. 170.

12. Koyré, Alexandre. "Gravity an Essential Property of Matter". *In: Newtonian Studies.* Londres: Chapman & Hall, 1965, pp. 149-63.

13. Isso não quer dizer que a investigação das causas tenha desaparecido. Esse permaneceu sendo um tema de pesquisa, mas sem ser visto como condição necessária para garantir a validade da lei de atração universal.

# Capítulo 5
# EQUAÇÕES QUE GOVERNAM TUDO

Nos anos após a Revolução Francesa, o panorama da educação e da pesquisa científica mudou radicalmente. A partir de 1794, a formação científica passou a ser estratégica, tanto para a expansão da indústria como para o aperfeiçoamento da força militar. Além disso, o conhecimento não se destinaria mais somente às classes privilegiadas. Novos cientistas, pertencentes a uma classe média fortalecida pelo processo revolucionário, passaram a ter um suporte institucional com o qual não contavam antes. A ciência se tornava, assim, uma atividade profissional, diferentemente de quando dependia da benevolência de patronos e reis.

A instrução pública para todos chegou a ser reivindicada por alguns filósofos da revolução. Segundo o marquês de Condorcet, era preciso fomentar uma razão coletiva, formando cidadãos para participar da deliberação sobre assuntos da vida pública. Só assim as pessoas aprenderiam a diferenciar o interesse público dos interesses particulares, deixar de lado o que queriam em prol do que achassem justo e razoável. A prática coletiva da razão garantiria o equilíbrio entre as vontades individuais e o bem comum. Para dar corpo a essas ideias, Condorcet arquitetou diversas instituições que constavam do texto da Constituição de 1793. Mas seus ideais perderam espaço rapidamente. A revolução tomou rumos mais elitistas, e uma nova Constituição foi promulgada em 1795. Depois da queda de Maximilien de Robespierre, em 1794, o ímpeto revolucionário foi contido. Um grupo de filósofos, chamados "ideólogos", passou a ser mais influente, guiando as políticas para a educação e para a ciência. Seria fundada, então, no próprio ano de 1794, a Escola Politécnica, dedicada à formação de engenheiros. Logo depois, surgiu a Escola Normal, voltada para a formação de professores. Nos dois casos, o intuito era criar uma elite pensante, formando instrutores e quadros profissionais para as tarefas de Estado.

Foi nesse contexto que o método analítico ganhou relevância. Antes da revolução, o ensino de matemática era marginal, e não havia professores qualificados. A matemática era ensinada no secundário e estava fora do alcance da maioria dos alunos (que saíam da escola antes de atingir esse nível). Em 1750, havia sido estabelecido um segundo sistema educacional nas escolas militares, valorizando a matemática; no entanto, o modo de recrutamento garantia acesso apenas à nobreza. Portanto, foram as grandes escolas públicas que desempenharam, após 1794, o papel de organizar a produção e a difusão do conhecimento. Isso levou a uma padronização inédita do currículo, cujos conteúdos eram escolhidos pelo governo. Na Escola Politécnica, o método analítico passou a orientar o ensino, privilegiando a matemática e a química. A produção de livros-texto foi mais estimulada do que nunca, pois estes serviam para padronizar e organizar, de modo didático, os conteúdos. Cientistas, hoje famosos, detinham postos importantes no governo. Um dos exemplos mais interessantes é Pierre-Simon de Laplace, conhecido por quem cursou engenharia por causa da "transformada" que leva seu nome. Depois de muitas insistências frustradas em busca de cargos, Laplace conseguiu ser ministro de Napoleão.

Um dos professores mais importantes da Escola Politécnica foi Joseph-Louis de Lagrange. Junto com Laplace, que deu aulas na escola, mas não chegou a ser professor, foi um nome essencial na afirmação do método analítico. Tratava-se de um novo modo de pensar e enxergar os fenômenos, que deveriam ser traduzidos em linguagem algébrica. Os movimentos já eram vistos de forma unificada, regidos pela lei de atração universal, capaz de explicar fenômenos muitos diferentes: por que andamos com os pés sobre a terra, por que os astros orbitam, por que a Terra é uma esfera achatada e por que as marés sobem e descem. Só que ainda era preciso traduzir a física newtoniana, que regia todos esses fenômenos, por meio da linguagem algébrica. Isso permitiria completar as lacunas que restavam. Assim, os variados movimentos, observados nos céus ou na superfície terrestre, deveriam ser descritos por equações específicas, as chamadas "equações diferenciais". São estas que ocupam o cerne do método analítico.

O que são equações diferenciais? Conhecemos, da escola, equações que são fórmulas, como a que descreve a posição de um corpo em queda livre, em movimento uniforme ou uniformemente acelerado. Mas o movimento dos planetas requer equações mais complexas. Quando temos apenas dois corpos celestes – por exemplo, o Sol e Terra –, a lei que explica o movimento é dada pelo produto da massa de ambos (multiplicado pela constante da gravitação universal), dividido pelo quadrado da distância entre os dois corpos. Essa lei determina a força de atração exercida pelos corpos, um por um, e sentida pelo outro, reciprocamente. Supondo que o Sol esteja parado, com a Terra girando a sua volta, para descobrir a posição de nosso planeta a cada instante, precisamos saber de que forma essa força de atração produz movimento. A resposta está na terceira lei de Newton, que nos diz que: quanto maior for a força, maior será a aceleração provocada; quanto maior for a massa do corpo, menor será a aceleração. Em linguagem algébrica, diz-se que a força é produto da massa pela aceleração ($F = m \times a$). Mas lembremos que a aceleração é a taxa de variação de velocidade. Logo, essa lei diz que a ação de uma força em um corpo faz com que sua velocidade varie.

Até aqui, citamos duas equações: uma que diz como a força de atração depende das massas e da distância entre os astros e uma que estabelece como essa força se relaciona com a aceleração. Igualando as duas, podemos obter outra equação:

$$\begin{cases} F = G\frac{M \times m}{d^2} \\ F = ma \end{cases}, \text{logo } G\frac{M \times m}{d^2} = ma$$

Esta última equação descreve como a força de atração entre o Sol e a Terra produz a aceleração de nosso planeta, que determina seu movimento ao redor da estrela. Esse é um bom ponto de partida, mas não basta. Queremos descobrir a posição da Terra a cada instante. Como obter essa informação a partir do que sabemos sobre a aceleração? Para isso, é preciso considerar que a aceleração é a taxa de variação de velocidade; e a velocidade, por sua vez, é a taxa de variação da posição. Assim, é preciso determinar como, *a cada instante*, a aceleração (dada pela equação obtida aqui) altera a velocidade; e como esta, por sua vez, altera a posição da Terra. Esses cálculos são muito delicados.

São precisamente essas noções que constituem o cerne da área da matemática que hoje se chama *cálculo diferencial*: o estudo das relações entre variações de grandezas em intervalos infinitesimalmente pequenos. Essas relações são expressas pelo conceito fundamental de *derivada*, que corresponde a uma *taxa de variação instantânea*, isto é, a uma razão entre as variações de duas grandezas, sendo que uma delas se torna arbitrariamente pequena.

Para entender melhor essas noções, consideremos o exemplo de um corpo em movimento. Neste caso, a posição do corpo depende do tempo, de forma que cada variação no tempo corresponde a uma variação na posição. A razão (ou divisão) entre a variação de posição e a variação de tempo é sua *velocidade média* nesse intervalo. Porém, o valor da velocidade média em um intervalo de tempo não expressa, necessariamente, a velocidade do corpo a cada instante, uma vez que a velocidade pode não ser constante ao longo do intervalo considerado. Como, então, determinar a velocidade em dado instante do movimento, isto é, a *velocidade instantânea*, ou *taxa de variação instantânea* da posição? Uma variação de posição de um corpo em movimento só acontece em uma variação de tempo. Como, então, dar sentido matemático à noção de *taxa de variação instantânea*? Seria a variação em um intervalo de tempo "infinitamente pequeno"? Mas o que isso quer dizer? Como definir matematicamente essa ideia?

Um caminho é tomar intervalos de tempo com tamanhos cada vez menores. Ou, melhor dizendo, arbitrariamente próximos de zero. Em seguida, é possível determinar de que valor se aproximam as taxas de variação médias calculadas nesses intervalos (infinitamente pequenos). Para fixar um pouco mais a ideia, vamos fazer isso com as velocidades de um carro em movimento, começando pela velocidade média. Imaginem que, após 10 minutos de estrada, o carro tenha percorrido uma distância de 100 quilômetros de seu ponto inicial. Nos 10 minutos seguintes, percorreu mais 300 quilômetros, encontrando-se agora a 400 quilômetros do ponto de partida. A velocidade média entre os instantes 10 e 20 pode ser calculada dividindo-se a distância percorrida pelo tempo usado para percorrê-la, ou seja, 300 km/10 min = 30 km/min. É muito para um carro, mas usamos esses valores para facilitar as contas a seguir. Em símbolos matemáticos, a velocidade média pode ser escrita como $Vm = \frac{\Delta p}{\Delta t}$ (delta $p$ sobre delta $t$, ou seja, o quociente da variação das posições pela variação do tempo).

Mas qual era a velocidade do carro exatamente dez minutos depois que começou a se mover? Ou seja, qual era a velocidade no instante 10, atingido dez minutos depois do início do movimento? Essa é a velocidade instantânea. Não é a média em um intervalo de tempo, mas a velocidade a que o carro passa exatamente por aquele ponto em que está no instante 10. Imaginem uma corrida: a velocidade instantânea quando o carro passa pelo box é diferente da velocidade média com que percorreu a distância entre esse box e o anterior. Para calcular a velocidade instantânea, precisamos conhecer o valor da distância percorrida pelo carro a cada instante, isto é, sua posição em relação ao ponto de partida em função do tempo transcorrido. Vamos supor que essa função da posição seja dada por $p(t) = t^2$. Ou seja, a cada instante $t$ transcorrido desde a partida, a posição do carro é dada pelo quadrado de $t$. Por exemplo, após 10 minutos, foram percorridos 100 quilômetros e, após 20 minutos, 400 quilômetros desde a partida.

Para calcular a velocidade instantânea, começamos calculando as velocidades médias em intervalos de tempo próximos aos 10 minutos. Por exemplo, podemos calcular a velocidade média no intervalo entre os instantes 10 minutos e 11 minutos após a partida do carro. Sabemos, pela função da posição, que no instante 11 a distância percorrida pelo carro era de $p(11) = 11^2 = 121$ km. A velocidade média no intervalo entre 10 e 11 é calculada pela fórmula que escrevemos dois parágrafos antes:

$$Vm = \frac{p(11)-p(10)}{11-10} = \frac{121-100}{1} = 21 \text{ km/min}$$

Continuamos diminuindo o intervalo de tempo, calculando, por exemplo, a velocidade média no intervalo entre 10 minutos e 10 minutos e 30 segundos após a partida, isto é, no instante 10,5 minutos. A função da posição nos diz que, nesse instante, a posição do carro era $p(10,5) = 10,5^2 = 110,25$ km. Portanto, sua velocidade média nesse intervalo é:

$$Vm = \frac{p(10,5)-p(10)}{10,5-10} = \frac{110,25-100}{0,5} = 20,5 \text{ km/min}$$

A simbologia algébrica com que representamos funções matemáticas nos ajuda a generalizar o cálculo das velocidades médias para um intervalo entre o instante 10 minutos e um instante próximo dele, que designamos por $10 + \Delta t$. Para determinar a velocidade instantânea, observamos de que valor se aproximam essas velocidades médias quando tornamos o tamanho desse intervalo, $\Delta t$, arbitrariamente próximo de zero. No instante $10 + \Delta t$, a posição do carro é $p(10 + \Delta t) = (10 + \Delta t)^2 = 100 + 20\Delta t + \Delta t^2$. Então a velocidade média nesse intervalo é dada por:

$$Vm = \frac{p(10+\Delta t)-p(10)}{10+\Delta t-10} = \frac{100+20\Delta t+\Delta t^2-100}{\Delta t} = \frac{20\Delta t+\Delta t^2}{\Delta t} = 20 + \Delta t$$

A partir dessa expressão genérica para a velocidade média, podemos observar que os valores de $Vm$ ficam arbitrariamente próximos de 20 quando os valores de $\Delta t$ estão suficientemente próximos de zero. Quando o intervalo entre 10 e $10 + \Delta t$ se aproxima do instante 10, dizemos que "$\Delta t$ tende a 0". O resultado anterior pode ser lido, então, como "$Vm$ tende a 20 quando $\Delta t$ tende a 0". Esse valor de $Vm$ expressará, no limite, a velocidade do carro no exato instante $t = 10$, isto é, sua velocidade instantânea nesse instante.

A velocidade instantânea é calculada, portanto, por esse processo de aproximações sucessivas da velocidade média, quando os intervalos de tempo são tornados arbitrariamente pequenos. É esse procedimento que fornece a derivada da função da posição $p(t) = t^2$. A velocidade instantânea passa, então, a ser expressa como derivada da posição em relação ao tempo, denotada por:

$$v = \frac{dp}{dt}$$

Podemos fazer o mesmo raciocínio, em seguida, para a taxa de variação da velocidade, obtendo a aceleração do carro. Assim como a equação acima é a derivada da posição em relação ao tempo, a aceleração é a derivada da velocidade em relação ao tempo, dada por $a = \frac{dv}{dt}$. Como $v$ já é uma derivada, a aceleração é o que chamamos de *segunda derivada* da posição $p$ em relação ao tempo $t$, que pode ser expressa simbolicamente como:

$$a = \frac{d^2p}{dt^2}$$

Voltando às equações diferenciais, são elas que descrevem os movimentos e envolvem o uso de derivadas. A equação que descreve o movimento da Terra em torno do Sol pode ser escrita assim:

$$G\frac{M \times m}{d^2} = m\frac{dv}{dt} = m\frac{d^2p}{dt^2}$$

O objetivo de introduzir esses símbolos difíceis é dar uma ideia da complexidade do problema de resolver uma equação diferencial. Não é necessário entender todos os detalhes explicados. Queremos dar uma ideia do seguinte: a última equação descreve o movimento de dois corpos apenas, a Terra e o Sol; mas, no Sistema Solar, *todos* os corpos se atraem mutuamente. Isso quer dizer que a equação anterior se desdobra em um número muito maior de expressões, com mais variáveis, que são impossíveis de ser resolvidas diretamente (por meio de fórmulas simples). O objetivo da mecânica celeste, no século 18, foi desenvolver métodos algébricos a fim de tentar encontrar soluções para esse problema. Muitos problemas físicos foram resolvidos de modo satisfatório, e previsões começaram a ser feitas, com sucesso na antecipação de fenômenos celestes e terrestres. Isso garantiu a predominância das equações diferenciais, que passaram a ser consideradas não apenas meios operacionais para descrever os movimentos, mas *explicação* de suas leis. A possibilidade de descrever os movimentos por leis – e de traduzi-las em equações – tornou-se sinônimo do caráter "determinista" desses fenômenos. Isso quer dizer que, dado seu estado inicial, seus estados futuros são bem determinados pelas equações.

Com o respaldo de uma instituição prestigiosa, a Escola Politécnica, os problemas originais da mecânica foram, então, reorganizados sob o método analítico. O livro *Mecânica analítica*, de Lagrange, dizia que a mecânica deve ser parte da análise matemática; logo, pode prescindir de desenhos e de qualquer outra consideração geométrica.[1] A astronomia tinha influência, sobretudo pela maneira como aplicava o método da mecânica ao estudo do céu. Seguindo a sugestão de Lagrange, essa área será rebatizada por Laplace de *mecânica celeste*, que tem a "dupla vantagem de oferecer um grande conjunto de verdades importantes e o método verdadeiro que é preciso seguir na busca de leis da natureza".[2] Esse modo de investigar os movimentos do céu fornece um paradigma para o estudo dos demais fenômenos.

Em *Exposição do sistema do mundo*, de 1796, Laplace defende o método analítico como verdadeiro modo de interrogar a natureza, submetendo todas as respostas à análise matemática. Só assim é possível encontrar as causas dos fenômenos, o que equivale, para ele, a enunciar leis gerais das quais se possam derivar todos os aspectos particulares. Os esforços dos cientistas devem se voltar, portanto, para a descoberta dessas leis gerais, deixando de lado a natureza íntima dos fenômenos. A busca das causas primeiras ainda pressionava os físicos-matemáticos, mas poderia ser posta em segundo plano em prol de leis gerais que *descrevessem* os fenômenos observados. Percorrendo os progressos do espírito humano, diz Laplace, vemos "que as causas

---

1. Lagrange, Joseph-Louis. *Mécanique analytique*. Paris: La Veuve Desaint, 1788.

2. Laplace, Pierre-Simon. *Exposition du système du monde*. Paris: Imprimerie du Cercle-Social, 1796, t. 1, p. 8.

finais serão sempre afastadas". Mas essas causas, "que Newton transporta para o Sistema Solar", são apenas, como dizem os filósofos, "expressão da ignorância da qual somos nós a verdadeira causa".[3] Depois de citar as críticas de Leibniz a Newton, Laplace insiste em lembrar que "a posteridade não admitiu mais essas hipóteses vãs".[4]

As leis, traduzidas algebricamente, devem bastar, porque garantem que a ciência não precise lidar com hipóteses externas, como Deus. Laplace teria dito isso, com todas as letras, a Napoleão, como relata um médico que esteve com o antigo imperador no exílio. Conversando com Laplace, Napoleão teria perguntado por que o nome de Deus não aparece em seus livros. "Porque não achei necessário recorrer a essa hipótese", teria respondido Laplace.[5] A história foi publicada em 1821 e floreada por Victor Hugo, tornando-se símbolo de como a ciência lidava com o Criador. Com o contexto do século 18 em mente, porém, faz mais sentido interpretar essa resposta a partir do lugar ocupado pela lei de atração universal.[6]

Em 1781, o poder da nova mecânica celeste era demonstrado pela detecção de um novo corpo no céu, descoberto pelo astrônomo William Herschel. Laplace se dedicou a determinar sua órbita e obteve sucesso. Durante as décadas de 1770 e 1780, uma obsessão de suas pesquisas foi explicar acelerações e desacelerações dos movimentos de Júpiter e Saturno, para que não desmentissem a lei de atração universal.[7] Era estratégico demonstrar que todos esses fenômenos decorriam das leis de Newton. O papel da estabilidade do Sistema Solar também pode ser entendido por esse contexto. Laplace e Lagrange

---

3. Idem. *Oeuvres complètes de Laplace*. Paris: [s.n.], 1886, v. 6, p. 480. Disponível em: https://gallica.bnf.fr/ark:/12148/bpt6k77594n/f491.image. Acesso em: junho de 2021.

4. Ibidem.

5. Antonmarchi, Francesco. *The Last Days of Napoleon: Memoirs of the Last Two Years of Napoleon's Exile, Forming a Sequel to the Journals of Dr. O'Meara and Count Las Cases*. 2. ed. Londres: Henry Colburn, 1829, pp. 264-5.

6. Aubin, David. "On the Cosmopolitics of Astronomy in Nineteenth-Century Paris". *In:* Astro-Morphomata: Sternenwissen und Weltbürgertum in Medien und Kultur, 2011, Colônia. *Conference*. Disponível em: https://hal.sorbonne-universite.fr/hal-00741449. Acesso em: junho de 2021. Aubin cita a obra: Hugo, Victor. *Choses vues (1887) Dans Histoire*. Paris: Robert Laffont-Bouquins, 1987.

7. Hahn, Roger. *Pierre-Simon Laplace, 1749-1827: A Determined Scientist*. Cambridge: Harvard University Press, 2005.

desenvolveram métodos rebuscados para lidar com as equações diferenciais que descrevem o movimento dos planetas e tentar, assim, demonstrar a estabilidade.

No Sistema Solar, os corpos perturbam os movimentos uns dos outros pela atração mútua que exercem. É a estabilidade que garante o curso das órbitas dos planetas em torno do Sol, sem que se soltem no espaço nem se aproximem tanto a ponto de se chocarem uns com os outros. Armados de equações diferenciais, os analistas pensaram ter demonstrado a estabilidade do Sistema Solar, garantindo um mundo determinista e previsível, ao menos no que tange aos movimentos dos astros. Só que suas conclusões foram contestadas no século seguinte. A conquista do século 18, portanto, não foi o determinismo: foi a supressão das hipóteses externas na explicação do sistema do mundo. São as equações diferenciais que garantem a explicação exclusivamente newtoniana dos movimentos terrestres e celestes. E Deus? Pois bem, não seria mais necessário recorrer a essa hipótese.

Capítulo 6
# O NASCIMENTO DAS CIÊNCIAS EXATAS

A disputa entre ciências exatas e ciências humanas está acirrada nos dias atuais. Muitas vezes, as áreas exatas são valorizadas com o intuito de desmerecer outras áreas do conhecimento. Saberes que utilizam a matemática, como a economia ou a engenharia, têm sido defendidos como mais rigorosos que outros, como a filosofia ou a sociologia. Um efeito colateral é que a matemática acaba parecendo fria e calculista, destinada a garantir legitimidade a outras formas de saber. Isso faz com que muita gente veja a matemática apenas como uma linguagem para descrever o mundo, sem que tenha, ela própria, algo a dizer.

A história mostra uma imagem bem diferente. Houve idas e vindas fascinantes no embate que nós, humanos, travamos com nossos limites para conhecer o mundo. A matemática esteve associada à inspeção desses limites, que não são bloqueios ao saber, mas parte dele. Exatidão, precisão, rigor ou objetividade são noções cujos significados mudaram ao longo do tempo. Muita matemática surgiu desses debates e se desenvolveu a partir deles. Admitir a separação entre exatas e humanas como dadas previamente esvazia todo esse percurso. Mas, afinal, de onde veio essa separação?

Essa pergunta deve ser respondida por partes. A necessidade de classificação dos saberes surgiu da especialização e da elaboração dos currículos que aconteceu no século 19. Estava inserida na organização institucional do ensino e da pesquisa que teve lugar primeiro na França e depois na Alemanha. As ciências ditas "exatas" eram aquelas que podiam ser matematizadas, a exemplo da física. A designação de alguns campos de saber como "ciências humanas" surgiu como reação ao prestígio das ciências exatas.

A especificidade de algumas ciências "exatas" era ressaltada vagamente no século 18, mas não como oposta a outras ciências, que seriam "não exatas" ou "humanas". Ao longo dos 17 volumes da *Enciclopédia* de Diderot e D'Alembert, que tratam das diferentes formas de fazer ciência, não há nenhuma menção à divisão das ciências entre exatas e humanas. D'Alembert chegou a mencionar as "ciências exatas" em um ensaio, destinado a refletir sobre algumas características das "pessoas letradas". Aqueles que escreviam romances e poemas necessitavam, às vezes demasiadamente, do reconhecimento dos outros, criticava D'Alembert. É para os outros que os homens se dedicam às letras: "Um poeta não seria vaidoso em uma ilha deserta, ao passo que um geômetra poderia sê-lo".[1] A vaidade que move o escritor não é tão comum nas ciências exatas, que cultivam um gosto mais circunspecto; logo, os praticantes de tal ciência não precisam da aprovação de ninguém, até porque o rigor deles surge de regras bem determinadas.

Ao longo do século 18, a noção de *exatidão* foi bastante usada para designar um saber que pode ser descrito e provado em linguagem matemática. Em particular, por meio da álgebra. O termo "exato" é associado à obra de René Descartes, um dos primeiros a propor a algebrização da geometria (aquilo que hoje nomeamos "geometria analítica").

Desde Descartes, eram *exatos* procedimentos que permitiam construir curvas por meio de equações algébricas. Em vez de construir um círculo geometricamente, usando o compasso, tornou-se possível construir essa figura por meio da equação $x^2 + y^2 = r^2$. Essa noção de "exatidão", como mostra o historiador da matemática Henk Bos,[2] era típica do século 17. Surgiu no contexto de matemáticos-filósofos tentando ampliar os métodos de construção de curvas geométricas, que também serviam à ótica. O uso se estendeu ao século 18, principalmente por influência das obras de Descartes e de sua visão sobre a relação entre álgebra e geometria. A linguagem algébrica, ingrediente do método analítico, permitia estender as práticas exatas que, anteriormente, eram exclusividade da geometria de tipo euclidiano.

Esse uso da ideia de exatidão, porém, não servia para classificar e separar diferentes tipos de ciência. A exatidão tinha a ver com a valorização das equações, que atinge seu ápice no fim do século 18. Além dos matemáticos, o método analítico era defendido por filósofos, como o iluminista Étienne Bonnot de Condillac. Na descrição do sistema do mundo, esse método defendia a expressão de todos os saberes experimentais em linguagem simbólica. Foi assim que a química passou a operar com símbolos e Lavoisier se inspirou na filosofia de Condillac para desenvolver uma nova abordagem.

A universalização do formalismo algébrico garantia o poder da análise como método para organizar o conhecimento. A separação da análise em relação à geometria, no século 18, acabou sedimen-

---

1. D'Alembert, Jean le Rond. "Essai sur la société des gens de lettres et des grands, sur la réputation, sur les mécènes, et sur les récompenses littéraires". *In: Mélanges de littérature, d'histoire et de philosophie.* Paris: Briasson, 1753, v. 2, pp. 81-163.

2. Bos, Henk. *Redefining Geometrical Exactness: Descartes' Transformation of the Early Modern Concept of Construction.* Nova York: Springer, 2001.

tando uma visão da matemática como formalismo algébrico. Essa virada pode ser associada à valorização das ciências matematizadas por sua exatidão. Mas essa sedimentação das ciências exatas está ligada às instituições de ensino e à produção de conhecimento criadas na França após a revolução. Afinal, instituições servem também para institucionalizar ideias, e esse foi um papel de grandes escolas francesas, tanto da Politécnica quanto da Escola Normal.

Para que o conhecimento atingisse um público mais amplo, era preciso investir no ensino e na formação de professores. Para isso, em 1794, foi criada uma Escola Normal, dedicada a formar professores. Contra o anti-intelectualismo de setores religiosos, ainda fortes na época, que tentavam atacar a ciência, era preciso defender a razão. Um grupo heterogêneo de professores, vindos de toda a França, assistia a aulas e participava de debates com os grandes pensadores da época. Um dos objetivos era treinar essas pessoas para fazerem discursos orais, algo essencial na cultura da República, pois era a palavra falada que exercia influência e servia à conquista de autoridade política.

A arte do discurso exigia mudanças na língua escrita e um método de gramática geral. Até o alfabeto devia ser reformado, a fim de incluir todos os sons do discurso falado. Os fundadores da Escola Normal se preocupavam com as mentiras e as falsidades que haviam sido disseminadas pelo discurso oral, logo eram necessários métodos de eliminar ambiguidades na fala. Só assim, acreditavam, os ideais da razão poderiam se espalhar por regiões ainda dominadas pelo fanatismo político e religioso. As formas irregulares do alfabeto latino estavam relacionadas à desordem moral e linguística que acometeu a França no período pós-revolucionário. Contra isso, devia-se instituir uma gramática baseada em princípios lógicos.

A superioridade das ciências exatas surge nesse contexto. Na Escola Normal fundada em 1795, ano 3, segundo o novo calendário da Revolução Francesa, o mesmo rigor das ciências exatas deveria servir à ciência política. Eram tempos de moderação, com a fase do Termidor tendo posto fim à época que ficou conhecida como o Terror. Os políticos de então, apoiados por uma elite intelectual, desejavam conter, ao mesmo tempo, a falsidade disseminada pela religião e o que consideravam uma verborragia do jacobinismo. No meio de crises e novas experiências morais, "novas verdades" vinham sendo difundidas e a educação deveria estabelecer princípios imutáveis.

Ideólogos e homens políticos, como Dominique-Joseph Garat, fundadores da Escola Normal, proclamavam, então, que era chegada a hora de tornar todos os saberes mais exatos.[3] Ou seja, as ciências exatas deveriam servir de parâmetro também para a retórica usada nos discursos políticos. Em vez de saberes específicos, a Escola Normal ensinaria um modo de pensar, a exemplo do que havia se mostrado útil à física: o método analítico. Mesmo o conhecimento social e político teria a ganhar com isso, pois "as ciências morais, tão necessárias ao povo que governa a si mesmo por suas próprias virtudes, estariam sujeitas a provas tão rigorosas quanto as das ciências exatas e físicas"[4]. Garat instituía, assim, um antídoto contra os perigos da retórica política passional. Para isso, era preciso estimular ciências morais e políticas que usassem métodos tão exatos quanto os das ciências matemáticas. Uma verdadeira ciência social surgiria daí. A inexatidão de termos como "aristocratas", "realistas", "demagogos", "anarquistas" ou "hereges" era, em parte, responsável pelo infortúnio da revolução. Essas categorias mal definidas haviam gerado divisões desnecessárias. A exatidão seria, portanto, um modo de exprimir ideias sociais e políticas por meio de uma terminologia mais precisa e segura, o que era essencial para prevenir que os estudantes fossem atraídos pelo fascínio de discursos orais virulentos e sedutores, que tinham, segundo os defensores das exatas, o potencial de encobrir mentiras e injustiças.

Esse primeiro projeto de Escola Normal foi um fiasco. Ela teve as portas fechadas em quatro meses, e suas metodologias foram alvo de críticas. Ainda assim, as ideias ali defendidas tiveram um impacto vital na cultura política da época, como mostra a historiadora Sophia Rosenfeld.[5] Em primeiro lugar, o experimento colaborou para que o pensamento de Condillac entrasse na moda. Assim, sua proposta de linguagem baseada em signos serviu de base à formulação de políticas sociais mesmo depois de 1795, ajudando a valorizar a linguagem escrita.

A influência das ideias analíticas só fez aumentar com o fortalecimento de uma nova elite intelectual, apoiada pelo Estado. Dentro das instituições estatais, consolidava-se uma cultura que associava o jacobinismo ao obscurantismo, como no Instituto Nacional de Ciências e

---

3. Rosenfeld, Sophia. *Democracy and Truth: A Short History*. Filadélfia: University of Pennsylvania Press, 2018, p. 59.

4. Ibidem.

5. Ibidem.

Artes, fundado em 1796. Discussões públicas eram estimuladas, para fazer avançar a ciência, incentivando-se contestações abertas que ajudariam o governo a estabelecer princípios e a criar políticas para "aprimorar" a sociedade pós-revolucionária. Mas a linguagem e as maneiras usadas no debate não eram arbitrárias nem democráticas. Cursos de ciências morais e políticas tinham dado origem aos "ideólogos", que disseminavam a epistemologia de Condillac e defendiam o potencial da ciência social para gerar a paz e a ordem necessárias a um Estado republicano moderado.[6] A linguagem se tornara estratégica demais para ficar nas mãos dos aristocratas, mas também deveria ter regras, antes de se tornar acessível ao povo não esclarecido. Daí o papel da elite intelectual, que exerce um papel intermediário, garantido pela prática do método das ciências exatas. Em sua própria definição, portanto, ciências exatas são sinônimo de ciências de Estado e inspiravam os saberes oficiais da moderação pós-revolucionária. Todas as ciências, inclusive as sociais e políticas, deveriam seguir a linguagem e o método das ciências exatas. Em vez de humanas, suscetíveis a equívocos e imprecisões, todas as ciências deveriam, um dia, tornarem-se exatas.[7]

A ciência muda com o tempo, assim como mudam os modos de enunciar e escrever suas verdades. Isso não quer dizer, de modo algum, que a verdade seja relativa, mas que os modos como a verdade é dita importam. E eles mudam com o tempo, como a história da ciência evidencia. Ora, mas não foi sempre verdade que 2 + 2 = 4? Sim, sempre que pegarmos duas batatas e juntarmos mais duas, teremos quatro batatas. Mas nem sempre se optou por escrever isso com símbolos: nem 2, nem 4, muito menos sinais como + ou =. Essa escrita, usada hoje, não é mera representação. Na matemática, "2" é uma abstração, é um número, algo bem diferente de uma coleção de batatas, como mostro em meu livro *História da matemática*.[8]

---

6. Schubring, Gert. *Conflicts Between Generalization, Rigor, and Intuition*. Berlim: Springer, 2005.

7. Inverto esse enunciado afirmando que "todas as ciências são humanas, até as exatas" em Roque, Tatiana. "Não existe ciência exata (e vamos combinar que todas as ciências são humanas)". *Revista Ciência Hoje*, maio de 2018. Disponível em: https://cienciahoje.org.br/artigo/nao-existe-ciencia-exata-e-vamos-combinar-que-todas-sao-humanas. Acesso em: junho de 2021.

8. Roque, Tatiana. *História da matemática: uma visão crítica, desfazendo mitos e lendas*. São Paulo: Zahar, 2012.

A razão foi moldada, no século 18, pela maneira como a ciência foi praticada e escrita. Na filosofia natural, o método analítico e a álgebra transformaram a compreensão dos fenômenos – e não apenas os naturais, pois serviram de exemplo para ciências políticas e sociais. Desde a concepção do que devia ser admitido como causa dos movimentos até a linguagem usada nos discursos políticos, tudo estava mudando para se adaptar às exigências da exatidão. O novo lugar da razão não eliminava Deus nem concorria com a religião no âmbito das crenças de cada pessoa. O saber público, contudo, se aproximava cada vez mais da ciência. A descrição algébrica dos movimentos celestes substituía a explicação divina da regularidade e da estabilidade do sistema planetário. Esse ideal deveria servir de inspiração – até mesmo – para os saberes terrenos. Só que aí as coisas não são tão simples e regulares, e não temos uma lei única, como a da atração universal, capaz de explicar todos os fenômenos. Muito menos de antecipar o futuro.

Capítulo 7
# A IDEIA DE UM FUTURO MELHOR

A modernidade se caracteriza por uma separação entre o passado e o futuro. Mas essa divisão é reinserida em uma linha do tempo contínua. O passado se associa à experiência, ao que já vivemos e àquilo de que podemos nos lembrar. Essa lembrança pode ser direta ou experimentada como um passado narrado, trazido ao presente em forma de mitos e tradições. Já o futuro, obviamente, não foi vivido. Logo, ele é sempre uma projeção. Como não se dá pela experiência, pode aparecer de diversas formas. Uma delas, muito comum em épocas mais antigas, é a repetição: espera-se que o futuro seja mais ou menos como o passado. Se o fim do verão é a época das chuvas, como nas águas de março da música de Tom Jobim, deverá ser sempre assim. Os ciclos naturais são a principal experiência a se projetar no futuro, mas não só. Festividades populares, como o Carnaval, também nos conectam com o passado. Em 1919, logo após a gripe espanhola, houve um dos maiores carnavais da história do Rio de Janeiro. É provável que aconteça o mesmo depois da pandemia de covid-19. A projeção é razoável, pois está fundada nas experiências do passado. Enquanto o futuro era projetado dessa maneira, não havia ruptura radical com o passado.

    A época moderna se define, entre outras coisas, pela mudança desse modo de ligar o futuro ao passado. Repetições, naturais ou por costume, continuam afetando nossa experiência do tempo. Mas no fim do século 18 surgiu um "novo tempo". Uma época em cujo futuro a humanidade iria progredir, avançar, inventar coisas com as quais sequer se havia sonhado até então. O novo tempo não seria só um futuro em aberto, com sua carga de imprevisibilidade; seria um futuro melhor. A ciência, a técnica e o uso da razão sustentavam essa aposta. Daí a repercussão da ideia de "aperfeiçoamento", usada pelo historiador Reinhart Koselleck como chave para demarcar a modernidade, cujo início ele sugere fixar no finzinho do século 18.[1] A partir daí, o futuro passou a ser esperado como uma época diferente do passado, pois a vida estava mudando – e mudaria ainda mais. E tal mudança seria para melhor. Esse historiador elege a diferença entre experiência e expectativa, e um novo modo de ligar as duas coisas, como característica essencial da época moderna. Mas não poderia ser qualquer expectativa. Afinal, a sensação de que uma mudança totalmente em aberto

---

1. Koselleck, Reinhart. *Futuro passado: contribuição à semântica dos tempos históricos*. Rio de Janeiro: Contraponto/Editora PUC-Rio, 2006.

está por vir é angustiante demais. E não combina com a aposta da modernidade na ideia de um aperfeiçoamento acarretado pela razão. Era essencial, portanto, que a expectativa se apoiasse no progresso.

Koselleck conta uma história ilustrativa em um de seus muitos textos sobre a sensação do tempo na modernidade. Antes, na Alemanha, havia um costume de crianças comerem em pé enquanto adultos faziam suas refeições sentados à mesa. Um belo dia, sem nenhum motivo aparente, o pai mandou o filho se sentar. A mãe ficou surpresa e perguntou o que o levara àquela decisão inesperada. O pai então fez um gesto com os ombros, parecido como que fazemos para dizer "eu não sei", e respondeu: "É o progresso". Assim passou a ser. Não precisava de explicação. O progresso estava mudando os costumes e seguiria fazendo isso. Ao mesmo tempo, convencia de que "as coisas agora são assim" e acenava com a aposta de que era melhor. Dessa forma, ia moldando as expectativas, sem que o apoio da experiência fosse necessário.

Claro que havia objeções contra a aposta de que tudo mudaria para melhor, pois não faltavam experiências para servir de contraexemplo. Um livro conhecido é o *Cândido*, de Voltaire, com relatos de miséria e acidentes como contraponto ao otimismo de alguns pensadores da época. Era o caso de Leibniz, o mesmo que disputou com Newton as razões da atração universal e que compartilhou com o inglês a invenção do cálculo diferencial. De modo engenhoso, Leibniz usava a ideia de derivada, explicada no capítulo 5, para defender a teoria de que vivemos no melhor dos mundos possíveis.[2] Isso soava estranho, contudo, diante de um mundo avassalado por desastres, onde a miséria ainda era um problema para tantos.

O filósofo Immanuel Kant afirma que, de fato, pela experiência não é possível confiar no progresso, pois não se pode atribuir aos homens uma vontade inata e invariavelmente boa.[3] Mas o gênero humano, em sua união, sim, é possível assumir que tenha a faculdade de progredir sempre para melhor. Essa é "uma proposição não só bem-intencionada e muito recomendável no propósito prático, mas válida, apesar de todos os incrédulos": o gênero humano progrediu sempre para o melhor e assim continuará a progredir no futuro.[4]

---

2. Não era isso que ele dizia, mas foi recebido assim.

3. Kant, Immanuel. *O conflito das faculdades*. Lisboa: Edições 70, 1993, p. 100.

4. Ibidem, p. 106.

A difusão dessa ocorrência a todos os povos da Terra abria a perspectiva para um tempo interminável de progresso. O avanço do mundo – com as novas invenções, a preponderância da razão, o abandono das superstições, a aposta na ciência e na técnica – garantia o mergulho seguro no futuro. Mesmo que esse novo tempo se descolasse do passado: da regularidade da natureza e da segurança dos costumes. Koselleck afirma que Kant criou, assim, a expressão "progresso", dissociando a experiência do passado e a expectativa de futuro, mas tornando essa expectativa de longo prazo, constituída pelo acúmulo de novas experiências semelhantes à Revolução Francesa, o que garantiria um "progresso contínuo para o melhor". Mas essa frase só passou a ser concebível, ressalta Koselleck, "depois que a história foi vista e experimentada como única".[5]

Novas ideias buscavam descartar as tentativas de usar a experiência contra a expectativa de que, no futuro, a realidade fosse diferente. Um dos instrumentos era a ideia de "aceleração". Até ali, as coisas tinham avançado lentamente. Mas as mudanças estavam acontecendo cada vez mais rápido. De um lado, a Revolução Francesa havia acelerado as transformações sociais e políticas como nunca antes. De outro, invenções e descobertas científicas apontavam para um novo modo de estar no mundo. Assim, o progresso se tornava sinônimo de um aumento progressivo da diferença entre a experiência passada e a expectativa de futuro, como sintetizado por Kant. As invenções, as inovações e as descobertas que estavam por vir não se comparavam às precedentes. Isso garantiria o desenvolvimento de meios para que a humanidade aprimorasse o mundo à sua volta. Com o conceito histórico de aceleração, diz Koselleck,[6] passa-se a dispor de uma categoria histórica que faz com que o progresso não seja apenas um conceito otimizador (de melhorias e aperfeiçoamento progressivo). A expectativa se apoia em acontecimentos que não tinham correlatos anteriores, como os desdobramentos da Revolução Francesa. Tudo isso fundava uma nova experiência do tempo.

Uma ressalva importante é que tal experiência se fragmentava em diferentes perspectivas, como Koselleck não deixa de lembrar. Para cada posição social havia um modo diferente de viver aqueles acontecimentos. Mas a expectativa funcionava também para os que não eram

---

5. Koselleck, Reinhart. *Futuro passado*, op. cit., p. 319.

6. Ibidem, p. 321.

favorecidos de imediato pelas mudanças. Tratava-se de um tempo de transição, em que também se podia esperar do futuro um mundo mais justo e igualitário. O progresso conseguia reunir, desse modo, por meio do escalonamento do tempo da mudança, diferentes experiências quanto ao que se estava vivendo concretamente. Descolada dessas experiências, produzia-se a confiança em uma mesma expectativa, ainda que seus frutos variassem quanto ao tempo de espera:

> Um grupo, um país, uma classe social tinham consciência de estar à frente dos outros, ou então procuravam alcançar os outros ou ultrapassá-los. Aqueles dotados de uma superioridade técnica olhavam de cima para baixo o grau de desenvolvimento dos outros povos, e quem possuísse um nível superior de civilização julgava-se no direito de dirigir esses povos.[7]

A diferença entre experiência e expectativa permitiu que o progresso funcionasse também para pessoas e povos que não se beneficiaram das novidades, a não ser pontualmente. Aliás, não há relação de proporcionalidade entre experiência e expectativa. Ou seja, não é que a maior experiência dos benefícios do progresso leve ao aumento das expectativas. Pode ser até o contrário: quanto menor a experiência, maior a expectativa. Essa é uma "fórmula para a estrutura temporal da modernidade", conceitualizada pelo progresso, sintetiza Koselleck.

Complementamos essa visão da história com um adendo: nos lugares onde o avanço do progresso tardou para virar experiência ou essa atualização foi desigual, a expectativa se converteu em promessa. Nas próximas partes, citaremos países com infraestruturas poderosas, que conseguiram transformar a expectativa em experiência, ao menos para boa parte de seus povos. As leis universais do movimento, os novos dispositivos técnicos e de observação, a previsão da passagem dos astros, a adesão das massas aos avanços tecnológicos serviram para aumentar a confiança no progresso. Com tantos dispositivos assim, a tensão entre experiência e expectativa, característica da modernidade, teve um balanço positivo para bastante gente. Mesmo hoje, é difícil colocar o ideal de progresso em perspectiva. Logo serão exibidos dados e fatos provando que a humanidade vive agora em condições melhores do que dois séculos atrás.

---

7. Ibidem, p. 317.

Não há dados, nem medida alguma, que permitam avaliar a lacuna entre esses avanços e as promessas que foram feitas. Em todos os países do mundo, sempre houve uma distância entre aqueles que desfrutaram da expectativa gerada pelo progresso, convertendo-a em experiência, e os que dele se beneficiaram menos. Essa distância tem aumentado nas últimas décadas, como mostram estudos sobre o aumento da desigualdade no mundo todo. Isso ainda não se compara à promessa que nutriu as esperanças – e a espera – de povos inteiros. Por isso começamos com países que lideraram a elaboração das expectativas, criaram grandes estruturas de convencimento e implementaram os avanços prometidos. Em parte.

A história contada neste início é parcial porque fala de locais em que a promessa foi cumprida, durante certo tempo. Mas surgem cada vez mais histórias, mostrando à custa de quem e de quê (algumas são citadas nos próximos capítulos). Os povos colonizados têm contraposto suas próprias histórias à narrativa única de uma evolução do mundo para melhor; a ciência tem mostrado quanto impacto o sucesso das promessas teve na destruição do meio ambiente e da atmosfera terrestre. Os momentos na história da ciência e da política, narrados a seguir, são também mostras de que o convencimento de estarmos caminhando para um futuro melhor nunca deixou de ser uma preocupação. Realizada como uma tarefa por diferentes atores. Sem essas estratégias, as pessoas poderiam deixar de confiar em promessas.

# PARTE II
# O PROGRESSO

## Capítulo 8
## MARY, COM A CABEÇA NOS CÉUS

"Com a cabeça nas estrelas e os pés na Terra" era a descrição de Mary Somerville, uma das primeiras mulheres a explicar os mecanismos do céu, a única na Inglaterra que entendia os trabalhos de Laplace – segundo ele próprio. Nascida na Escócia, sua mãe foi embora logo após dar luz à filha. O pai era um almirante da esquadra naval do rei que saiu em viagem e só retornou após oito anos. Nesse intervalo, Mary viveu no campo e não recebeu nenhuma educação formal.

Enquanto seus futuros colegas cientistas estudavam na reputada Universidade de Cambridge, aprendendo conteúdos que contribuiriam para a promissora astronomia inglesa, Mary frequentava escolas para mulheres, que tinham um ensino mais restrito. A jovem comprava e devorava livros, iniciando-se, assim, nas obras dos físicos-matemáticos franceses que, como ela logo notou, eram essenciais para adequar os ensinamentos de Newton à época.

A viuvez precoce contribuiu a esse processo. Aos 24 anos, Mary havia se casado com um capitão que reprimia os interesses intelectuais dela, mas o homem faleceu três anos depois. Até então, a relação de Mary Somerville com a ciência nada tinha de oficial, pois não encontrava espaço nas instituições. Ela buscava brechas possíveis, portanto, para interagir com o meio intelectual, sua verdadeira paixão. O primeiro contato com a universidade foi curioso: Mary ganhou um prêmio por ter resolvido um quebra-cabeça matemático, do tipo que aparecia nos jornais, às vezes até em revistas de moda, como forma de entretenimento. Ela era fanática por esses desafios desde jovem. O prêmio teve o efeito esperado: aproximá-la dos professores da Universidade de Edimburgo, cidade onde morava desde que seu pai retornara de viagem.

Na época, mulheres não eram admitidas na universidade. Apenas em 1894 permitiu-se que se graduassem pela Universidade de Edimburgo. No entanto, havia um clima de abertura na sociedade, inspirado pelo Iluminismo francês. Talentos eram valorizados e podiam dar acesso a meios eruditos independentemente de títulos e de questões pessoais, como gênero. Isso abria portas para pessoas de classe média e para que ao menos algumas mulheres participassem do debate de ideias, ainda que de maneira tímida. Precisavam, contudo, ter a sorte de encontrar uma oportunidade de estudar e aprimorar sua cultura.

Os ideais iluministas inspiravam iniciativas para tentar suprimir barreiras excludentes, que deixavam os mais pobres e a vasta maioria das mulheres sem acesso à educação formal. Um político escocês, ligado ao partido progressista Whig, que defendia educação para todos, foi um dos principais incentivadores de Mary Somerville. Era o lorde Brougham, que pediu que Mary escrevesse um livro explicando os princípios da astronomia e da mecânica celeste ao modo newtoniano, voltado para um público amplo. Levar a ciência a leitores que não integravam a elite fazia parte do ideal do abolicionista Henry Brougham, que chegou a fundar a Sociedade para a Difusão do Conhecimento Útil (Society for the Diffusion of Useful Knowledge), ligada a seu partido político. A iniciativa traduzia bem o espírito da época: a ciência deveria sair dos muros das universidades e conquistar um contingente maior de pessoas, incluindo a classe trabalhadora.

Mary mudou-se para Londres com seu segundo marido, William Somerville, em 1816. Ao contrário do primeiro, esse incentivava sua carreira científica. William era médico e abria portas para a esposa frequentar a sociedade dos eruditos. Nas palavras da filha de Mary e William, o pai "ficava contente em ajudar minha mãe de diversas maneiras, procurando em livrarias os livros que ela pedia, copiando e recopiando infatigavelmente seus manuscritos, para poupar o tempo dela".[1] Sendo realista, naquela época, era praticamente impossível uma mulher ter a posição de destaque intelectual conquistada por Mary Somerville sem apoio de marido.

A instituição científica mais prestigiosa do século 19, na Inglaterra, era a Universidade de Cambridge. Oferecia sólida formação em teologia e estudos clássicos, mas também em matemática aplicada à astronomia e à física. Havia algo de medicina, e aos poucos foram se desenvolvendo áreas como geologia, mineralogia e zoologia. Os homens de ciência – como eram chamados na época – deviam demonstrar solidez e resiliência intelectual para serem admitidos. Havia um exame extremamente rígido, chamado Tripos, que media a habilidade e os conhecimentos matemáticos dos estudantes. Quem passasse ficaria conhecido como *wrangler* – palavra que significa uma espécie de caubói ou boiadeiro, mas que também pode designar alguém que enfrenta desafios e não tem medo de entrar em brigas. Incorporando um evidente signo de virilidade, ser um "*wrangler* de Cambridge" abria caminho para posições prestigiosas no mundo científico inglês. Além

---

[1]. Chapman, Allan. *Mary Somerville and the World of Science*. Oxford: Springer, 2015, p. 12.

de destreza e inteligência, austeridade e obstinação também eram características necessárias para suportar as exigências da vida intelectual.

A ciência inglesa não era dominada por instituições oficiais nem controlada pelo Estado – uma situação bem diferente da encontrada na França. Surgiam sociedades científicas autogovernadas e financiadas por seus membros, o que facilitava a participação de pessoas sem formação universitária, incluindo algumas mulheres. Assim, nomes importantes da astronomia e de outros ramos da ciência eram autodidatas. Esses grandes amadores da ciência cultivavam a ciência por amor, sem nenhum incentivo financeiro ou estatal. Encontros sociais, jantares, conversas em casas de pessoas renomadas da sociedade exerciam papel importante nas trocas científicas. Essas brechas permitiram a participação de Mary Somerville na vida intelectual inglesa, mesmo que ela não tivesse qualificação formal.

A astronomia tinha um papel estratégico, devido às transformações que as Leis de Newton imprimiram na ciência desde o século anterior. Logo, era preciso explicá-la para um público mais amplo, não necessariamente acadêmico. Além disso, a gravitação newtoniana, como vimos na primeira parte deste livro, devia ser retraduzida a partir das contribuições francesas do século 18, desconhecidas para a maior parte do meio intelectual inglês. Incentivada por Brougham, Mary Somerville decidiu, então, escrever um livro com o objetivo de tornar mais popular as leis da mecânica celeste, incluindo tanto a gravitação universal como a mecânica analítica de Lagrange e Laplace. *O mecanismo dos céus* foi publicado em 1831, contendo temas matemáticos avançados, introduzido por uma dissertação preliminar escrita em termos compreensíveis para um público não especializado:

> Astronomia física é a ciência que compara e identifica as leis do movimento observadas na Terra com os movimentos que acontecem nos céus e que engendram, por uma ininterrupta cadeia de deduções a partir do princípio maior que governa o universo, as revoluções e rotações dos planetas, e as oscilações dos fluidos em suas superfícies, e que estima as mudanças pelas quais o sistema passou até agora ou pode experimentar ainda, mudanças que requerem milhões de anos para sua conclusão.[2]

---

2. Somerville, Mary. *On the Mechanism of the Heavens*. Londres: J. Murray, 1831, p. 4. Tradução livre.

Somerville começa explicando os trabalhos de Newton, mas seu foco são os avanços sugeridos por Lagrange e Laplace, em especial as tentativas de demonstração da estabilidade do Sistema Solar. Fórmulas analíticas envolvendo senos e cossenos devem ser deduzidas a fim de traduzir matematicamente o comportamento dos planetas e, assim, chegar à conclusão sobre a suficiência da gravitação universal para explicar os movimentos terrestres e celestes. Seria fácil sugerir, diz ela, que a matéria se movesse segundo uma variedade infinita de leis. Assim, somos levados a concluir que "a gravitação deve ter sido selecionada pela sabedoria divina, entre uma infinidade de outras leis, como a mais simples e que garante a maior estabilidade aos movimentos celestes".[3]

A superioridade das leis gerais para explicar os movimentos é defendida com vigor. A unidade intelectual das ciências físicas só pode ser obtida pela gravitação universal, pois essa é a lei mais geral encontrada até o momento e só poderia ser superada por outra ainda mais geral. Os exemplos escolhidos por Mary Somerville exploram a universalidade da gravitação para explicar desde os pêndulos usados nos relógios até o movimento dos planetas do Sistema Solar. E a matematização é fundamental, pois, ao expressar o comportamento da matéria e do movimento em equações, esse procedimento dá origem a uma ciência englobante e explicativa de uma pluralidade de fenômenos.

*O mecanismo dos céus* teve enorme sucesso logo após ser publicado, em 1831. Mary Somerville tornou-se uma celebridade e, finalmente, passou a ser reconhecida pelos cientistas da época. A primeira edição vendeu 750 cópias imediatamente e mereceu uma resenha bastante favorável da Academia de Ciências de Paris. O reconhecimento mais importante, porém, veio da Universidade de Cambridge.

William Whewell, futuro diretor de uma das faculdades mais reputadas da universidade, o Trinity College, logo escreveu a Mary Somerville para parabenizá-la. Só que, na verdade, a carta foi endereçada ao marido de Mary, pedindo-lhe que transmitisse as felicitações à esposa, mesmo que o livro tivesse sido escrito por ela. Ao menos se reconhecia a verdadeira autoria – na época, era bastante comum homens assinarem trabalhos elaborados por esposas, filhas ou irmãs. A partir daquele momento, as palavras e os argumentos de Mary seriam lidos por todos os aspirantes a entrar em Cambridge, pois a obra foi

---

3. Ibidem, p. 131.

adotada como manual de preparação para o exame Tripos, sendo o primeiro livro científico escrito por uma mulher e usado em uma universidade inglesa. É irônico que isso tenha ocorrido antes mesmo que mulheres pudessem entrar no ensino superior, o que só se tornou possível em 1869 – e ainda sem oferecer graus de formação. Ou seja, ainda demoraria muito para as mulheres ganharem diplomas ou ocuparem posições na universidade.

Em 1832, Mary Somerville fez uma visita à Universidade de Cambridge. O professor que a recebeu, o geólogo Adam Sedgwick, acertou todos os detalhes da viagem trocando cartas com o marido de Mary, ainda que – outra vez – a celebridade fosse ela. O casal foi recebido com pompas, abrindo portas para que Mary debatesse com matemáticos e astrônomos importantes. As discussões não eram públicas, mas eram reservadas a jantares com convidados especiais. Um desses convidados era George Airy, futuro diretor do Observatório de Greenwich.

Nos anos 1830, começava a surgir uma nova imagem da ciência, defendida como um passo na construção de um futuro diferente para a população. O discurso preliminar de *O mecanismo dos céus* deixava esse ideal bem nítido, chegando a parecer ingênuo para quem o lê hoje. O sucesso obtido na época devia-se também a certo deslumbre que pairava em relação ao que a ciência poderia oferecer à humanidade.

É fato que a eletricidade contribuiria para o desenvolvimento de novas tecnologias, como ferrovias, telégrafo e mesmo iluminação de casas e ruas, o que não existia antes. A geologia daria novo sentido à história da Terra, que se entenderia não ter apenas 4 mil anos, como se supunha antes, e sim bilhões de anos. Charles Darwin já desenvolvia sua teoria da evolução, mesmo que ainda demorasse um tempo para ser aceita socialmente. Na medicina, a anestesia e a descoberta das bactérias transformariam o tratamento e a prevenção de doenças. Claro que todos esses temas geravam polêmicas, mas – talvez até por isso – quem acreditava na ciência defendia com ardor seu ponto de vista. E esse debate não podia ficar restrito à universidade nem à sociedade erudita.

Não foi por acaso o reconhecimento de Mary e seu livro de astronomia. Essa ciência, além de explicar os movimentos nos céus e na Terra, estava em vias de produzir inúmeros avanços práticos, que seriam aplicados a diversas áreas da ciência. A astronomia aprimorava as observações celestes e fabricava instrumentos de precisão para entender os céus e medir o tempo. Esse era seu papel central e o que a tornava a candidata perfeita para conquistar um público vasto a admirar a ciência.

É isso que quer dizer a descrição de Mary Somerville: "Com a cabeça nas estrelas e os pés na Terra". À primeira vista pode soar como reforço à imagem das mulheres de distraídas, mas foi usada aqui em sentidos diferentes. Um é que a lei da gravitação universal explica tanto os movimentos celestes como os que ocorrem na superfície de nosso planeta. Mary defendia esse ponto de vista com entusiasmo. Em segundo lugar, quer dizer que a ciência precisa ser útil aos olhos da população. Não teria sido possível defender e admirar a ciência, no século 19, sem que se formasse um público capaz de entendê-la, mesmo que minimamente, e assim celebrar seus avanços. Esse projeto, que começou a ser organizado na Inglaterra dos anos 1830, também necessitava de novas personagens para a ciência, como Mary, além de materiais didáticos para formar o novo público, como *O mecanismo dos céus*.

A astronomia não era apenas uma ciência abstrata que lidava com astros distantes e confirmava o poder universal das leis de Newton. Ela se afirmava como prática com potencial de produzir tecnologias que mudariam a vida das pessoas. Indústrias, navios e ferrovias seriam alimentados por saberes inovadores produzidos em uma das instituições mais populares do século 19: o Observatório Astronômico. Ali seriam fabricadas informações valiosas para a navegação e para a vida industrial inglesa em toda a sua extensão – sendo a mais importante delas o tempo. No observatório que se aprimorariam as técnicas e os instrumentos para medir o tempo de modo preciso e para prever a movimentação dos astros.

# Capítulo 9
# TEMPO É DINHEIRO

A expressão que dá título a este capítulo é usada de modo corriqueiro para dizer que não podemos gastar tempo com coisas inúteis ou irrelevantes. Ou seja, devemos aplicar nosso precioso tempo trabalhando em algo produtivo. Ao que consta, o provérbio circula desde o século 18 e já aparecia no livro de Benjamin Franklin, político, editor e cientista estadunidense. Em 1751, um de seus populares escritos dizia:

> Como nosso tempo é reduzido a um padrão, e o ouro de nossos dias é cunhado em horas, o empreendedor sabe como empregar cada pedaço do tempo para tirar real vantagem em suas diferentes profissões: e aquele que é perdulário em suas horas, é, de fato, um esbanjador de dinheiro. Lembro-me de uma mulher notável, que era totalmente sensível ao valor intrínseco do *tempo*. Seu marido era um fazedor de sapatos, um excelente artesão, mas nunca se importava com como os minutos passavam. Em vão, ela inculcava-lhe que *tempo é dinheiro*.[1]

Além da nítida associação entre desperdiçar tempo e esbanjar dinheiro, o trecho traz a interessante menção a um suposto valor intrínseco ao tempo. O que seria isso? O tempo medido no relógio, por horas, minutos e segundos, é um dado objetivo. Mas é possível medi-lo de outra maneira, dando-lhe valor de acordo com a atividade que estamos realizando no momento – esse é o valor intrínseco. Para dar um exemplo atual, costuma-se dizer que não devemos nos importar tanto com a quantidade de tempo que passamos com nossos filhos (já que muitas mães e pais trabalham fora), e sim com a qualidade desse tempo – se estamos brincando e conversando com eles ou vidrados na tela de celular. Ou seja, a atenção e a dedicação mudam a qualidade intrínseca do tempo. Outro exemplo: se estamos com fome e aguardamos a comida ser esquentada no micro-ondas, pode ser que 1 minuto pareça passar bem devagar, graças à ansiedade da espera. No entanto, quando nos divertimos com nossos amigos, parece que o tempo passa voando. São essas experiências que determinam o valor intrínseco do tempo, marcado por nossa vivência e não pelos ponteiros do relógio.

---

1. Labaree, Leonard; Willcox, William. *The Papers of Benjamin Franklin*. New Haven: [s.n.,] 1961, pp. 86-7 citado em Thompson, Edward P. "Time, Work-Discipline, and Industrial Capitalism". *Past & Present*, n. 38, 1967, p. 89. Grifo do autor.

No trecho citado, a história da mulher que aconselha o marido (sim, sempre ela, atuando por trás dos panos) valoriza quem sabe empregar seu tempo, tirando proveito de cada segundo para ganhar dinheiro. Essa visão tornou-se comum quando a Revolução Industrial mudou as formas de trabalhar, fazendo surgir um novo uso do tempo: como disciplina de trabalho. O historiador inglês E. P. Thompson estudou essas mudanças, e foi ele que encontrou a referida citação de Franklin. Muitas profissões ainda conviviam com o trabalho industrial e mantinham outros ritmos, fazendo com que diferentes sentidos do tempo convivessem durante as últimas décadas do século 18 e as primeiras do século 19. Thompson mostra que os artesãos – alfaiates, ceramistas, tecelões, cuteleiros – não se adaptaram de imediato ao tempo mecânico das indústrias. Eles vinham de uma cultura em que os ritmos de trabalho acompanhavam os ritmos da própria vida, imposto por necessidades fisiológicas, afetivas, familiares e sociais. Uma tradição curiosa eram as Segundas-Feiras Santas, em que muitos não trabalhavam para poder resolver problemas pessoais ou fazer compras, e também podiam ser momentos de curar a ressaca após o fim de semana.

As mudanças no trabalho e nas formas de produção trouxeram um novo sentido para a medida do tempo. Quando a agricultura familiar era a principal forma de economia, o ritmo de trabalho podia ser guiado pela natureza. O nascer e o pôr do sol, as chuvas ou os ventos ditavam quando se devia trabalhar ou descansar. As estações, quando se devia plantar ou colher. A Revolução Industrial fez com que muita gente migrasse para as cidades, famílias inteiras deixassem as terras onde viviam para buscar trabalho nas indústrias do norte ou em Londres. Essa migração gerou um problema social indesejável, pois muita gente ficava sem trabalho e aumentava o número de pessoas pobres que vagavam pelas ruas de Londres, em busca de pequenos serviços temporários, como descarregar carvão dos navios, vender frutas e legumes ou limpar chaminés. Nesse último caso, por seu tamanho, era comum empregar crianças.

Uma nova moral marcava o século 19, em que o esbanjador de tempo, o preguiçoso ou o vagabundo passavam a ser malvistos pela sociedade. Nessa mesma época, o tempo de trabalho era controlado no relógio por vigilantes, que tinham como profissão não permitir o ócio dos outros. A sociedade industrial implicava um novo modo de trabalhar, aumentando a importância do tempo passado na indústria, ou seja, da jornada de trabalho, que era longuíssima na Inglaterra da primeira metade do século, mesmo para crianças e mulheres. Anteriormente, na produção têxtil, por exemplo, a manufatura artesanal tinha lugar para diferentes ofícios, como branqueadores, tecelões, fiadores ou tingidores. A era industrial passava a atribuir essas tarefas às máquinas, sem demandar dos trabalhadores que as operavam habilidades específicas para manusear o tecido e as fibras têxteis. Assim, a qualificação artesanal era pouco a pouco dispensada e substituída pelo treino para lidar com as máquinas. Essas novas formas de produção exigiam formas mais precisas de medir o tempo, pois as subtarefas deveriam ser sincronizadas. Além disso, quanto mais tempo passado na fábrica, maior a produtividade.

Para resumir, os novos modos de controlar o tempo separavam o trabalho da vida. Diferentemente do trabalho em casa, artesanal, agrícola ou da manufatura familiar, o ritmo da produção passaria a ser determinante. O exemplo do despertador interrompendo o sono talvez seja o mais eloquente do tempo de trabalho rivalizando com o tempo de vida, impondo um condicionamento que atropela os ritmos do corpo, pois se deve acordar quando o relógio manda. Junto a isso, a ideia de que nosso tempo é "gasto" na realização de uma tarefa, como se fosse uma moeda, incorpora a metáfora do dinheiro para forjar comportamentos e hábitos. Todos esses processos e inovações distanciavam o tempo do trabalho do tempo da vida, diminuindo o valor intrínseco do tempo.

Essa exigência foi um dos motivos para incrementar a precisão dos relógios no século 19, com a acuidade na medida do tempo atribuída ao Observatório Astronômico. Era bastante frequente que existisse, nos observatórios, algum dispositivo para exibir a hora exata em certo momento do dia, por isso costumavam ficar em locais mais altos. Um exemplo eram as Bolas do Tempo (*Time Balls* em inglês), colocadas no topo de torres visíveis de longe. Estabelecia-se que a bola cairia da torre numa hora exata – por exemplo, à uma da tarde. Na hora exata, navios no rio Tâmisa podiam avistar a bola caindo e acertarem seus relógios, pois tinham a certeza de que era uma da tarde. Até hoje, quem visita o Observatório de Greenwich vê uma bola no alto da torre.

Só os observatórios conseguiam guardar a medida exata do tempo. No século 19, relógios precisos dependiam da observação detalhada do céu, de forma que não fosse comprometida pelas condições meteorológicas. Mesmo quem morava em Londres, um pouco distante de Greenwich, precisava ir até lá para saber a hora exata, o que não era tão simples, principalmente numa época em que os transportes não eram tão rápidos. Para poupar esse trabalho de deslocamento aos negociantes, havia os comerciantes de tempo. É incrível como, em todas as épocas, encontramos trabalhos inventados pela oportunidade imediata, como quando chove nas ruas do Rio de Janeiro e logo aparecem inúmeros vendedores de guarda-chuva. Em Londres, por volta de 1830, apareciam vendedoras de tempo, como a senhorita Ruth Belville, filha de um astrônomo de Greenwich, que levava o tempo médio de Greenwich para lojas de fabricantes de cronômetros em Londres e era devidamente remunerada pela informação. Só em meados do século 19 foram surgindo os relógios públicos, como um dos símbolos de Londres, o Big Ben, que foi construído em 1859 por uma empresa chamada Dent & Co., a mesma que passou a fabricar relógios pessoais acurados usando técnicas e informações do Observatório de Greenwich.

Além de ser uma condição para controlar a jornada de trabalho, o tempo era essencial à navegação, que se desenvolvia rapidamente com o comércio internacional. Durante todo o século 19, o principal problema dos comandantes era determinar a longitude de suas embarcações. Hoje isso é simples: ligamos o GPS e sabemos imediatamente em que latitude e longitude estamos, o que determina nossa posição no globo terrestre. A latitude indica onde estamos em relação à linha do Equador, e a longitude, em relação ao meridiano de Greenwich. Conhecer a posição exata de um navio era questão de vida ou morte, pois, em alto-mar, estava-se sujeito a colidir, sem querer, com rochas, continentes ou ilhas, sobretudo durante tempestades. Até o fim do século 18, eram inúmeros e trágicos os acidentes nos mares, com naufrágios que entraram para a história e foram pintados em quadros da época. Uma das razões era que os marinheiros ainda não sabiam medir a longitude com precisão.

A solução do problema da longitude requeria a medida exata do tempo. Como a Terra é redonda, e isso já era sabido na época, uma circunferência paralela à linha do Equador tem 360 graus. Como o dia tem 24 horas, conclui-se que a Terra gira 15 graus a cada hora (basta dividir 360 por 24). Assim, se soubermos a hora num ponto qualquer do globo, encontraremos facilmente a longitude. Imaginemos, então, que navegamos em alto-mar e queremos determinar nossa longitude (sem celular, que muda automaticamente a hora com o fuso horário, nem rádio). Ora, basta ter um relógio. Só que existia um grave inconveniente até meados do século 19, pois os relógios atrasavam quando transportados por um navio. Um relógio de pêndulo, por exemplo, tem seu funcionamento alterado pelo movimento dos mares e não consegue marcar a hora com precisão. Sem isso, como comparar a hora no barco com a hora no local de partida para determinar a longitude? Esse problema motivou boa parte do trabalho nos observatórios durante o século 18, mas só foi resolvido no século 19. Eram oferecidos prêmios para quem inventasse relógios que, levados ao mar, mantivessem a precisão das horas. Via relógio, porém, o problema só seria resolvido bem mais tarde.

Uma alternativa era determinar a longitude pela posição dos astros, independentemente dos relógios. A hora no barco pode ser medida pela posição do sol (ou de alguma outra estrela conhecida). Bastava, portanto, um método para determinar a hora no ponto de partida e depois comparar. Estando no meio do mar, conhecer a hora na partida (supondo-a em Greenwich) requer um mapa dos céus contendo as configurações das estrelas com a respectiva hora de cada uma. Essas cartas constituíam o *Almanaque náutico*, que era elaborado por instituições dedicadas a auxiliar a navegação, numerosas na Inglaterra do século 18. As observações astronômicas, impulsionadas por novos instrumentos, tornariam as cartas dos céus muito mais precisas, auxiliando a medida exata do tempo.

Além da nova organização do trabalho, trens e navios mais rápidos e numerosos exigiam maior acuidade e padronização na medida do tempo. Com todas essas mudanças, em meados do século 19, a Inglaterra internalizava uma nova relação com o tempo, ainda que outras percepções tenham resistido em países que não experimentavam a tecnologia do mesmo modo. A nova experiência do tempo prometia compensações palpáveis, com melhorias no bem-estar da população inglesa; logo, a nova atitude não decorria apenas de um constrangimento moral ou econômico, mas de uma promessa de futuro. Relógios, telescópios e outros instrumentos do observatório, os mesmos que permitiam medir a hora e determinar a longitude, tinham um potencial ainda mais impressionante: fazer previsões.

Cálculos precisos sobre os movimentos dos astros possibilitavam a previsão de fenômenos celestes, como a passagem de cometas. Um dos diretores mais célebres do Observatório de Greenwich foi Edmond Halley, que dá nome ao cometa que vimos passar pela última vez em 1986. Em 1758, Halley propôs que um cometa, visto três vezes a partir da Terra, segundo registros antigos, deveria ser periódico. Analisando dados de um astro observado em 1531 e 1682, Halley postulou que devia se tratar do mesmo objeto, que retornaria ao mesmo ponto de sua órbita a cada 75 ou 76 anos. Segundo seus cálculos, portanto, o cometa deveria reaparecer em 1835. Como a previsão se baseou nas leis de Newton, o retorno do cometa ajudaria a confirmar a validade dessas leis. Na data prevista, porém, Halley já havia falecido e a confirmação da gravitação universal já não era um problema tão importante. Mas a capacidade de antecipação de um fenômeno celeste por cálculos e instrumentos astronômicos continuava essencial para afirmar o lugar da astronomia e da ciência, pois confirmava a precisão desses métodos. Era grande, portanto, a expectativa pelo retorno do cometa, um astro de aparência interessante, devido à beleza de sua cauda. Para alegria de todos, o cometa voltou em 1835, e o Observatório de Greenwich passou a conquistar poder e fama na sociedade britânica.

O saber científico se constrói inclusive pelo esforço de persuadir e gerar credibilidade, o que demanda espaços organizados para se desenvolver e se difundir. Assim, a história da ciência é também a dos espaços que permitiram conquistar a confiança, o que remete a questões comerciais, econômicas e de *status* social. Surgia na Inglaterra, por volta de 1850, um otimismo relacionado à expectativa produzida pelas novas tecnologias. O futuro deixava de ser um desconhecido absoluto, renovando a confiança em tempos mais prósperos. A ciência costurava as pontas do ideal ainda irrealizado: um porvir que parecia mais seguro e um presente em que os homens – e poucas mulheres – conquistavam meios para observar, descrever e prever fenômenos celestes e terrestres.

Capítulo 10
## PROSPERIDADE A TODO VAPOR

Por volta de 1850, a hora certa passou a ser exibida em grandes relógios, encontrados até hoje nas estações de trem europeias. Esses objetos substituíam as torres dos observatórios como principal fonte de informação do tempo nas cidades. Para isso, foi preciso um novo meio de comunicação, que distribuía as horas, enviando a informação às estações a partir do observatório: o telégrafo, uma das principais formas de comunicação do século 19. O novo aparelho de comunicação utilizava eletricidade para enviar mensagens codificadas através de fios, que podiam ser decodificados para obtenção da informação. Em meados do século 19, muitas cidades possuíam escritórios comerciais de telégrafo, recebendo sinais diários do Observatório de Greenwich.

Na segunda metade do século 19, as estradas de ferro se expandiram a diferentes partes da Europa. A produção industrial era movida por energia a vapor, em quantidades cada vez maiores; setores de ferro e aço se aprimoravam; e a engenharia mecânica conseguia tanto desenvolver técnicas de mineração para retirar o carvão da terra como construir locomotivas capazes de transportá-lo em peças gigantes. O progresso estava, de fato, a todo vapor, e a Inglaterra expandia sua influência no mundo, garantindo a prosperidade das décadas seguintes. Não por acaso, a palavra *Realpolitik* surge na época, na Alemanha, designando uma política guiada por condições e possibilidades concretas, não por ideias que não possam ser realizadas.

A ciência adquiria utilidade prática imediata em muitas atividades, como os trens para passageiros (que dependiam da marcação do tempo), o ferro barato, os alimentos de qualidade, o aço, o motor a combustão, a eletricidade, os medicamentos para a cura de epidemias e o telefone. Claro que tudo isso entusiasmava quem não era cientista. Esse público não é muito conhecido na história da ciência, pois nem sempre os historiadores ressaltaram a vida cotidiana como parte essencial do papel adquirido pela ciência. O século 19 apagava as fronteiras entre os grandes cientistas (a quem sempre foram atribuídas as invenções importantes) e as estratégias de popularização da ciência e da tecnologia. Sem olhar para essa aproximação – e para como ela moldou a sociedade inglesa –, não é possível entender o papel da ciência na época.

Em 1851, a rainha Vitória inaugurou a maior exibição do progresso já vista até então: a Grande Exposição Universal de Londres. Foi a primeira de uma série que se espalharia por diversos países nos anos seguintes. Uma enorme estrutura de vidro e ferro, desmontável, foi construída especialmente para o evento: o Crystal Palace (destruído pelo fogo em 1936). A fabricação do vidro acabava de ser aprimorada, e a ostentação de brilhos e reflexos encantava a maioria dos visitantes – com exceção do escritor Charles Dickens, que ficou confuso com a profusão de visões e reflexos. Foram 6 milhões de visitantes entre maio e outubro, um terço da população britânica da época. Além de produzir efeitos visuais, o vidro servia a um dos principais atrativos da exposição: ver e ser visto. Nisso, a humanidade não mudou tanto assim.

Uma fonte de vidro, jorrando água como cristais, reluzia bem ao centro, no entroncamento das duas avenidas principais. Passeando pelos corredores, uma variedade vertiginosa de objetos podia ser vista e analisada. Dispositivos siderúrgicos, ao lado de ceifadeiras mecânicas que auxiliavam a colheita, eram exibidos com o mesmo destaque de cerâmicas exóticas, trazidas de países distantes. Uma mina de carvão em miniatura tinha a mesma importância de um valioso diamante indiano, assim como fósseis reluzindo no escuro, que geravam o mesmo interesse que um raro diamante-rosa. Havia máquinas de todos os tipos: a vapor, para remover a fuligem do trigo, dispositivos fotográficos usados nos anos 1840, uma máquina de votação que servia para registrar e contar votos, impedindo fraudes (sim, já havia essa preocupação naquela época), e até um prognosticador de tempestades, que era nada mais, nada menos que um barômetro, instrumento usado para medir pressão do ar no ambiente, construído a base de sanguessugas. Sabia-se que mudanças na pressão do ar podem indicar tempestades próximas, e as sanguessugas sentiam essas alterações, o que fazia com que escalassem os vidros para fugir. Esse movimento acionava um pequeno martelo que tocava um sino, e a probabilidade da tempestade era medida pelo número de vezes que o sino tocava.

O templo da ciência prestava-se também à celebração do consumo. Eletrodomésticos e utensílios de cozinha modernos eram as grandes atrações, juntamente com máquinas de produzir envelopes e tijolos. No catálogo da exposição, esses dispositivos eram exaltados por seu potencial de substituir o trabalho manual, poupando tempo e esforço de homens e mulheres. Os avanços da indústria eram cultuados também por seus impactos na vida doméstica, apresentando invenções para ajudar a classe média consumidora, como as máquinas de fazer tricô ou lavar e passar roupas. Nem banheiros pagos faltavam ao templo do comércio. Também havia pedras de cloro que duravam para sempre e papel à prova d'agua, além daquelas cadeirinhas de carruagem no lombo de um elefante empalhado. Não faltavam estátuas de homem grego e um imponente Leão da Baviera, mas esses objetos de arte eram celebrados pelas vantagens técnicas de seu processo de produção. O Leão da Baviera, por exemplo, era acompanhado pela descrição detalhada da possibilidade de executar moldes em uma peça só, preservando a cor metálica natural do molde. Claro, como não podia faltar, exibiam-se diversos tipos de armas de fogo.

Esse verdadeiro carnaval de objetos era classificado em subgrupos: materiais brutos, máquinas, manufaturas e artes plásticas. A filosofia por trás da classificação sugeria um novo homem, que saberia aproveitar os ricos recursos da natureza, tornando-se capaz de modificá-los e aprimorá-los para uso, proveito e bem-estar. Os subgrupos foram propostos pelo príncipe Albert, marido da rainha Vitória, que ajudou na organização e entrou para a história como um dos maiores incentivadores do progresso. A indústria seria a realização máxima desse anseio humano, o que explica a exibição de blocos gigantes de carvão *in natura*.

Para o gosto mais científico, uma das atrações principais era o grande telescópio, chamado Telescópio Troféu, justamente porque era considerado o troféu da exposição. Diversos outros instrumentos óticos o acompanhavam, como o teodolito – aparelho de precisão usado para medir ângulos verticais e horizontais, aplicado à meteorologia e à navegação.[1] Todo aquele realismo, valorizado pela observação e pela medida acurada, não contradizia os efeitos especiais que podiam ser produzidos pelos aparelhos ópticos. Lanternas mágicas faziam a festa dos visitantes ao projetar figuras pequenas como grandes imagens, tornadas tão mais assustadoras quanto mais realistas parecessem os monstros amplificados. A celebração dos diversos modos de ver acompanhava o aprimoramento de telescópios e microscópios, produzindo um mundo ampliado que podia enxergar desde as estrelas até os recônditos dos olhos e dos ouvidos examinados por novos instrumentos médicos. Sem negar espaço às experiências mágicas e fantasmagóricas.

Aquela grande feira de ciência e tecnologia, aplicada à indústria, ressaltava o *design* arrojado e a utilidade prática das invenções da época – e, acima de tudo, projetava um futuro. Os efeitos especiais

---

1. Official Descriptive and Illustrated Catalogue. Londres: William Clowes & Sons, 1851, v. 3, p. 1.469 citado em Shears, Jonathon. *The Great Exhibition, 1851. A Sourcebook*. Manchester: Manchester University Press, 2017, p. 56.

visavam produzir um novo mundo mais do que celebrar aquele que já existia. Depois das convulsões sociais e políticas que marcaram a primeira metade do século 19, era preciso conquistar a confiança da população de que a situação poderia mudar, e a tecnologia caía como uma luva. Entre os anos 1830 e 1850, tinha havido uma explosão de estradas de ferro, bancada por empréstimos e pelo uso de recursos inexistentes. Em seguida, veio a depressão econômica e a crise financeira. A Grã-Bretanha também se viu abalada pela fome na Irlanda e por uma epidemia de cólera nos anos 1847 e 1848. Depois de toda essa instabilidade, a Grande Exposição Universal era uma oportunidade de mudar o humor dos ingleses e projetar a Inglaterra no mercado mundial. Até hoje, quem vai a Londres visita o quarteirão dos museus, onde estão o Museu de Ciências, o Museu de História Natural e o Vitoria and Albert Museum. As escadarias desse museu, apelidado de V&A, traz o ideal do progresso esculpido em símbolos, com grandes nomes da ciência e das artes, adornados com as legendas de S&A (Science and Arts, ou Ciência e Artes). Foi exatamente ali que se realizou a Exposição Universal de 1851, em um prédio que não existe mais. A rainha Vitória abriu o evento tentando transmitir um clima de otimismo: "Este projeto deve conduzir ao bem-estar de meu povo e aos interesses comuns da raça humana, estimulando as artes da paz e a indústria e fortalecendo os laços de união entre as nações da Terra".[2]

A prosperidade parecia ter chegado, e com ela, a fé de que o futuro seria melhor que o passado. A confiança no progresso era um antídoto perfeito contra o descontentamento gerado pelos problemas sociais. A ideia de progresso não era nova, mas só então tornava-se crível e popular. Poderia demorar até que todos sentissem os benefícios na própria pele, mas se disseminava a confiança de que as mudanças em curso resolveriam os problemas sociais e econômicos.

A Grande Exposição de Londres também é descrita de modo crítico como propaganda do modo de vida burguês em um país com pobreza ainda aberrante. Mas era mais do que isso: tratava-se de apontar o livre comércio como forma de superar as mazelas sociais.[3] A ciência tinha um papel-chave no convencimento da população de

---

2. Shears, Jonathon. *The Great Exhibition*, op. cit., p. 126.

3. Auerbach, Jeffrey A. *The Great Exhibition of 1851: A Nation on Display*. Londres: Yale University Press, 1999.

que transformações positivas estavam por vir, principalmente porque as tecnologias seriam essenciais ao ideal do progresso, que prometia um futuro melhor para a economia inglesa.

Acreditar no progresso implica uma aposta nas novas gerações, uma confiança de que os pensadores da época tinham mais a dizer do que os antigos. O respeito e a deferência aos pensadores clássicos se enfraqueciam em meados do século 19, ao mesmo tempo que filosofias modernas se tornavam mais atraentes. Hoje, é frequente abrirmos textos de história que introduzem qualquer explicação citando um autor grego. Não era muito diferente nos séculos 16 e 17, quando os clássicos eram idolatrados. Essa reverência começou a esfriar no século 18 e, pouco a pouco, o complexo de inferioridade em relação ao passado foi diminuindo, com novas gerações mostrando-se capazes de celebrar sua própria sabedoria. Uma mudança desse tamanho não foi instantânea nem obra do acaso. Ela só se concretizou no século 19 e a popularização da ciência teve um papel estratégico na conquista de confiança nos novos ideais.

Na Inglaterra, uma das instituições científicas mais importantes da era moderna, a Royal Society, fundada em 1660, continha em seu brasão os dizeres: "Na palavra de ninguém" (*nullius in verba*). Ou seja, o saber ali produzido seria original e não precisava se apoiar na autoridade de ninguém. Um tipo de questionamento parecido havia marcado o século 18, como vimos na primeira parte deste livro, com o ideal de que a razão libertaria o homem dos traços de nascimento, tornando o conhecimento mais acessível e igualitário. Os problemas sociais continuavam a existir, contudo, mesmo dentro dos países europeus que mais se desenvolviam. A Revolução Industrial estava associada à pobreza nas cidades, mas surgia ao mesmo tempo como promessa redentora, convencendo muita gente de que as tecnologias possibilitariam benefícios mais amplos no futuro.

Alguns historiadores da Revolução Industrial, como Joel Mokyr, descrevem uma mudança cultural entre o fim do século 18 e a primeira metade do século 19, fundada na crença no conhecimento útil. A ciência podia não gerar benefícios imediatos, mas consequências positivas estavam por vir: "A força da ideologia do progresso no século 18 estava em sua esperança, não em sua realização".[4] Essa confiança

---

4. Mokyr, Joel. *A Culture of Growth: The Origins of the Modern Economy*. Princeton: Princeton University Press, 2017, p. 268.

no futuro transformava as atitudes em relação ao mundo físico, pois, ao entender a regularidade dos fenômenos naturais, seria possível aplicar o mesmo conhecimento à geração de tecnologias. Bem além do que podia ser extraído *in natura* – quer dizer, dos bens obtidos já prontos do meio natural –, era preciso intervir no meio em busca de conhecimento útil. A tradução mais evidente desse ponto de vista estava na exploração da força do vapor, dos ventos e da água que, manejados por instrumentos mecânicos, forneciam energia para novos meios de transportes, mais rápidos e cobrindo distâncias mais longas. O sonho humano de intervir e transformar a natureza, elevando o *status* do próprio homem, ganhava realidade.

As bases filosóficas dessa nova visão já existiam desde o século 17 e foram reforçadas no século 18, mas apenas no século 19 tornaram-se concretas e palpáveis. A Inglaterra foi o lugar típico dessa realização, pois o progresso econômico começava a existir de fato, possibilitado pelo aprimoramento nas técnicas de produção, aumentando a disponibilidade de bens de consumo e criando empregos.[5] Mesmo que a prosperidade ainda não fosse uma realidade nas regiões ao sul ou ao leste da Europa, o otimismo buscava se expandir de diferentes formas. Pouco a pouco, mais pessoas teriam acesso a bens antes reservados aos mais ricos, como comida e remédios – o acesso a alimentos de maior qualidade foi fator determinante da percepção de melhora na qualidade de vida. O motor disso tudo era o conhecimento útil, propiciado pela ciência e pela tecnologia. A "cultura do crescimento", como denomina Mokyr, marcava uma era de realização do ideal moderno, vinculado à industrialização.

Isso não significa, de modo algum, que todos sentiam os impactos positivos do crescimento. Havia muita pobreza, doenças e desigualdade. Mas a confiança na ciência e na tecnologia estimulava a perspectiva de melhora. Junto a isso, surgiam mudanças políticas, institucionais e legais, como o desenvolvimento e a expansão de associações de todos os tipos, inicialmente reunindo grupos da sociedade de proprietários e mais tarde uniões de trabalhadores. Nesse contexto, foram criadas diversas instituições para estimular a difusão do

---

5. Porter, George Richardson. *The Progress of the Nation, in Its Various Social and Economical Relations: Population and Production.* S.l.: C. Knight & Company, 1836, v. 1.

conhecimento científico, abarcando a nova classe média, oriunda da Revolução Industrial, camada social que se inseria entre os ricos e os pobres. Havia sociedades para tudo: astronomia, geologia, medicina. Uma das mais importantes, a Sociedade Britânica para o Avanço da Ciência, foi criada em 1831, visando a promover e difundir o conhecimento científico. Era tudo tão ostensivo que Charles Dickens chegou a zombar, criando a Sociedade Mudfog para o Avanço de Todas as Coisas (The Mudfog Society for the Advancement of Everything em inglês), em seus *Mudfog Papers*, que enumeravam as contribuições fictícias dessas sociedades todas.

Os ingleses gostavam de se vangloriar de ter mais senso prático do que os franceses. É fato que a Inglaterra foi um ambiente fecundo para que essas instituições ganhassem popularidade. Ali, o espírito iluminista dos filósofos somava-se ao pensamento econômico, inaugurado por Adam Smith nos anos 1770 e desenvolvido em seguida. Essa convergência gerava um solo fértil para que a razão se somasse à utilidade prática. Além de físicos-matemáticos e filósofos, ícones do Iluminismo francês, os ingleses tinham industriais, fabricantes de instrumentos e engenheiros dedicados a estabelecer pontes entre teoria e prática. As profissões da classe média foram decisivas para o progresso: empreendedores, pessoas comuns com bons conhecimentos de mecânica e artesãos com habilidades específicas. No mesmo patamar estavam os astrônomos e os grandes amadores da ciência – no sentido de que amavam o conhecimento – que contribuíam para os avanços da época sem precisar de educação formal.

A imagem do Universo se expandia. No início do século, acreditava-se que a Terra tinha poucos mil anos, por volta de 4 mil ou 6 mil, como se depreendia dos cálculos bíblicos; depois passaram a ser bilhões. Além disso, os astrônomos do século anterior achavam que o Universo se expandia só alguns milhões de quilômetros acima da superfície da Terra; e que o brilho das estrelas era proporcional a seu tamanho real, não à distância de nosso planeta. Ou seja, era plausível a crença de que uma estrela com pouco brilho devia ser pequena. Os astrônomos, até meados do século 19, tinham apenas começado a levantar hipóteses contra essas pressuposições, que sugeriam um Universo menor, mais recente, mais próximo e mais íntimo. As teorias que apontavam para a imensidão do Universo ainda eram especulativas, mas, como disse o poeta Samuel Taylor Coleridge, a mente foi sendo "habituada ao Vasto".⁶ Os observatórios ajudaram a mudar a programação mental de homens e mulheres, que passaram não apenas a saber – pois já se sabia desde o século 16 –, mas a habitar em um Universo infinito.

Instituições científicas aumentavam a capacidade explicativa da ciência: além da marcação das horas, publicavam-se informações meteorológicas e astronômicas nos principais jornais da época, mantendo o público a par do trabalho dos cientistas. A proliferação da imprensa fazia surgir leitores mais atentos, que acompanhavam os debates políticos e os avanços científicos. O equilíbrio entre conhecimento útil e confiança no papel da ciência necessitava de instituições que fizessem a mediação com a sociedade.

Na segunda metade do século 19, museus e exibições se espalharam pelo país. Eventos científicos mantinham a popularidade da ciência entre a classe média, que se tornava cada vez maior e mais descentralizada. As chamadas *conversazione* [conversações] foram eventos típicos da era Vitoriana, exaltando a vida urbana em diferentes cidades, unindo conhecimento científico, destreza tecnológica e o gosto pela arte e pela moda.⁷ À noite, em grandes salões ou prédios públicos imponentes, a sociedade se reunia para apreciar as artes industriais e decorativas, expostas em esculturas, antiguidades, peças de arqueologia e história natural, bem como representações dos avanços da etnografia, da música, da química e da astronomia. As festas afirmavam a superioridade da nova classe média britânica, com seus *displays* de cristal que ostentavam exemplares dos departamentos de química ou modelos do coração humano movidos à eletricidade, com água imitando sangue. Institutos de mecânica, sociedades literárias, associações de caridade ou sociedades de moda realizavam um tipo de "democracia por subscrição", como denominado por Morris Alberti: dentro de suas fileiras, todos eram ostensivamente democráticos, mas a entrada era filtrada por subscrições e assinaturas ou mesmo pela eleição dos membros.⁸

A popularização da ciência estimulava uma nova cultura visual, com especial apreço por objetos e materiais curiosos. A compreensão

---

6. Holmes, Richard. *Coleridge: Early Visions, 1772-1804*. Nova York: Pantheon, 1994, pp. 18-9.

7. Alberti, Samuel J. M. M. "Conversaziones and the Experience of Science in Victorian England". *Journal of Victorian Culture*, 2003, v. 8, n. 2, pp. 208-30.

8. Ibidem, p. 216.

pública da ciência não seguia um modelo de transmissão, em que sábios explicavam a pessoas comuns seus grandes inventos. Tratava-se de uma cultura de participação, com audiência ativa, apta a entender e a celebrar os feitos científicos. Artistas e palestrantes, considerados celebridades científicas, ministravam aulas e propalavam seus feitos, juntamente com inventores de instrumentos mecânicos e descobridores de planetas. Homens e mulheres da sociedade observavam seres através de microscópios, juntando as mãos para experimentar choques elétricos. "Espécimes da flora e da fauna das ilhas Filipinas, uma tartaruga de 10 pés dos Galápagos, o osso frontal dos *Bos montis* assassinados pelo capitão Charles Beesly nos Himalaias tibetanos, o bacilo de Koch cultivado em gelatina – esses e mil outros troféus do tipo adornavam as mesas", escreveu *Sir* Arthur Conan Doyle, autor de *Sherlock Holmes*.[9] Ele não explica quem era o capitão, mas provavelmente era um homem que havia participado da sangrenta invasão britânica do Tibete em 1903. Nem tudo eram flores para quem não fazia parte da nascente e deslumbrada classe média britânica. O progresso era uma promessa por ser realizada – só que não para todos os povos. A *Realpolitik* era a nova mundialização e o imperialismo inglês.

---

9. Doyle, Arthur Conan. "The Voice of Science". *The Strand Magazine*, 1891, v. 1, p. 313, citado em Alberti, Samuel J. M. M. "Conversaziones and the Experience of Science in Victorian England", op. cit., p. 211.

# Capítulo 11
# A OUTRA FACE DO PROGRESSO

A colonização europeia mudou bastante suas características no século 19. O Império Britânico investiu na conquista da hegemonia global, assim como a França, estendendo seus domínios na Índia e em países africanos, como o Egito. O ideal do progresso ganhava materialidade por meio do controle de povos da África e da Ásia, conquistando mercados exercendo violência – tanto militar como simbólica.

A exposição de 1851 incorporava esse projeto em suas duas faces. Os discursos em torno do evento defendiam a paz mundial, com o argumento de que o livre comércio seria a melhor maneira de evitar guerras. Em vez de investir em armas para destruição mútua, dizia-se, seria mais proveitoso para as nações rivalizarem na compra e na venda de mercadorias. Os europeus pareciam concordar que a proposta acarretaria vantagens para todos – desde que "todos" fossem europeus.

Por volta de 1830, boa parte da população britânica dependia da indústria do algodão, e o comércio de roupas garantia metade das exportações do país. Para expandir seus mercados, a Inglaterra impunha à Índia o seguinte acordo de "livre" comércio: baixava os impostos para a venda das roupas inglesas na Índia e aumentava as taxas sobre as roupas indianas na Inglaterra. Assim, como sintetizam Lynn Hunt e outros historiadores, "a rápida expansão da indústria têxtil britânica tinha um corolário colonial: a destruição das manufaturas têxteis manuais na Índia", que eram extremamente sofisticadas.[1] O resultado foi que, entre 1813 e 1830, a direção da exportação se inverteu por completo: de 2 milhões de libras em roupas de algodão importadas da Índia, a Inglaterra passou a exportar exatamente a mesma quantia, em roupas de algodão de pior qualidade, para o país asiático.

Exemplos como esse mostram por que o colonialismo europeu se transformou em imperialismo – sendo que essa palavra data precisamente de meados do século 19, traduzindo um deslocamento de interesse das colônias de plantação, no Caribe por exemplo, para novas colônias de assentamento na Ásia e na África, governadas por europeus. As matérias-primas ainda vinham das plantações de algodão nas colônias, mas agora os mercados também precisavam se expandir a povos distantes, o que demandava que os europeus impusessem, com frequência na marra, a adesão a seus valores e modos de vida. A abolição da escravidão, que ocorreu em 1833 no Império Britânico, insere-se nesse contexto.

---

1. Hunt, Lynn et al. *Making of the West: Peoples and Cultures*. 3. ed. Boston: Bedfor-St. Martin's, 2009, p. 658.

A Companhia das Índias Orientais, grupo privado de mercadores incumbido pela Coroa britânica, arregimentava uma elite nativa, bem como soldados locais para defender seus interesses. Depois de 1850, as ideologias liberais que pregavam manter um controle político tímido do país perderam os pudores e assumiram o governo, o que garantia o controle dos impostos em mãos britânicas. Isso não se deu sem revoltas por parte do povo indiano, como a que tentou instituir um governo livre em 1857. A repressão foi dura e, no ano seguinte, o Ato de Governo da Índia instituiu controle direto sobre o país (fazendo surgir o nacionalismo indiano, em contrapartida). Desse modo, foi possível fechar manufaturas indianas e forçar o povo a produzir matérias-primas, como trigo e algodão, para suprir a indústria britânica.

A Guerra da Crimeia mostrou a importância do Mediterrâneo, despertando a cobiça francesa pelo controle do Egito, onde seria construído o canal de Suez, ligando suas águas ao mar Vermelho e encurtando a rota da Europa à Ásia. Os historiadores citados lembram que isso aumentou o interesse europeu por tudo o que era egípcio, como motivos têxteis, móveis, arquitetura e arte, incluindo a ópera *Aida*, de Verdi. Na China, a dinastia que controlava o país, ao ver seu poder ameaçado por revoltas internas, pediu ajuda militar à Inglaterra e à França, o que foi atendido, dando origem a uma sangrenta guerra civil no país. Ao fim do conflito, governos europeus ganharam o controle da alfândega.

Foi assim que a Inglaterra vitoriana superou os problemas da primeira metade do século 19, impondo ao mundo uma economia centrada em seu poderio industrial. O imperialismo tornava as tecnologias de transporte e comunicação ainda mais estratégicas, pois permitiam encurtar as distâncias comerciais. Esse pano de fundo explica todo um setor da Grande Exposição Universal dedicado a forjar uma imagem da identidade nacional inglesa como "civilizada", em contraste a um suposto primitivismo das colônias. Aborígenes e povos não brancos eram exibidos como objetos e tinham suas características físicas inferiorizadas. Nos corredores de vidro, no mesmo patamar de mercadorias e máquinas, ostentavam-se troféus das conquistas coloniais, inclusive pessoas de carne e osso, como dois peles-vermelhas que ficavam no estande dos Estados Unidos. Um típico cômodo de residência indiana era reconstituído ao lado de múltiplos símbolos das raças "inferiores" que a civilização ocidental deveria eliminar em sua corrida rumo ao progresso.

A representação racista e preconceituosa desses povos apostava na caracterização de uma suposta "irracionalidade", ou uma "violência instintiva", que justificaria o domínio europeu. Dos negros aos esquimós, descreviam-se povos que ainda estariam alheios à influência positiva do progresso. A partir de então, essa "falha" poderia ser "sanada", bastando que essas pessoas se incorporassem ao grande mundo da indústria e do comércio e aceitassem a ideologia do progresso, o que implicava abrir mão de suas culturas e da singularidade de seus modos de produção e convivência social. Após essa grande conversão universal, surgiria, enfim, o "homem de um sangue só". Essa foi uma proposta explícita, publicada pela revista *The Economist*, que havia sido fundada alguns anos antes da exposição. A menção ao "homem de um sangue só" era parte do discurso do bispo de Londres e tornou-se uma pedra de toque da Exposição de 1851, pois cabia ao comércio unir os homens nos "laços íntimos e cativantes de uma família".[2] O catálogo descritivo dos objetos exibidos no Crystal Palace trazia um capítulo sobre "Departamentos coloniais e estrangeiros – Estados aborígenes", eivado de argumentos para provar a inferioridade dessas "raças menos civilizadas".[3] Segundo essas visões, a ingenuidade e a brutalidade dos homens primitivos teriam sido compensadas pela abundância e pelo alto valor dos recursos materiais com que a natureza os brindou. De olho nesses recursos e em novos mercados para seus produtos, a Europa propunha – "gentilmente" em tese e violentamente na prática – integrar esses povos ao reino da indústria e do livre comércio.

Foi dessa forma que se instaurou uma nova ordem mundial, com a reivindicação do potencial emancipador do capitalismo, que prometia superar diferenças culturais, físicas e ancestrais. Unidos sob o ideal do progresso, os homens se tornariam, por fim, cosmopolitas e civilizados. Essa história mostra que a visão emancipadora do progresso era inseparável da integração concreta dos povos colonizados à ordem industrial. Essa operação era complexa e demandava a construção de um conceito e de uma representação desse homem civilizado, para a qual a ciência foi estratégica.

---

2. The Economist. *The End of the Exhibition*. Londres: The Economist's Office, outubro de 1851.

3. Official Descriptive and Illustrated Catalogue. Londres: William Clowes & Sons, 1851, citado em Shears, Jonathon. *The Great Exhibition, 1851. A Sourcebook*. Manchester: Manchester University Press, 2017.

No início do século 19, era intenso o debate sobre as características essenciais do ser humano. Experimentos médicos e teorias sobre a vida geravam ansiedade, mesmo que conseguissem curar e prevenir doenças. Uma questão polêmica versava sobre a própria natureza da vida e da consciência humana. O que tornava os homens diferentes dos animais? Como desenvolviam o gosto estético e a moral? Alguns defendiam que a consciência podia ser explicada pela natureza física dos órgãos e do cérebro, o que acendia o dilema da alma. A fisiologia era exemplar desse dilema, pois buscava associar funções vitais aos órgãos, o que contrariava pressupostos religiosos. Além disso, suas pesquisas tornavam a dissecção dos corpos uma prática corrente. Acreditava-se que até a mente poderia ter seus mistérios desvendados pelo estudo da fisiologia do cérebro. Um dos defensores dessa teoria era William Lawrence, médico que, em 1817, chegou a provocar o Colégio dos Cirurgiões com a pergunta "Onde está a mente do feto?". Se a mente fosse obra divina, deveria vir pronta, mas o feto mostra que não é bem assim, pois é o uso dos sentidos e a experimentação do mundo externo que desenvolvem as faculdades da mente. Somente ao crescer, o homem adquire o gosto, a moral e a consciência. Essas teorias provocavam reações inflamadas dos conservadores, preocupados em manter a alma como explicação da consciência e das faculdades. Uma das respostas mais inesperadas veio da literatura, com a história de Frankenstein e de sua criatura, publicada em 1815. A autora, Mary Shelley, costumava se consultar com Lawrence e foi influenciada pelo médico. Seu personagem principal também era médico: Victor Frankenstein resolveu realizar o procedimento inverso da dissecação, costurando o que havia sido separado. Seria possível dar vida a uma montagem de órgãos? Uma das teorias da época dizia que sim, um impulso elétrico daria vida ao cérebro, e foi o que fez nascer a criatura de Frankenstein. Mas como garantir a moral da criação? Essa é a principal questão do livro de Mary Shelley. As experiências da criatura desenvolviam a sensibilidade, como Lawrence acreditava – em uma passagem, a criatura descreve até seu encanto com a observação da Lua. Com o passar do tempo, porém, torna-se violenta, clamando por amor e companhia. A mensagem de Frankenstein é de que a vida em comum e o amor são essenciais ao desenvolvimento das faculdades humanas, uma solução original para o dilema da época, sem recorrer a Deus nem reduzir a vida à frieza da fisiologia.

O Frankenstein traduzia a visão romântica do gênio solitário, do pensador atordoado e distante, que mudaria bastante por volta de 1850. A natureza humana seria repensada, em sintonia com uma nova ordem econômica, social e científica. Os trabalhos de Charles Darwin são inseparáveis desse contexto. Não é exagero afirmar que boa parte da popularidade das ideias de Darwin se explica por sua utilidade em provar a existência do progresso. A teoria da evolução fala da natureza como um todo, não especificamente do homem, trazendo a visão, desafiadora para a época, de que os mais aptos a sobreviver em determinado meio são selecionados favoravelmente. A proposta contrariava a religião, pois os seres vivos, em sua perfeição, não eram obra de um criador. Esse aspecto suscitou controvérsias e zombaria, como diversas imagens denunciando o absurdo – insuportável para a época – de que o homem teria evoluído do orangotango.

Analisar um contexto histórico em detalhes é sempre bom para enxergarmos as nuances e as contradições que envolvem o surgimento de uma ideia inovadora e os embates com visões de seu próprio tempo. A resistência religiosa às ideias de Darwin é conhecida, até porque, surpreendentemente, permanecem até hoje nas numerosas tentativas de contrariar a teoria da evolução, que se tornou consenso científico em nossos dias, após ter sido legitimada por pesquisas que se estendem por mais de um século. Afirmar isso não nos impede de observar as contradições da posição de Charles Darwin em sua época, quando publicou o livro chamado *A origem das espécies pelo meio da seleção natural ou a preservação das raças favorecidas na luta pela vida*. Era 1859, cerne dos debates sobre a superioridade do homem civilizado que mencionamos. A ideia de "raças favorecidas" chama atenção e constava do título do livro, mesmo que em uma parte pouco conhecida. Como Darwin não debate a evolução humana especificamente, fica a dúvida. No entanto, em 1871, ele publicou outro livro, *A descendência do homem*, com afirmações explícitas de que o homem evoluiria de formas mais atrasadas a estágios superiores, com os mais aptos vencendo a batalha da seleção natural. O sucesso das raças brancas era afirmado na linguagem da "sobrevivência dos mais aptos", implicando que os povos "primitivos" perderiam a batalha, de modo inevitável, para as raças mais evoluídas.[4] É um pouco chocante ver Darwin nesse

---

4. O assunto foi abordado com diversas evidências no livro recente de Saini, Angela. *Superior: The Return of Race Science*. Boston: Beacon, 2019.

papel, até porque ele era também um abolicionista, inconformado com a escravização de seres humanos. Mas a história é assim, cheia de contradições; essa mesma pessoa tinha simpatia pela eugenia, ainda que se opusesse à obrigatoriedade dessa prática. Antes da publicação do segundo livro citado, há evidências indicando a visão de Darwin sobre raças inferiores, como nas cartas que trocou com o geólogo Charles Lyell:

> Não vejo dificuldade em que os indivíduos mais intelectualizados de uma espécie sejam continuamente selecionados; e o intelecto das novas espécies sejam assim aprimorados, ajudados provavelmente pelos efeitos do exercício mental herdado. Vejo esse processo como está acontecendo agora com as raças do homem, as raças menos intelectuais sendo exterminadas.[5]

A carta é de 1859. Quais eram as raças menos intelectuais que estavam sendo exterminadas? Os povos subjugados das colônias. Outra carta para o clérigo Charles Kingsley, escrita três anos mais tarde, confirma essas ideias de Darwin: "Em 500 anos, a raça anglo-saxã terá se disseminado e exterminado nações inteiras; e, em consequência, a raça humana, vista como uma unidade, terá subido de nível".[6] Parece uma descrição científica, mas é uma naturalização e uma forma de justificar a colonização dos povos considerados inferiores. Não foram poucos os teóricos racistas convictos e explícitos, à diferença de Darwin, que se apoiaram em suas teorias. Um dos mais famosos é seu primo Francis Galton, que escreveu sobre "o gênio hereditário", defendendo a eugenia pela interdição do casamento "imprudente". O determinismo biológico e hereditário de qualidades intelectuais e morais se apoiava nas teorias de Darwin, que elogiava Galton publicamente, apesar de defender que a adesão às práticas eugenistas fosse voluntária.

Herbert Spencer foi um conhecido teórico racista da época, que se opunha publicamente à educação ou a medidas sociais que amenizassem a disputa pela sobrevivência entre aqueles que considerava fortes e fracos. Seu nome está na origem da corrente de ideias conhecida como "darwinismo social", que usava uma versão própria da teoria da evolução (nesse caso, independente de Darwin) para lutar

---

5. Carta 2.503: C. R. Darwin para Charles Lyell, 11 de outubro de 1859.
6. Carta 3.439: C. R. Darwin para Charles Kingsley, 6 de fevereiro de 1862.

contra a justiça social, promovendo políticas racistas e sexistas, defendidas como instrumentos para fortalecer a nação inglesa. As batalhas pela vida seriam ganhas pelos mais aptos, o que ajudaria a aprimorar a espécie humana. Em tempos de nacionalismos, essa era uma visão conveniente, que apoiou de fato o aprofundamento da expansão colonial e a "corrida para a África", como Lynn Hunt e outros historiadores denominam as práticas comerciais que adentravam territórios alheios. Antes restritos à costa, os europeus passavam a regular o interior também, alterando o mapa do continente de uma forma que não fazia sentido para seus povos, produzindo fronteiras de modo artificial e agrupando arbitrariamente grupos de tradições e etnias distintas. Um homem de negócios inglês, Cecil Rhodes, foi enviado à África do Sul em 1870, quando diamantes estavam sendo descobertos, penetrando no interior do país com ajuda do governo britânico. Ele justificava: "somos a raça mais fina do mundo" e "quanto mais mundo habitamos, melhor é". Esse trecho é lembrado pelos historiadores citados junto à afirmação de que o darwinismo social servia em especial à nova conquista da África (que substituía o comércio menos controlado politicamente dos anos anteriores). "Em poucas décadas, o darwinismo evoluiu de uma contribuição para a ciência a uma justificativa racista para o imperialismo."[7] Foi assim que os europeus destruíram a economia e a política africanas, mas também asiáticas, descrevendo seus povos como preguiçosos, autoindulgentes ou irracionais, chegando a pontificar que "a precisão é abominável para a mente oriental".[8]

Entre os anos 1870 e 1890, a conquista imperial aumentava em extensão e intensidade, chegando, no fim do século, a controlar mais de 80% do mundo por meio de medidas políticas e econômicas, mas também pela imposição de valores e modos de vida, influenciando hábitos sociais e culturais. O homem cosmopolita era fabricado, assim, fornecendo corpo e alma ao ideal do progresso. Não existe história da industrialização e cultura do crescimento, no século 19, sem imperialismo; não existe história do conhecimento útil e das novas ciências da precisão sem tentativas violentas de forjar uma nova imagem universal para o próprio ser humano.

---

7. Hunt, Lynn et al. *Making of the West: Peoples and Cultures*, op. cit., p. 736.

8. Ibidem, p. 740.

Capítulo 12
# OLHAR PARA O CÉU COM OS PÉS NO CHÃO

Quem visita o Observatório de Greenwich, hoje, vê uma linha traçada no chão, marcando a divisão entre o Leste e o Oeste do globo. Por essa linha, passa o meridiano de Greenwich. Na realidade, mal enxergamos a linha em si. Só sabemos que está lá porque há uma aglomeração de turistas tentando tirar foto com um pé de cada lado do mundo.[1] A linha imaginária é apenas uma convenção, mas dá à Inglaterra o privilégio de abrigar o meridiano mais importante de todos. E na história do observatório está George Airy, personagem-chave da instituição científica que reúne diversas características essenciais à sociedade do século 19.

Quando Airy assumiu a direção do observatório, em 1835, Greenwich não tinha tanto poder. As informações ali produzidas conquistaram credibilidade mundial após muitas reformas, como a reorganização das tarefas necessárias à produção de tabelas com dados celestes, que viriam a ser usadas por cientistas de diversos países. Foi graças à intervenção do novo diretor que o Observatório de Greenwich se tornou uma eficiente fábrica de dados, referência para outras áreas além da astronomia.

Demorou algumas décadas até que se conseguisse fazer do meridiano de Greenwich referência do tempo mundial. Em 1851, ano da Grande Exposição, o observatório adquiriu um novo instrumento, o círculo do trânsito, que permitia observar as estrelas com mais precisão e identificar suas coordenadas no céu. Hoje, na sala principal de Greenwich, está o trânsito, um grande telescópio apontado para o céu exatamente na direção do primeiro meridiano. Como a Terra roda em torno de seu próprio eixo com velocidade uniforme, uma estrela pode ser vista cruzando o meridiano na mesma hora todos os dias. Assim, enxergar o momento exato em que a estrela passa pela lente do trânsito permite determinar a hora com precisão. Só que a Terra também se movimenta ao redor do Sol, o que faz com que a posição da estrela sofra um pequeno deslocamento, que deve ser corrigido por cálculos complicados.

---

1. Notem como a linha do Equador é menos atraente para o turismo. Isso porque o meridiano de Greenwich passa – não por acaso – em um dos países mais visitados do mundo, a Inglaterra, um dos principais colonizadores europeus. Já a linha do Equador atravessa países que foram colônias, como o Equador, onde, na cidade de Quito, há um monumento marcando o meridiano. Os europeus são conhecidos por valorizar sua história, suas tradições e suas conquistas – apesar de, com frequência, não mostrarem todos os seus lados. Por isso, o meridiano de Greenwich é mais valorizado do que a linha do Equador.

Foi a combinação de observações precisas e contas matemáticas eficientes que formou a boa reputação do Observatório de Greenwich. A medida das horas e a excelente divulgação dos dados celestes fizeram da instituição uma referência mundial. Navios de vários países dependiam das cartas dos céus e dos instrumentos produzidos e calibrados em Greenwich, que se tornava, assim, forte candidata a sediar a referência mundial das horas. Tinha início uma nova época, em que cada nação já não podia medir o tempo do seu jeito. O comércio internacional intensificava o transporte por navios e trens, tornando imprescindível um modo único de marcar as horas em todo o planeta.

Porém, apenas em 1884 foi organizada a Conferência Internacional do Meridiano, em Washington. Após décadas de debates, chegava-se à conclusão de que o dia universal deve começar, para o mundo todo, no momento da meia-noite no meridiano inicial (primeiro).[2] E acordava-se que o primeiro seria o meridiano de Greenwich – isso também porque George Airy, além de astrônomo, era politicamente habilidoso e representou o Estado inglês nas negociações. Ainda assim, nem todos os países adotaram o Tempo de Greenwich de imediato. Como era de se esperar, a França foi um dos mais relutantes. Aos poucos, contudo, o apoio dos Estados Unidos e o poder da Inglaterra – além da inegável utilidade dos dados astronômicos fornecidos por Greenwich – acabaram convencendo o mundo inteiro.

Em meados do século 19, as informações dos céus garantiam a precisão dos cronômetros usados pelos navios, que só assim conseguiam determinar sua longitude. Uma tarefa imensa do Observatório de Greenwich era a verificação dos cronômetros de todas as embarcações inglesas, além da correção das bússolas, cujo comportamento foi alterado com o uso do ferro nos navios (em vez de madeira). Esse é apenas um exemplo do modo como as técnicas do observatório auxiliavam na conquista da superioridade marítima e comercial da Inglaterra.

Outra missão do observatório, tão ou mais importante, era a produção de dados, que tinham papel estratégico na sociedade inglesa do século 19. Um livro publicado em 1836, com o sugestivo título *O progresso da nação*, foi um entre vários contendo uma quantidade impressionante de informações: o tamanho da população nas diversas regiões da Grã-Bretanha e sua evolução a cada ano entre 1801 e 1830;

---

2. Disponível em: https://greenwichmeantime.com/articles/history/conference/. Acesso em: junho 2021.

a proporção de mortes, incluindo aquelas ocorridas antes dos 12 anos, comparada à proporção de nascimentos e de doenças; a quantidade de batismos, enterros e casamentos – tudo dividido por anos, regiões e até por hospitais! Em seguida, no mesmo livro, encontram-se tabelas com todas as profissões, comparando o número de trabalhadores na agricultura e nas manufaturas, todos divididos por classes de renda. Quanto aumentou a quantidade de mestres cervejeiros em 1833 e qual foi o consumo de malte? Bastava consultar o compêndio de dados para saber a resposta, em meio a números sobre a produção de bens têxteis e tantos outros. Encontram-se comparações do número de fábricas de lã com as de tapetes, incluindo quanto dessa produção foi usada no consumo interno ou exportada, além do valor do algodão inglês e informações sobre o trabalho nas minas de carvão. A quantidade de pobres podia ser comparada ao dinheiro gasto com a ajuda aos pobres, bem como ao preço do trigo e à avaliação do poder de compra (em trigo) do dinheiro dado aos pobres. São tantos detalhes que pode parecer um livro de contabilidade esquecido no armário de alguma repartição pública; no entanto, tratava-se de literatura valorizada e consultada por pessoas consideradas cultas.

Uma obsessão tão estranha não passaria despercebida pelo olhar afiado de Charles Dickens. O protagonista do romance *Tempos difíceis*, publicado em 1854, era Thomas Gradgrind, que encarnava a adoração dos ingleses por fatos, de preferência tabulados e organizados. "Ora, eis o que quero: Fatos. Ensinem a estes meninos e meninas os Fatos, nada além dos Fatos. Na vida, precisamos somente dos Fatos. Não plantem mais nada, erradiquem todo o resto. A mente dos animais racionais só pode ser formada com base nos fatos, nada mais lhes poderá ser de qualquer utilidade."[3]

Dados e fatos eram meios eficientes de convencer as pessoas dos benefícios das novas tecnologias para o progresso. Era uma época em que persuasão e precisão andavam juntas. Os dados só exerceriam sua função social se fossem exatos e acurados, cada vez menos sujeitos a erros. Para isso, deviam se livrar da imperfeição dos instrumentos e dos defeitos humanos. E nenhum local era mais simbólico desse ideal do que o Observatório Astronômico.

Ao leitor com interesse em astronomia, segue um parágrafo de explicação detalhada sobre a elaboração das tabelas celestes. Assim,

---

3. Dickens, Charles. *Tempos difíceis*. São Paulo: Boitempo, 2015, p. 18.

pode-se ter uma ideia realista do volume de trabalho do observatório e de instituições similares. O *Almanaque náutico* de um ano era um livro contendo a posição da Lua, do Sol e de um bom número de estrelas a cada hora. Cada hora em todos os meses do ano, durante o ano inteiro. Todas essas informações eram arrumadas em tabelas, que seriam consultadas por navegadores e outros profissionais. O problema da longitude demandava determinar a distância entre a posição de um navio e o meridiano de Greenwich, considerado ponto de partida da embarcação. Se estamos no navio e conhecemos a data exata naquele momento, basta abrir a página correspondente do *Almanaque náutico* e descobrir as posições dos astros para cada hora daquele dia. Lembrando que essas configurações não estavam desenhadas, mas descritas em tabelas, com números representando as distâncias entre os astros. Para saber onde estamos, precisamos olhar para o céu e medir a posição da Lua em relação a alguma das estrelas conhecidas – vamos supor que seja o Sol (o que é possível num dia em que os dois astros possam ser vistos simultaneamente). Usando um instrumento apropriado, uma espécie de compasso, aberto com uma ponta direcionada para a Lua e outra para o Sol, medimos o ângulo entre os dois astros (esse instrumento chama-se "sextante"). Além disso, medimos a altura da Lua e do Sol em relação ao navio. Em seguida, buscando essas três medidas nas tabelas do *Almanaque*, descobrimos que horas são em Greenwich. O horário no próprio navio pode ser obtido pela altura do Sol (ou de alguma outra estrela). Finalmente, tendo o horário local e o horário em Greenwich, determinamos a longitude em que estamos.

Agora, imaginem o trabalho necessário para produzir esses *Almanaques náuticos*. Muita gente precisava ser contratada para preencher tantas tabelas, pessoas com formação intermediária, muitas vezes autodidatas ou moradores do campo, que recebiam instruções e instrumentos para medir as distâncias entre os astros e fazer os cálculos. Para cada mês, observavam-se os dados, que eram, a seguir, conferidos e comparados. Organizar todo esse trabalho era responsabilidade do Observatório de Greenwich desde o século 18. Mas o trabalho era distribuído, e boa parte era realizada fora da instituição, o que gerava imprecisões. Para controlar melhor as tarefas, o observatório e o *Almanaque náutico* passaram por reformas nos anos 1830. Uma das inovações de George Airy foi justamente centralizar o trabalho em uma sala onde as medidas e os cálculos pudessem ser supervisionados de perto, evitando distrações e erros.

Outra importante tarefa dos observatórios era o cálculo preciso das chamadas "distâncias lunares" – as distâncias entre a Lua e o Sol (ou outra estrela conhecida). Novamente, detalhamos o procedimento matemático para tornar palpável o gosto – e talvez até certa obsessão – pela medida, traço marcante do contexto narrado aqui. A distância lunar é um ângulo definido a partir do centro da Terra. Imagine uma pessoa de pé, olhando para o horizonte, num dia em que seja possível enxergar a Lua e o Sol ao mesmo tempo. Usando um sextante, mede-se facilmente o ângulo entre os dois astros, com a referência fixada no observador (que segura o instrumento). Mas esse ângulo medido é maior do que o que seria obtido se o observador estivesse no centro da Terra. Por isso, é preciso recalcular o ângulo a partir do centro da Terra, o que envolve cálculos extensos, como explicaremos a seguir.

Vamos supor que o ponto em que o observador está seja o vértice O de um triângulo. Os pontos em que estão a Lua e o Sol, L e S, completam o triângulo (que não é exatamente um triângulo porque a linha ligando a Lua ao Sol não é reta). Caso o vértice O, do observador, seja substituído pelo centro da Terra, formamos outro triângulo, agora com um vértice C (que substitui O).

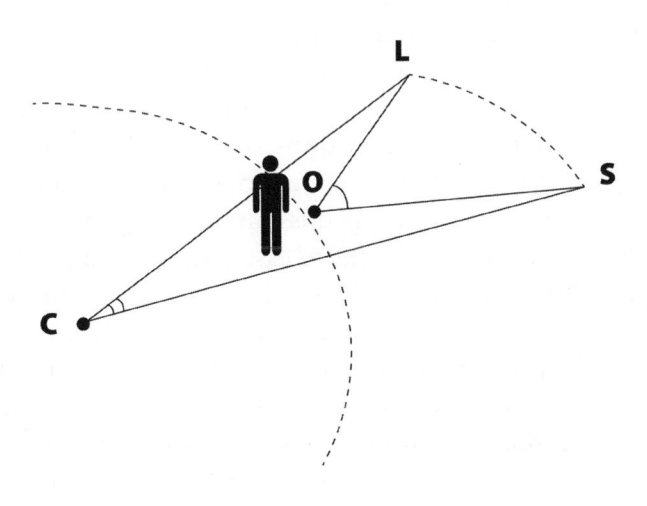

É possível calcular o ângulo em C a partir do ângulo em O usando regras simples de trigonometria, que já eram conhecidas. A parte difícil é que esses cálculos demandam as medidas das alturas do Sol e da Lua em relação à superfície da Terra, no instante exato em que o ângulo O também é medido. Esse tipo de observação, portanto, dava margem a imprecisões, pois, além de alterações na visibilidade, provocadas pelo clima, há fenômenos óticos, como a refração da luz, que podem atrapalhar a observação dos astros. Além disso, quanto mais seres humanos envolvidos nessas tarefas, maior o risco de erros. Na época, para calcular distâncias lunares de modo acurado, eram necessários quatro observadores – um astrônomo principal e três assistentes. O astrônomo media o ângulo entre a Lua e o Sol, com o sextante. O primeiro assistente media a altura da Lua; o segundo, a altura do Sol; e o terceiro marcava no relógio o instante exato em que essas observações eram feitas. Todas as medidas deviam ser realizadas simultaneamente e, para aumentar a precisão, costumava-se repetir o procedimento várias vezes. Claro que essas observações se aprimoraram com o auxílio de telescópios precisos, pois, em vez de enxergar os astros a olho nu, era possível amplificar o tamanho deles e medir suas posições com mais exatidão. Ainda assim, eram muitos os procedimentos suscetíveis a imprecisões.

A fábrica de dados era também uma fábrica de erros. A maior inovação de George Airy foi a implementação de novas técnicas de organização do trabalho, que se expandiriam para além do observatório e propiciariam fama ao diretor. As observações e os cálculos não seriam mais atribuições de indivíduos trabalhando de forma isolada; seriam produzidas por um regime rígido de distribuição de tarefas, divididas por hierarquias profissionais. A supervisão dos responsáveis pelas tarefas tornava-se parte essencial da prática científica. Para Airy, a observação não era tão diferente do trabalho em mineração: o minério granulado não tem nenhum valor até que seja fundido por meio do procedimento adequado. O observador deve ser um "composto de fazedor de relógios e bancário" – a analogia indica a precisão exigida, mas também a similaridade entre dados financeiros e científicos.[4] A astronomia deveria servir de modelo para todos os saberes que precisavam minimizar imperfeições.

---

4. Airy, George Biddell. *Autobiography of Sir George Biddell Airy*. Cambridge: Cambridge University Press, 1896.

Assim que chegou a Greenwich, o novo diretor logo reclamou que os trabalhadores do observatório mais pareciam escreventes, registrando os dados dos astros sem polimento. Airy realizou, então, duas mudanças-chave para aprimorar as tarefas do observatório: uma, a centralização e a verificação do trabalho dos computadores, pessoas que faziam cálculos extenuantes e permaneciam por longuíssimas horas numa sala do observatório; outra, a formação de uma boa equipe de astrônomos que assumiria tarefas intelectuais que exigiam maior qualificação. Essa divisão do trabalho está na base do desenvolvimento das novas tecnologias do observatório.[5] Mesmo sendo um *wrangler*, com selo de Cambridge, George Airy sabia aproveitar o potencial dos amadores que, sem título universitário, demonstravam talento na junção de saberes teóricos e práticos.

Um de seus principais assistentes, James Glaisher, viria a ser um nome importante da ciência que estava surgindo: a meteorologia. Como Airy e quase todos em sua época, Glaisher acreditava ser possível prever o clima com a mesma precisão com que se antecipavam os movimentos dos astros. Bastava que os dados meteorológicos fossem medidos de forma mais adequada e precisa pelo manejo de cronômetros, telescópios e micrômetros – este último usado para aferir as dimensões de um objeto da ordem de micrometros (a milionésima parte do metro). À primeira vista, pode parecer que o observatório lidava com dados macro, do tamanho das distâncias entre os astros. Lembramos, contudo, que um astro observado pelo telescópio tem dimensões pequenas em comparação a seu tamanho real. Logo, um erro de um micrometro, quando multiplicado pela diferença de escala entre o objeto observado e o verdadeiro, pode ser fatal. Transformar o grande no pequeno (e vice-versa) era parte das funções do observatório. A pesquisa com impulsos elétricos e fotográficos servia para aprimorar os instrumentos, pois forneciam meios não humanos de controlar a precisão, diminuindo a dependência das habilidades e do sistema nervoso dos observadores. A eletricidade e a fotografia, invenções de grande utilidade pública, se desenvolveram também para auxiliar na acuidade das medidas do observatório, ainda que também fossem estudadas de modo teórico, como permitiam as equações pro-

---

5. Schaffer, Simon. "Astronomers Mark Time: Discipline and the Personal Equation". *Science in Context*, v. 2, n. 1, 2008, pp. 115-45.

postas em Cambridge pelo físico James Clerk Maxwell, que possibilitavam relacionar correntes elétricas e campos magnéticos (como dois aspectos da força eletromagnética).

Postulante a meteorologista, Glaisher dedicou-se a desenvolver instrumentos para medir as grandezas necessárias à previsão do clima: pressão barométrica, umidade do ar, temperatura, velocidade e direção dos ventos, além de mudanças no campo magnético da Terra. Analisando regularmente os sistemas climáticos, padrões de nuvens, arco-íris e fenômenos geomagnéticos, acabou escolhido como superintendente do novo Departamento de Magnetismo e Meteorologia do Observatório de Greenwich. Entrevistado pela revista de Charles Dickens, a *Household Words*, em 1850, chegou a mostrar uma análise estatística dos registros climáticos entre 1771 e 1849, indicando que o clima da Inglaterra havia esquentado 1 grau Fahrenheit. Esse monitoramento deveria continuar, e, para isso, foi criada uma rica base de dados, envolvendo também instituições amadoras e pessoas comuns, que adquiriam instrumentos de uso pessoal e auxiliavam nas medidas. A celebridade de Glaisher chegou ao ápice quando, em 1860, tripulou um balão inflado a gás, projetado por ele próprio, atingindo uma altitude inédita. Acima das nuvens, novos instrumentos (espectroscópios) podiam medir o espectro do Sol em grandes altitudes.

Meteorologia e telegrafia eram áreas correlatas, e, em 1853, realizou-se, em Bruxelas, um congresso que fez história nos dois campos. As tecnologias do observatório serviram ao aprimoramento do telégrafo, que já permitia o envio de sinais elétricos desde os anos 1840, com impacto no comércio e na indústria. Agora, servia também à transmissão de resultados de medidas e observações. Para além da astronomia, boa parte das tecnologias que agitaram o século 19 tem relação com o Observatório Astronômico, como historiadores da ciência têm mostrado,[6] dando origem às "ciências do observatório".

As novas técnicas tiveram papel-chave no empreendimento colonial e na conquista de um público amplo para apreciar a ciência. Observar e quantificar as constantes da natureza geraria benefícios palpáveis para a humanidade, o que ficava nítido nas tecnologias que

---

6. *Os céus na Terra* é o nome do livro que defende essa tese, descrevendo a importância dos observatórios na época. Cf. Aubin, David; Bigg, Charlotte; Sibum, Otto H. *The Heavens on Earth: Observatories and Astronomy in Nineteenth-Century Science and Culture*. Durham: Duke University Press, 2010.

impulsionavam a economia, a comunicação e o comércio. A imagem da ciência era indissociável do poder político e do lugar ocupado pela Inglaterra – e outros países colonizadores – à época. Com a nova organização do trabalho e dos dados, era fácil exportar observatórios, que se espalhariam pelas colônias, aumentando significativamente a riqueza das observações. A África do Sul, por exemplo, que era dominada pela Inglaterra, teve um observatório criado na Cidade do Cabo, o que se mostrou providencial para a obtenção dos dados astronômicos do hemisfério Sul, onde as estrelas aparecem nos céus com uma configuração diferente da que se observa do Norte.

No Brasil, o Observatório Nacional é uma das instituições científicas mais antigas. Criado em 1827, pode ser visitado até hoje em São Cristóvão, no Rio de Janeiro. Os dados produzidos nas torres de observação, que ainda guardam a arquitetura da época, ajudaram a calcular a distância da Terra ao Sol, pois o Observatório Nacional coordenou a expedição científica de 1882 para observar a passagem de Vênus pelo disco do Sol. Com a internacionalização a pleno vapor, instituições científicas ajudavam a construir a imagem dos países, o que foi percebido pelo então imperador dom Pedro II, conhecido entusiasta da ciência. Em visita ao Observatório de Greenwich, encontramos a Ordem da Rosa oferecida por dom Pedro II a George Airy.

A esta altura já deve ter ficado evidente que a obsessão por medidas acuradas era parte estruturante da cultura científica na época. Chegava-se a dar mais valor aos dados e aos instrumentos que aos homens que os obtinham e os utilizavam. Com a propagação dos observatórios, surgia uma nova imagem do cientista, uma mistura de pesquisador e gestor, com curiosa estima pela burocracia e relações fortes com o Estado. Além disso, o observatório era um dos principais espaços de ascensão social pelo trabalho científico (um astrônomo assistente tinha *status* e garantias bastante incomuns naqueles tempos).

É surpreendente que a história da ciência mais conhecida do público continue a privilegiar grandes gênios, cujas ideias decorreriam de pura curiosidade. Esse personagem deixou de existir há muito tempo e já não fazia sentido em meados do século 19. A ciência expandia seu papel social graças a resultados concretos. E o cientista não era movido por estalos – nem por maçãs que caíam em sua cabeça –, mas pela missão de prestar serviços ao país e à sociedade. O termo "cientista" surgiu por volta dos anos 1840, na Inglaterra vitoriana, ligado justamente a novas condições de trabalho, quando algumas pessoas, na maioria homens, podiam ganhar a vida fazendo ciência. Além disso, refletia o sentido vitoriano da precisão e os esforços de persuasão associados à prática científica.[7] Antes disso, cientista não era profissão. Os "homens de ciência", como chamados no século 19, adoravam observar os céus, mas tinham os pés no chão, participavam dos negócios mundanos e faziam política.

Airy foi a pessoa certa no lugar certo, obtendo resultados práticos com a introdução da "mentalidade da fábrica"[8] no observatório. A assim chamada Revolução Industrial incluía transformações econômicas mais amplas, como o desenvolvimento de um setor bancário, já que o crédito era necessário à industrialização. Com isso, duas áreas movimentavam a economia, as finanças e os seguros, ambas servidas pelas técnicas do observatório. A organização da computação científica permitiu avanços no registro de dados, impulsionando, inclusive, o desenvolvimento da estatística – uma ciência de Estado (como o nome diz). Para estimar a expectativa de vida de diferentes grupos da população – informação essencial ao cálculo do preço dos seguros –, elaboravam-se tabelas de vida, um exemplo de como novos negócios valorizavam registros e padrões. Companhias de seguros, estradas de ferro, escritórios de estatísticas governamentais e de contabilidade juntavam-se aos observatórios astronômicos e aos ofícios náuticos na produção das tabelas, que aproximavam fatos humanos das posições dos astros.

Tabelas eram produtos da fábrica de números que tinha, entre suas funções, esconder as imprecisões humanas. Os dados não serviam apenas para impressionar e convencer as pessoas comuns de que a ciência era o melhor acesso para a objetividade. Serviam também para tornar invisível o processo por meio do qual se obtinham as informações, suscetível a erros demasiadamente humanos. Os fatos eram os únicos saberes a ser ensinados aos jovens, dizia Thomas Gradgrind, o personagem de Dickens, pois traziam em si uma tarefa considerada importante na época: deixar de lado a imaginação.[9]

---

7. A precisão é tida como uma virtude vitoriana. Ver Schaffer, Simon. "Prefácio". In: *La fabrique des sciences modernes*. Paris: Média Diffusion, 2014.

8. Chapman, Allan. "Sir George Airy (1801-1892) and the Concept of International Standards in Science, Timekeeping and Navigation". *Vistas in Astronomy*, 1985, v. 28, 1985, p. 322.

9. Dickens, Charles. *Tempos difíceis*, op. cit.

# Capítulo 13
# **COMPUTADORES HUMANOS**

Alguns cientistas do século 19 tinham o hábito de visitar fábricas, pois as máquinas estavam mudando o modo de trabalhar e as transformações inspiravam a ciência. Além de desvendar os mistérios da natureza, a ciência servia para inventar dispositivos capazes de poupar o esforço e o tempo gastos com trabalhos rotineiros. Essa era a essência das máquinas, como apresentadas por Charles Babbage, personagem que unia preocupações econômicas a contribuições científicas. Seu nome é um conhecido precursor de nossos computadores, ainda que sua invenção tenha mais parentesco com a máquina de calcular. Depois de passear pelas fábricas, Babbage escreveu um livro clássico, difundindo uma ideia que impactou a prática científica: a mesma divisão do trabalho que caracterizava a produção industrial deveria ser aplicada ao trabalho mental, em particular aos cálculos.

É surpreendente que uma noção da teoria econômica, criada para aumentar a produtividade do trabalho, tenha inspirado tantos cientistas. A divisão do trabalho, sugerida inicialmente por Adam Smith, tornou-se popular entre os pensadores do século 19. George Airy também o cita em sua autobiografia: "Desejo dar exemplo de adesão a um princípio que, estou confiante, pode ser seguido amplamente, com grandes vantagens para a astronomia, o princípio da divisão do trabalho".[1] Nesse trecho, ele aconselha outros observatórios a adotarem a mesma organização adotada em Greenwich. Na verdade, suas propostas, descritas no capítulo anterior, foram elaboradas em 1831 por um comitê reunindo astrônomos e empresários ativos nas áreas de contabilidade e seguros. Já se previa, portanto, antes mesmo de sua implementação, que as técnicas do observatório poderiam ser usadas nas finanças e nas estatísticas, que se fortaleciam com a industrialização.[2] Até no manifesto exaltando a importância da Grande Exposição de 1851, o príncipe Albert nota que "*o grande princípio da divisão do trabalho, que pode ser designado como o poder que move a civilização, está sendo estendido a todos os ramos da ciência e da indústria*".[3]

---

1. Airy, George Biddell. *Autobiography of Sir George Biddell Airy*. Cambridge: Cambridge University Press, 1896, p. 212.

2. Robson, Eleanor; Stedall, Jacqueline (eds.). *The Oxford Handbook of the History of Mathematics*. Oxford: Oxford University Press, 2008, p. 382.

3. Prince Albert. *The Principal Speeches and Addresses of His Royal Highness the Prince Consort*, Londres: John Murray, 1962, p. 111. Grifo do original.

A reorganização hierárquica dos cálculos, empreendida por Airy no Observatório de Greenwich, assemelha-se em três aspectos à gestão das fábricas: divisão do trabalho em tarefas rotineiras, produção em massa e valorização dos gerentes (profissionais intermediários empregados para supervisionar trabalhadores menos qualificados). Esses elementos já haviam sido destacados por Babbage em 1820, quando sugeriu sua famosa máquina de diferenças, dedicada a mecanizar os cálculos. George Airy se recusou, contudo, a investir nessa inovação mecânica, pois a reorganização das tarefas já estava em curso, prescindindo de máquinas de calcular: no observatório, computadores humanos já eram eficientes na efetuação de contas, mesmo que fossem em volume gigantesco.

Desde o século 18, um computador era um homem ou uma mulher que realizava cálculos extenuantes, que exigiam extrema atenção e pouca criatividade. Como mencionamos, essa tarefa foi centralizada no Observatório de Greenwich e, após as reformas de Airy, passou a ser realizada por adolescentes. Os homens do campo relutaram a ir para Greenwich, logo era mais produtivo contratar meninos de 15 ou 16 anos, que chegavam a trabalhar 12 horas por dia. Segundo George Airy, era preferível treinar esses jovens quando ainda "tratáveis" e solteiros, pois deviam-se aproveitar "seus olhos e sua mente afiada antes que a vida demandasse mais deles".[4] Em uma sala mal iluminada, com poucas janelas, os computadores preenchiam tabelas e mais tabelas com dados dos astros, sob supervisão de um gerente mais qualificado, o Reverendo Robert Main, *wrangler* de Cambridge designado por Airy para a função administrativa, que era similar à de um "chefe de balconistas em um banco".

Os adolescentes tinham todas as condições intelectuais para entrar no ensino superior, mas o acesso às Universidades de Cambridge e de Oxford lhes era vedado, muitas vezes por questões religiosas. Vários computadores empregados no Observatório de Greenwich eram não anglicanos – metodistas, batistas ou católicos –, com bons conhecimentos de aritmética e logaritmos, além de álgebra elementar. As habilidades matemáticas deles eram transmitidas por pais, mães ou outros parentes, como também em escolas para navegadores

---

4. Chapman, Allan. "Sir George Airy (1801-1892) and the Concept of International Standards in Science, Timekeeping and Navigation". *Vistas in Astronomy*, 1985, v. 28, p. 322.

(como a Greenwich Hospital School). Chegando ao observatório, ganhavam mais treinamento e podiam até ser promovidos, caso se mostrassem esforçados e talentosos. Foi o caso de Edwin Dunkin, que acabou virando assistente de Airy. Seus relatos, registrados em livro, exprimem ambiguidades e vicissitudes da vida em Greenwich: "Voltávamos cansados para os alojamentos, mas com o coração iluminado e o alegre pensamento de que tínhamos ganhado nosso primeiro estipêndio".[5] Olhando para trás, porém, ele mesmo se surpreendia ao pensar como jovens cheios de vida "podiam sentir qualquer euforia com a perspectiva de passar 11 horas, dia após dia, numa situação que não permitia tempo algum para a recreação física, considerada tão indispensável a todas as classes".[6] Relatos menos otimistas chegavam a comparar o Observatório de Greenwich aos "edifícios manchados de fuligem", como Charles Dickens descrevia as fábricas, onde "cada dia era igual ao ontem e ao amanhã, e cada ano, equivalente ao último e ao próximo".[7]

A divisão do trabalho mental consistia em reduzir cálculos matemáticos elaborados a operações aritméticas de rotina que pudessem ser realizadas por pessoas menos qualificadas e organizadas em tabelas. Essa reorganização do trabalho evitava desperdícios, pois permitia aplicar a cada etapa do processo apenas a habilidade e o conhecimento requeridos para aquela tarefa.

Vamos dar um exemplo usando equações do segundo grau, que podem ser escritas como $ax^2 + bx + c = 0$. Sabemos que há uma fórmula para resolver essa equação, ensinada na escola $\frac{-b \pm \sqrt{b^2-4ac}}{2a}$. Mas não era por meio da aplicação direta da fórmula à equação que procedia o trabalho. Em vez de pedir para o computador resolver uma equação, dividia-se esse trabalho em tarefas mais simples, usando uma tabela. Cada entrada da tabela era reservada a uma das seguintes contas: multiplicar 4 pelo valor assumido por $a$ e depois o resultado pelo valor assumido por $c$, multiplicar o valor que entra no lugar de $b$ por ele mesmo, subtrair do resultado o valor obtido na primeira etapa, achar a raiz quadrada da diferença, e assim por diante.

---

5. Dunkin, Edwin. *A Far Off Vision: A Cornishman at Greenwich Observatory*. Truro: Royal Institution of Cornwall, 1999, pp. 71-2.

6. Ibidem, p. 72.

7. Chapman, Allan. "The Observers Observed: Charles Dickens at the Royal Observatory, Greenwich, in 1850". *Antiquarian Astronomer*, 2005, v. 2, pp. 9-20.

O procedimento equivale a uma receita, que hoje denominamos "algoritmo". O curioso é que essa receita existia antes dos computadores máquinas que usamos atualmente e que sabemos funcionar por algoritmos. Ou seja, a divisão do trabalho mental, possibilitada pelo uso de computadores humanos, precede a implementação mecânica dos algoritmos.

Com o procedimento citado, o trabalho algébrico de resolução de equações podia ser dividido em duas partes. Os mais hábeis construíam rotinas e algoritmos para gerar as tabelas que seriam preenchidas por trabalhadores menos qualificados, que só precisavam saber fazer operações aritméticas como somar, subtrair ou multiplicar. Evita-se, assim, que uma pessoa mais qualificada perca tempo (e desperdice dinheiro) com atividades que podem ser feitas por qualquer outra pessoa. Esse era um dos argumentos de Charles Babbage para defender a mecanização das contas aritméticas, uma forma de substituir as tarefas cansativas e tediosas de cálculo, que deviam dispensar os humanos, assim como moldar agulhas ou girar rodas.

Nas fábricas, a divisão do trabalho já separava as tarefas mais e as menos habilidosas. A indústria têxtil, exemplar das inovações da Revolução Industrial, havia dividido de modo inédito as funções antes exercidas de maneira artesanal. Antes a lã e a seda, depois o algodão, passavam por um longo processo de preparação na fabricação do tecido envolvendo o trabalho do tecelão, do fiandeiro, do tingidor, do forjador, do cuteleiro e de outros mestres artesãos. Cada um desses ofícios exigia habilidades singulares, requeria talentos e vocações que podiam mudar de um trabalhador para outro. Uma família tecelã possuía um tear manual, operado pelo homem da família com ajuda do filho, enquanto a mulher e as filhas moldavam os fios para abastecê-lo. A técnica de divisão do trabalho, proposta nas últimas décadas do século 18, transformaria totalmente esse modo de produção. Na fábrica, homens, mulheres e crianças se tornariam meros operadores de teares mecânicos ou de máquinas de fiação. A cardação manual, por exemplo, preparava a fibra para a produção de fios, com uma pessoa dedicada a retirar as impurezas e alinhar as fibras. Com a cardação e a fiação mecânicas, o trabalho humano devia apenas consertar os fios rompidos pela máquina. Os talentos específicos, que constituíam a singularidade do artesão, eram substituídos por tarefas rotineiras e repetitivas, que podiam ser exercidas por qualquer um. Em vez do mestre fiandeiro ou tingidor, surgiam "os mestres do nada", como

Karl Marx designa os trabalhadores cujo ofício equivale ao de qualquer outro, sem nenhuma especificidade.[8] Até hoje, quando compramos um bordado ou uma renda feitos à mão, esses produtos deixam transparecer o talento da bordadeira – de certo modo, enxergamos a pessoa por trás da mercadoria. Esse lado pessoal é apagado pela divisão do trabalho, tornando possível uma mecanização das tarefas que negligencia as habilidades do trabalhador (esse processo é chamado, por Marx, de "fetichização da mercadoria").[9]

O historiador da ciência Simon Schaffer sugere que a divisão do trabalho mental operou um tipo de fetichização da inteligência.[10] As tabelas de dados eram mercadorias produzidas por computadores humanos que se tornavam cada vez mais invisíveis. Suas características pessoais eram remetidas apenas aos erros que poderiam gerar. Para Babbage, uma grande vantagem da máquina é a "checagem que permite agir contra a desatenção, a ociosidade ou a desonestidade dos agentes humanos. Tais falhas podem produzir resultados errôneos que viciam cálculos e impedem que as tabelas sejam encaradas como bens confiáveis".[11] Schaffer mostra que, no Observatório Astronômico, era fundamental explicar as diferenças entre registros do mesmo fenômeno por observadores humanos distintos, e investigar essas incompatibilidades chegou a se tornar um ramo científico. Por ser fonte de imprecisões, a natureza humana dos erros devia ser estudada, como primeiro passo para que se pudessem desenvolver técnicas a fim de eliminá-los da fábrica de dados.

A moral vitoriana valorizava os cálculos corretos e a precisão extrema, mas isso levava também a uma desqualificação da destreza para as contas, que deixava de ser sinônimo de inteligência. O trabalho dos computadores humanos desaparecia por trás das tabelas de dados – erigidas em mercadorias fetiche do intelecto. A decomposição das tarefas matemáticas complexas em procedimentos rotineiros era feita por intermediários, como os assistentes de Airy, que traduziam as leis

---

8. Marx, Karl. Livro I Capítulo VI (Inédito). *O Capital.* São Paulo: Editora Ciências Humanas, 1978.

9. Marx, Karl. *O Capital.* São Paulo: Boitempo, 2011.

10. Schaffer, Simon. *La fabrique des sciences modernes.* Paris: Média Diffusion, 2014.

11. Babbage, Charles. *On the Economy of Machinery and Manufactures.* Cambridge: University of Cambridge, 1846, p. 54.

dos movimentos dos astros em receitas. Produziam-se, assim, algoritmos que facilitariam o preenchimento das tabelas, com sequências de tarefas simples realizadas pelos computadores. Desse modo, tornavam-se desnecessárias, aos trabalhadores menos qualificados, habilidades de cálculo para além da aritmética. A reorganização do trabalho dava menos espaço para conhecimentos matemáticos complexos e para a criatividade, ao mesmo tempo que exigia cada vez mais atenção a tarefas monótonas.[12] Antes mesmo do advento das máquinas, a divisão do trabalho intelectual já desvalorizava as habilidades mais sofisticadas de cálculo, mas sem eliminar o esforço de concentração que o trabalho de calcular exigia. Cálculos ágeis, antes associados a gênios matemáticos, tornavam-se agora produto da destreza, mais que da inteligência. Lorraine Daston destaca que mesmo as máquinas de calcular nunca desprezaram o trabalho de concentração necessário ao controle dos dados que as alimentavam.[13]

A figura do computador aproxima o homem da máquina antes mesmo de substituí-lo. Interessante notar que essas mudanças ocorrem ao mesmo tempo que a uniformização das unidades de medida visa torná-las independentes das características humanas. A jarda, usada na Inglaterra, tinha como referência a distância entre o nariz e o polegar do rei Henrique I, o que devia mudar uma vez que todas as medidas deviam se adaptar a unidades comuns.

Ao contrário do que se pode pensar, os processos de divisão do trabalho braçal e mental ocorreram praticamente ao mesmo tempo, *grosso modo* entre 1820 e o fim do século 19. Durante um longo período, historiadores da ciência não deram atenção ao papel dos computadores humanos, justamente por exercerem tarefas intelectuais consideradas menos nobres. É estranho que uma das práticas mais antigas e valorizadas da história humana, o cálculo, não tenha merecido tanta dedicação quanto a história da leitura ou da escrita, observa Daston. O apagamento da habilidade de cálculo ocorreu no

---

12. Sob pressão, a jornada de trabalho acabou sendo encurtada em Greenwich. Os computadores podiam ascender a carreiras mais promissoras em outros observatórios. Airy zelava para que melhorassem suas habilidades intelectuais, mesmo deixando claro que a tarefa principal era a acumulação de dados sobre os astros.

13. Daston, Lorraine. "Calculation and the Division of Labor, 1750-1950". *Bulletin of the German Historical Institute*, 2018, v. 62, pp. 9-30.

século 19, momento em que deixou de ser sinônimo de inteligência. Quando, no século 20, as máquinas de calcular passaram efetivamente a substituir o trabalho com números, ainda requeriam operadores atentos, capazes de acompanhar os mecanismos que liam as instruções em sequências de cartões perfurados, controlando a ordem das operações aritméticas. A mecanização não substituiu a inteligência, apenas mudou sua definição, desvinculando-a dos cálculos.

É raro classificarmos os tipos de inteligência empregados em trabalhos mentais, como fazemos com as tarefas realizadas na fábrica. Mas os computadores humanos chegaram a ser chamados de "cientistas de colarinho azul". Data também do século 19 a divisão entre trabalhadores de colarinho azul – operários braçais que usavam roupas de brim, como o jeans, que podiam sujar facilmente – e trabalhadores de colarinho branco, que vestiam ternos e camisas sociais brancas. Obviamente, essa divisão resulta em diferenças salariais importantes. Durante várias décadas, mesmo quando máquinas já estavam disponíveis, o baixo custo fez com que os cálculos continuassem a ser realizados por humanos. No fim do século 19, muitas mulheres passaram a ser contratadas como computadoras, e foi também quando aumentou o número de escritórios onde elas eram empregadas como secretárias e auxiliares. Em 1890, o sucessor de Airy em Greenwich tentou contratar mulheres, mas não teve sucesso: os salários eram baixos demais. Nessa mesma época, a astronomia de ponta migrava para os Estados Unidos, onde já havia observatórios antes, mas ao modo do século 18. Os novos métodos para organizar os cálculos chegariam apenas nesse momento, aproveitados em áreas de negócios e indústrias militares, que passaram a contratar computadoras em massa, como é o caso do grupo conhecido como Harém de Pickering, auxiliares femininas do astrônomo Andrew Pickering no Observatório de Harvard. Apesar do nome, a computação científica deve muito a essas mulheres que calculavam nos bastidores, viabilizando as tecnologias das décadas seguintes.

# Capítulo 14
# ASSIM NA TERRA COMO NOS CÉUS

O sermão da Montanha é a parte do Novo Testamento em que Jesus orienta a ação dos homens. Encontramos, portanto, nesses versículos, ensinamentos morais sobre o que deve ser feito na terra para seguir a vontade divina. Insere-se aí o famoso trecho da oração do pai-nosso: "Seja feita a Vossa vontade, assim na terra como no céu". O céu inspira uma ordem para a vida humana, ele explica e dá sentido aos acontecimentos terrestres. Não é de estranhar, portanto, que mudanças na compreensão do céu se reflitam na terra, alterando comportamentos e visões de mundo.

De que céu fala a Bíblia? O livro sagrado data de uma época em que o céu era concebido como uma abóbada, composta de estrelas fixas e divididas em diferentes camadas. O Novo Testamento foi escrito em grego (ainda que tenha sido falado em aramaico, a língua de Jesus). Como em qualquer tradução, os termos mais adequados podem ser debatidos. Em grego, as palavras usadas para "céu" e "terra" remetiam tanto a lugares naturais como a figuras da mitologia: urano e gaia, respectivamente. Essas duas divindades compunham o cosmos – o mundo ordenado de forma harmônica, o contrário do "caos". Para fins de tradução, é interessante notar que essas palavras gregas tinham uso corrente. Por isso, pode ser adequado traduzir o emblemático trecho do pai-nosso sem maiúsculas, sobretudo em um texto cristão, como sugere Fernando Santoro: "Assim na terra como no céu".[1]

Além disso, colocamos céu no plural para designar "as alturas", que aparece na Bíblia em contraste com a terra, no sentido do que está "aqui embaixo" (não se trata do planeta). Em português, "céu" tem dois sentidos. Quando dizemos "as estrelas estão no céu", isso significa que elas estão no espaço físico onde as enxergamos, onde estão as nuvens e os pássaros. Em inglês, por exemplo, esse céu seria traduzido por *sky*. Na Bíblia, não é esse céu a morada de Deus. Mesmo que muitas pinturas representem um Deus envolvido por estrelas, nuvens e anjos, esses seres não podem habitar o mesmo lugar que Ele. Essa iconografia foi elaborada muito depois do texto bíblico e exprime o ponto de vista da época em que viviam os pintores. O Ser supremo está "para além da terra", "na magnífica altura". Ou seja, Ele deve estar "fora de alcance", no sentido físico; e em local "elevado", pois é um Ser superior. Esse reino das alturas, onde Deus habita, também é designado como "céu" em português. Trata-se de uma limitação que não

---

[1]. Este ponto me foi sugerido em conversas pessoais com o professor Fernando Santoro (IFCS-UFRJ), especialista em filosofia grega.

existe em outras línguas – em inglês, por exemplo, usaríamos *heaven* nesse caso, não *sky*. Para marcar a diferença entre "as alturas" e o céu visível, traduzimos a morada divina como "os céus": o apogeu que está acima da terra, uma ideia importante para a concepção do Cristo em sentido filosófico, que aparece sempre ligado aos conceitos superiores.

Está longe de nossas pretensões propor uma nova tradução do trecho da Bíblia que batiza o capítulo. Queremos guardar apenas o ensinamento de que a ordem presumida do reino dos céus estava ligada aos acontecimentos da terra de modo muito estreito. E a vontade divina fazia essa conexão. Quando as leis celestes deixam de recorrer a Deus, o céu deixa de ser uma espécie de mediador entre a vontade de Deus e as leis que regem a vida aqui embaixo. Um céu contendo planetas que giram em torno do Sol desorganiza o cosmos, daí toda a confusão dos séculos 16 e 17, que colocou a mecânica celeste no centro de inúmeras polêmicas.

A noção de que a Terra seria circundada por domos de estrelas fixas, onde estariam também o Sol e os outros planetas, foi revertida no século 16. Já ouvimos falar bastante da perseguição aos cientistas que defendiam ideias contrárias ao que se depreendia dos textos bíblicos, como Galileu Galilei ou Giordano Bruno. Realmente, tornou-se difícil interpretar alguns trechos da Bíblia depois das transformações renascentistas no modo de ver o céu. Um dos motivos principais é que o cosmos dos antigos foi substituído por um Universo infinito e homogêneo. Logo, como reafirmar uma diferença entre o céu que avistamos e o céu longínquo, onde fica a morada de Deus? Essa distinção estava nítida quando as estrelas e os planetas ficavam pendurados nas abóbadas celestes que circundavam a Terra, pois Deus morava acima de todas elas. Assim, era Ele o infinito, ao passo que os corpos celestes habitavam um mundo fechado. A revolução científica embaralhou essa ordem, pondo fim às hierarquias e nos levando "do mundo fechado ao Universo infinito", como sintetiza Alexandre Koyré. Trata-se de um dos mais conhecidos historiadores sobre aquele período. E ele acrescenta que o fim da antiga divisão do cosmos leva a uma nova separação: entre valores e fatos. Quando os universos supra e sublunares se juntam, valores e fatos se separam. Por isso, o pensamento científico, dali em diante, passaria a rejeitar qualquer consideração baseada em noções como harmonia, perfeição, sentido ou finalidade.

Mas como a ciência conquistaria corações e mentes sem estar ligada a valores? Isso leva a um novo tipo de aproximação entre a ciência e a política, durante os séculos 18 e 19. Como vimos nos capítulos anteriores, a persuasão segue essencial à prática científica; e o exercício público da ciência é a base de sua relação com o mundo social. O conhecimento útil e o progresso despertam uma nova confiança, e a credibilidade substitui a fé.

A história da destruição do cosmos dos antigos, com a correlata infinitização do Universo, tem como contrapartida a incessante busca pela matematização da natureza. Isso Koyré destaca. Só que, na época de Galileu, e até Newton, matemática era sinônimo de geometria. Desde o século 18, a álgebra tomou seu lugar, fornecendo as condições para o grande empreendimento numérico de tradução das leis do Universo. Coube ao século 19 finalizar o trabalho. Sim, Galileu já havia ignorado diversos atributos dos corpos, como o cheiro ou a cor, a fim de observar apenas suas posições cambiantes e as grandezas que caracterizam seus movimentos. Mas foi preciso mais dois séculos para que todas essas informações se traduzissem em equações, que sintetizavam, de forma determinística, os estados passados, presentes e futuros dos corpos celestes e terrestres. Nada disso requer a investigação das causas dos movimentos, apenas sua descrição. É o que leva Koyré a concluir que "o século 18 se reconcilia com o inexplicável". Notamos um tom melancólico nessa constatação, não sabemos se intencional ou não. Pois o século 19 eliminará qualquer ambiguidade. Não há nada a lamentar, pois não há mais nada a ser explicado: foquemos no futuro promissor que temos pela frente. É o século da euforia, ao menos nos locais onde a aposta parecia funcionar. Cientistas, amadores da ciência, pessoas da sociedade, mercadores, homens de negócios, banqueiros e atuários estavam à frente de uma nova ordem para a vida terrena, fundada em fatos, números e tabelas. Caberia falar mais do surgimento da estatística, mas nosso objetivo é descrever as condições em que os novos saberes aparecem, centrados no poder de persuasão e a meio caminho entre a ciência e a política.[2]

Ao abrir mão da hipótese divina, havia caído sobre a terra o fardo de reencontrar os valores, agora separados dos fatos. Em meados do século 19, a objetividade aparece como virtude científica. A palavra "virtude" é entendida, normalmente, como atributo ético, sem relação com a ciência. Mas os modos de conhecer mobilizam valores,

---

2. Porter, Theodore. *The Rise of Statistical Thinking, 1820-1900*. Princeton: Princeton University Press, 1986.

que, por sua vez, são influenciados por contextos históricos. A arrebatadora profusão de práticas ligadas à medida e à precisão marca uma época em que a objetividade passava a ser um atributo incontornável da ciência. Para conhecer o mundo como ele é, o cientista deve abandonar preferências pessoais e características íntimas, precisa deixar de lado a imaginação e as paixões; deve conter o "eu", ou seja, sua subjetividade. Lorraine Daston e Peter Galison[3] mostram, em um livro decisivo para a história da ciência, que a objetividade surgiu como virtude capaz de conter a subjetividade. Tudo o que se refere ao "eu" deveria ser bloqueado pelo próprio cientista, a fim de observar o mundo como ele é. Analisando diferentes registros, é possível observar uma identificação da objetividade à prática científica, por volta de 1850. A partir de então, o cientista deveria ser um profissional treinado para evitar o risco de projetar seus gostos e suas preferências na observação da realidade, sob pena de comprometer os dados e os fatos. Só assim, restringindo suas vontades e seus valores, as informações que recolhia poderiam ser consideradas objetivas. Ou seja, o fazer científico exigia uma disciplina individual e uma postura impessoal. É interessante notar que a história destaca algo similar na política: "A abordagem da *Realpolitik* para a construção da nação criava um clima geral de opinião moderna que valorizava o realismo, os fatos duros e os atos inflexíveis".[4] A objetividade era a contrapartida da *Realpolitik* na ciência.

Uma consequência é a separação entre a ciência e áreas que lhe eram próximas, como as artes e alguns ramos da psicologia. Agora, as ciências objetivas se voltariam para fora: a observação do Universo e a previsão, o exercício de um conhecimento público e a descoberta do mundo como ele é. Isso em contraste com a arte, voltada ao íntimo e à esfera privada (já que lidaria com a subjetividade e os sentimentos). Nunca foi tão nítida a demarcação entre o dentro e o fora, entre o privado e o público, entre a subjetividade e a objetividade. Uma divisão com tons de gênero, pois lidar com o que era público requeria virilidade e austeridade, uma capacidade de resistir às paixões e de recalcar os afetos que as mulheres – dizia-se na época – não tinham. Isso justificava esferas separadas para homens e mulheres; os homens

---

3. Daston, Lorraine; Galison, Peter. *Objectivity*. Nova York: Zone, 2007.

4. Hunt, Lynn et al. *Making of the West: Peoples and Cultures*. 3. ed. Boston: Bedfor-St. Martin's, 2009, p. 690.

tidos como mais bem dotados para a vida pública, e as mulheres, para os cuidados domésticos. Antes, as mulheres já cuidavam da casa, mas era a vida pública que não tinha o mesmo papel. Agora, era motivo de orgulho e distinção, mas reservada aos homens. Não à toa, passam a ser chamados "homens de ciência" os praticantes desse tipo especial de conhecimento.

As técnicas do observatório serviam à indústria, ao comércio e aos interesses do Estado e da nação, mas também lidavam com as expectativas das massas.[5] Aliás, foi nessa época que a política de massas começou a existir, impulsionada pela expansão do ensino primário e pela imprensa periódica, que mantinha um público atento, com meios de acompanhar os acontecimentos políticos e científicos. A confiança no progresso deveria conquistar todas as classes sociais, não só as classes médias – que eram beneficiadas de modo mais direto. Imitando a compreensão do Universo – regido por leis, dados e previsões –, também seria possível organizar melhor a vida na terra, estendendo os benefícios do progresso. Bastava que todos seguissem as regras do jogo. Em 1850, uma das revistas britânicas mais populares, a *Household Words*, explicitava essa condição:

> Nosso período atual reconhece o progresso da humanidade passo a passo, em direção a uma condição social em que sentimentos, pensamentos e ações mais nobres, concertadas para o bem de todos […], devem ser a herança comum de pequenas e grandes comunidades e de todas as nações da terra que reconheçam e aspirem a cumprir essa lei da progressão humana.

A regra é clara: o progresso é para todos, desde que todos cumpram essa lei da progressão humana. A mensagem traz uma inclusão condicional, uma convocatória para que se manifeste adesão à lei do progresso. Seus frutos podem ser aproveitados por todos, desde que aspirem a cumpri-la. O comércio seria livre, desde que os povos colonizados aceitassem o domínio dos europeus; o homem seria universal ("de um sangue só"), desde que todos se tornassem civilizados. Nesse

---

5. Aubin, David. "On the Cosmopolitics of Astronomy in Nineteenth Century Paris". *In: Astro-Morphomata: Sternenwissen und Weltbürgertum in Medien und Kultur*, 2011, Colônia. Conferência. Disponível em: https://hal.sorbonne-universite.fr/hal-00741449. Acesso em: junho de 2021.

pacto de sangue, até o extermínio dos considerados "incivilizados" era tolerado. Quanto à compreensão da natureza, um gesto similar tornava suas leis universais: o Universo, como um todo, tornava-se sinônimo do que podia ser descrito pela física matematizada e traduzido pela fábrica de números. O século 19 inaugurava, assim, uma estranha forma de universalismo. O progresso, até então, era experimentado somente por um pequeno grupo – as classes sociais mais abastadas de um restrito número de países. Mas seus benefícios seriam expandidos a todos, de todas as nações, desde que aceitassem as regras elaboradas por esse grupo. Afinal, não se tratava de regras parciais para a vida coletiva, e sim de leis universais da progressão humana.

Muitos pensadores ganharam popularidade expressando crenças desse tipo. O francês Auguste Comte, fundador do positivismo, foi um dos mais influentes. A sociedade humana caminhava em fases, das menos às mais avançadas, de acordo com sua "ciência social" – inspirada pelos métodos da física e da matemática. A sociologia se tornava uma área estratégica do conhecimento ao imprimir mais realismo e objetividade ao estudo da sociedade humana. Como filosofia, o positivismo defende os padrões da ciência como base para todas as formas de saber. Intelectuais como John Stuart Mill, autor de *Princípios da economia política*, tornaram-se populares na segunda metade do século 19, descrevendo um futuro de prosperidade. Mas havia uma condição: a economia deveria ocupar o posto de "ciência do progresso". Mill se inspirava nas ideias de Comte; defendia reformas políticas e mais educação para as massas. A liberdade, ideal associado a seu nome, era exaltada, mas com a ressalva de que as pessoas superiores não pudessem ser rebaixadas por vontade das massas. Karl Marx era um opositor a esse tipo de liberalismo e denunciava esconder-se, por trás daquelas ideias, a aceitação de que alguns homens fossem explorados por outros. Ainda assim, não se pode dizer que Marx não corroborasse o ideal do progresso. Mas ele acreditava na possibilidade de mudar seu curso, tornando igualitária a apropriação dos frutos que dele adviriam.

A crença no progresso, bem como seus defensores, está inserida na história. No século 19, a retórica de triunfo, associada a esse ideal, vinha acompanhada, quase sempre, de certa inexorabilidade. Havia um caminho determinado na marcha da humanidade, assim como nas equações que descrevem o movimento. Por isso, essa visão é chamada de "determinista". Como vimos, porém, precisaram ser usadas técnicas e estratégias de persuasão para afirmar esse ponto de vista, deixando de lado infinitos aspectos, tanto dos fenômenos naturais como das sociedades humanas, que não o corroboravam.

Este livro busca produzir sínteses, por vezes resumidas demais, que nos permitam fazer balanços sobre as visões de mundo que nos trouxeram até aqui. Qual é a sorte das promessas que embalaram o século 19? Onde elas foram cumpridas? Quem de fato usufruiu de seus avanços? Que indícios restam para seguirmos confiando que ainda pode dar certo? Não basta usar dados, números e estatísticas para responder a tais perguntas, como insiste Steven Pinker ao defender um "novo Iluminismo".[6] Números sobre a redução da pobreza, das doenças ou da mortalidade, como forma de defender o sucesso das promessas dos séculos 18 e 19, não bastam. Esse método de persuasão peca por pressupor o que é preciso provar: a legitimidade de negligenciar o que se esconde por trás de dados e tabelas (que chamaríamos hoje de "planilhas"). É como medir usando um instrumento de medida cuja eficiência está sendo questionada. Não adianta tentar impressionar as pessoas com fatos, reduzidos a números, quando elas clamam pela volta dos valores. Basta olhar à volta para enxergar questões políticas, éticas e morais sobre as quais números têm pouco a dizer. A ostentação de estatísticas, para provar que melhoramos como humanidade, serve a propósitos inconfessáveis: naturalizar absurdos e adiar os balanços necessários.

O ideal de progresso se afirmou no século 19 associado a duas ideias: aquele presente era melhor do que o passado; e o futuro prometia um mundo melhor para todos, *desde que* fizessem sua parte. Como vimos no capítulo 7, no finzinho do século 18, a expectativa foi se desligando da experiência. Ao mesmo tempo, o futuro foi se desdobrando em promessas. Mas a confiança no progresso demandava contrapartidas concretas, que vieram para uns e não para outros. Hoje, quando mais de duzentos anos já se passaram, vivemos uma época de balanços. O século 20 foi marcado por uma revolução e duas guerras mundiais, além de diferentes lutas de libertação das colônias. Esses acontecimentos tentaram manter a promessa por outros meios. Agora, já passou tempo suficiente para que tais experiências possam ser avaliadas frente às expectativas; e questionamentos trazem impasses.

---

6. Pinker, Steven, op. cit.

É impossível proteger o saber científico da visão de mundo – e do próprio mundo – que ele ajudou a construir. Muito já se alertou para os riscos de uma ciência desencantada, sem alma e sem valores, que serviu aos avanços da humanidade, mas também a violências. Retomamos o alerta por outro viés: essa visão de mundo levou muitos mundos a esperarem sua vez, aguardando o dia em que seus problemas seriam resolvidos pelos novos conhecimentos disponíveis, assim na terra como no céu. Esse dia chegou?

Para um distinto cavalheiro do século 19, certamente sim. Chamava-se Phileas Fogg, o viajante de Júlio Verne, que usou os transportes mais rápidos e precisos de seu tempo, trens e navios a vapor, para atravessar paisagens exóticas, como um simples passageiro, sem grandes ambições.[7] Lugares distantes estavam no passeio para constar, sem despertar tanto interesse no viajante que – diferentemente de seu criado – mantinha-se quase indiferente. Por isso, conservou as janelas fechadas em parte da viagem. O importante era que a volta ao mundo estivesse completa em apenas, e exatamente, 80 dias.[8]

---

7. Verne, Júlio. *A volta ao mundo em 80 dias*. Rio de Janeiro: Nova Fronteira, 2020.

8. Peter Sloterdijk diz que, em um mundo organizado àquela maneira, só resta o heroísmo da pontualidade. Sloterdijk, Peter. *Esferas II: Globos. Macrosferología*. 4. ed. Madri: Siruela, 2014.

# PARTE III
# A GUERRA

Capítulo 15
## NAS ASAS DE DOROTHY

Nem os vizinhos sabiam que Dorothy Hoover era uma matemática pioneira quando ela morreu sozinha em sua casa, num subúrbio de Maryland, nos Estados Unidos. Cientista da NASA nos anos 1940 e 1950, Dorothy se casou e se divorciou duas vezes. Teve dois filhos, mas ambos faleceram jovens. No fim da vida, perdeu contato com os sobrinhos em Arkansas, sua terra natal, a 1.500 quilômetros de onde morava. Depois da morte do segundo filho, abandonou o emprego na agência espacial. Só lhe restava uma amiga de longa data, Annie Lou Hendricks, colega de Dorothy desde os tempos em que estudaram juntas na Universidade de Atlanta. Foi uma ex-aluna de Annie que encontrou Dorothy à beira da morte. A pedido da antiga professora, ela havia prometido uma visita, mas a neve atrasou a viagem. Quando finalmente chegou à casa de Dorothy, a cientista tinha sofrido um ataque cardíaco, vindo a falecer no dia seguinte – sem herdeiros nem responsáveis pelos trâmites legais.

Muitos traumas devem ter contribuído para sua aposentadoria precoce em 1968. Dorothy Hoover passou a se dedicar apenas à Igreja metodista, chegando a publicar, em 1970, um livro chamado *Um leigo olha com amor para sua igreja*. Antes disso, Dorothy havia trilhado uma brilhante carreira científica, com pesquisas aeronáuticas e espaciais. Anos após sua aposentadoria, os Estados Unidos alcançavam o objetivo que mobilizou cientistas da NASA durante anos: levar o homem à Lua. Os rumos da ciência após a Segunda Guerra Mundial foram influenciados pelas pesquisas espaciais. A Lua era apenas o troféu de tantas conquistas. Máquinas voadoras supersônicas, lançadores de foguetes, mísseis guiados e satélites foram estratégicos para garantir o poderio americano durante e depois da guerra. O programa aeronáutico, e depois o espacial, envolvia interesses militares, políticos e econômicos, mobilizando milhares de cientistas e bilhões de dólares.

O desafio de pisar na Lua era inimaginável para um astrônomo que, apenas um século antes, observava as estrelas e conseguia prever seus movimentos com precisão. Esse sonho, que nos anos 1940 só existia em livros de ficção científica, parecia o ápice de onde o homem poderia chegar em sua relação com os céus. Ele já podia voar, mas isso era mais fácil, pois requeria apenas vencer a gravidade terrestre. Ir à Lua exigia lidar com a atração exercida por outros corpos celestes, além de enfrentar fenômenos desconhecidos das camadas acima da atmosfera. Havia uma distância gigantesca entre aceitar a força da gravidade como motor de todos os movimentos e decidir desafiá-la no espaço sideral. Ir além da gravidade mobilizava sentimentos ambíguos, mesclando respeito pelo desconhecido e ambição de conquista, fora o eterno fascínio de superar as fronteiras do conhecimento humano.

No início do século 20, já se sabia que um corpo solto no espaço sideral pode ficar girando infinitamente em torno do astro mais próximo em cujo campo de atração ele cai. Ou seja, caso fosse possível colocar um objeto no campo gravitacional da Terra, ele ficaria rodando à sua volta. Mas aqui vem a parte difícil: como colocar esse objeto lá em cima, além da atmosfera terrestre? E mais: como trazê-lo de volta de modo seguro?

Já assistimos, em filmes, à tensão do instante de subida dos foguetes, que demanda uma força imensa, obtida com queima de combustíveis. O fogo é tão intenso que há o risco de incendiar o veículo espacial e o que estiver lá dentro. Além da gravidade, há o problema da resistência do ar. Quanto maior o impulso, maior será a velocidade do aparelho e maior a pressão do ar contra a fuselagem. Já se tratava de uma ameaça a aviões, antes dos foguetes, pois a força do ar pode desmontar as placas que os constituem, mesmo que rigidamente pregadas umas às outras. Para evitar isso, a pesquisa espacial se valia do conhecimento aeronáutico, que já fazia simulações de voos ultrarrápidos para testar a resistência das aeronaves.

Sair da atmosfera terrestre e voltar requer conhecimento de ponta em engenharia, física, matemática e áreas afins. A agência do governo americano que se ocupava desses problemas era a NACA (National Advisory Committee for Aeronautics, conhecida em português como Comitê Nacional para Aconselhamento sobre Aeronáutica). Em 1958, foi transformada em NASA.

Dorothy Estheryne McFadden Hoover começou a trabalhar na NACA em 1943, justamente no grupo de pesquisas sobre estabilidade de aeronaves em voos de alta velocidade. Quando um avião está voando, a resistência do ar exerce uma pressão ainda maior logo acima das asas. Isso gera problemas de estabilidade, que se agravam muito com o aumento da velocidade. Até os anos 1940, ninguém acreditava que o homem poderia vencer a barreira do som e fazer voos supersônicos – o primeiro só foi realizado em 1947. Como pesquisadora da divisão de estabilidade, Dorothy contribuiu para uma invenção usada até hoje em voos a jato: as asas em flecha, voltadas para trás da aeronave, em vez das que se encaixavam na direção reta lateral. Esse tipo de asa atrasa as ondas de choque quando a barreira do som se aproxima.

Hoje, sempre que vemos um avião com asas em flecha, podemos nos lembrar da mais escondida e solitária das estrelas invisíveis de seu tempo: Dorothy Hoover. Ela fazia parte do time de computadoras negras retratado no livro *Estrelas além do tempo*, de Margot Lee Shetterly.[1] A história virou um filme de sucesso, mas Hoover não aparece nas telas. A protagonista do livro e do filme tem o sobrenome Vaughan. As computadoras, inclusive a célebre Katherine Johnson, faziam os difíceis cálculos que possibilitaram as missões espaciais. Mary Jackson foi outra computadora negra que precisou lutar muito para se tornar engenheira. Só os tribunais lhe garantiram uma vaga na Universidade da Virginia, a única a oferecer o curso de que precisava, mas que era reservado para brancos.

Nossa Dorothy era neta de escravos e obteve o bacharelado em matemática em uma universidade pública frequentada apenas por pessoas negras, o Arkansas Agricultural, Mechanical, and Normal College [Colégio Normal, Agrícola e Mecânico de Arkansas]. Depois de lecionar em escolas de ensino básico, foi contratada pela NACA, passando a integrar o time de supervisoras da ala Oeste, em Langley, onde se localizava a agência. Hoover acabou deixando o trabalho de computação em 1946 para integrar um laboratório mais teórico, já que era formada e preferia a matemática abstrata, conseguindo manejar equações complexas.

Shetterly também relata as tarefas matemáticas rigorosas executadas por Dorothy Hoover na Seção de Análise de Estabilidade da NACA. Os engenheiros forneciam longas equações para Hoover analisar. Ela devia inserir e testar inúmeras variáveis, que definiam as relações entre a forma das asas e a performance aerodinâmica das aeronaves. Primeiro, reduzia as equações a formas mais simples, para só então substituir valores e fazer os cálculos. O departamento de estabilidade em que Hoover trabalhava, além do mais sofisticado, era um dos mais progressistas de Langley. Pesquisadores brancos frequentavam locais reservados para negros e incluíam esses colegas nos eventos sociais, fosse para ouvir música clássica, fosse debater política, o que não era bem-aceito nos Estados Unidos dos anos 1940 e 1950. Os direitos civis

---

1. Shetterly, Margot Lee. *Estrelas além do tempo*. Rio de Janeiro: HarperCollins, 2016.

foram conquistados apenas em meados dos anos 1960, após lutas árduas. A razoável integração promovida pela NACA convivia com uma estranha lei, conhecida como "iguais, porém segregados". Ou seja: negros e brancos eram iguais, mas não podiam ocupar os mesmos espaços. Por isso, havia escolas e universidades, espaços de lazer e até banheiros segregados. Mesmo na NACA, que tentava implementar uma política mais progressista em alguns setores, as cafeterias e os banheiros das computadoras negras eram separados.

A situação dos negros nos Estados Unidos começou a mudar nos anos 1940, mas de modo extremamente lento. A entrada do país na Segunda Guerra Mundial dinamizou as indústrias de armamento, gerando empregos. Além disso, os brancos foram à guerra, e a competição diminuiu. Diversos protestos defendiam que negros pudessem trabalhar, o que levou o presidente Franklin Roosevelt a assinar um decreto proibindo a discriminação racial no setor de Defesa. O Fair Employment Act [Ato por Emprego Justo], de 1941, foi uma das primeiras vitórias do movimento por direitos civis. Como resultado, no ano em que Dorothy Hoover terminava seu mestrado na Universidade de Atlanta, os laboratórios de pesquisa do governo começaram a contratar matemáticas negras.

Os movimentos pelos direitos civis dos negros reuniam diferentes estratégias: viagens de ônibus pelo país, com negros e brancos juntos a bordo; estratégias de desobediência civil não violenta inspiradas em Mahatma Gandhi; criação de organizações especificamente voltadas para a conquista de posições intelectuais. A vida universitária das pessoas negras era apoiada por associações, dedicadas a auxiliar os estudos e a integrar a vida social. A NAACP (Associação Nacional para o Progresso de Pessoas de Cor) era uma delas. Mas havia também as sororidades, organizações de apoio voltadas para mulheres, como a Alpha Kappa Alpha, que, composta de mulheres negras, ajudou muitas das personagens citadas a permanecerem na universidade e a terem sucesso nos estudos.

Ser a primeira negra a conquistar uma posição era importante na luta pela igualdade racial. O prestígio e o poder ajudavam a furar a barreira imposta pelos brancos. Tinha-se consciência de que, quando uma mulher negra conseguia ser a primeira engenheira – ou a primeira matemática teórica –, tornava-se um exemplo positivo para as mais jovens. Dorothy Hoover foi a primeira em muitas coisas: primeira matemática teórica da NASA, primeira mulher negra promovida a um posto de elite no serviço público federal dos Estados Unidos, uma das primeiras a assinar um artigo científico (num tempo em que intelectuais mulheres ou negras pesquisavam, mas o nome delas não aparecia).[2] Ainda assim, suas tarefas eram próximas da engenharia, o que não satisfazia plenamente as preferências intelectuais de Dorothy.

Como dissemos no capítulo 13, desde o fim do século 19 havia uma divisão do trabalho intelectual que desvalorizava os cálculos. Essa divisão reservava, na verdade, os trabalhos mais teóricos para cientistas privilegiados. Não à toa, o trabalho científico disponível para mulheres e negras era ligado a cálculos.[3] As áreas teóricas permaneciam reservadas a pesquisadores brancos e homens, que trabalhavam em universidades ou setores teóricos das agências de pesquisa. Na época de Dorothy, não havia trabalho nessa área para pessoas como ela, mesmo que tivessem qualificação.[4]

Em 1954, depois que Hoover deixou o mundo da engenharia, na NACA, para retomar os estudos teóricos na Universidade de Arkansas, ela obteve um segundo mestrado sobre "Estimativas de erro em integrações numéricas", o qual foi incluído nos anais da prestigiosa Academia de Ciências de Arkansas. Seria natural, em seguida, tornar-se professora de uma universidade, mas isso era praticamente impossível para uma mulher negra. Assim, Dorothy retornou à NASA em 1959 para continuar trabalhando em algo distante de sua pesquisa. Passou a fazer parte da equipe do recém-fundado Centro de Voos Espaciais Goddard, que calculava órbitas de satélites. Nos anos 1960, uma segunda mulher negra foi admitida no mesmo centro: Melba Roy Mouton ajudou a desenvolver programas de computadores para simular essas órbitas.

Colocar um satélite no espaço traria informações valiosas, tanto sobre o globo terrestre quanto sobre os recursos dos inimigos, au-

---

2. Malvestuto, Franck; Hoover, Dorothy. *Lift and Pitching Derivate of Thin Sweptback Tapered Wings with Streamwise Tips and Subsonic Leading Edges at Supersonic Speeds*. Washington: Nation Advisory Committee for Aeronautics, 1951, nota técnica 2.294.

3. Golemba, Beverly. "Human Computers: The Women in Aeronautical Research". *Archives of Women in Science and Engineering*. Ames: Iowa State University Library, 1994, MS 307.

4. "Even though they may have had degrees, they were usually math aides". Cf. Champine, Gloria. NASA Headquarters NACA. [Entrevista concedida a] Sandra Johnson. *Oral History Project Transcript*, maio de 2008.

mentando o poder de quem obtivesse esses dados. Alguns obstáculos ainda precisavam ser vencidos, mesmo que já existisse tecnologia para ajudar na tarefa. Propulsar um corpo para fora do campo de atração da Terra era bem mais difícil do que colocar um avião em voo. Por isso, experimentos que simulassem as condições atmosféricas em alta velocidade eram essenciais à conquista espacial. Seria preciso atingir – ou mesmo ultrapassar – a velocidade do som (de 1.235 km/h), como no momento da reentrada de um foguete na Terra. Além disso, o estudo do "problema da reentrada" ajudava a saber como um míssil poderia entrar na atmosfera terrestre sem se desintegrar, pelo menos não antes de atingir o alvo. Por essas razões ligadas à guerra, a pesquisa sobre voos supersônicos foi incentivada nos Estados Unidos desde os anos 1940. A camada de ar que começa 50 milhas acima da superfície da Terra, a ionosfera, ainda não era bem conhecida. Mas é aí que se dão fenômenos surpreendentes, como a aurora, que deveria ter origem em partículas de baixa energia emitidas pelo Sol (como se acreditava na época). Com satélites ao redor da Terra, seria possível estudar em detalhes o espectro solar e seus raios, numa região inacessível à observação direta a partir do solo. Mas, antes de lançá-los ao espaço, a órbita dos satélites deveria ser muito bem estudada, o que era feito por meio de simulações matemáticas e experimentos com os materiais usados, antes que invenções humanas tão ousadas pudessem existir na imensidão sideral. Esse era o objetivo do Centro de Voos Espaciais Goddard e de outros laboratórios criados pela NASA.

Nos anos 1950, a ideia de lançar veículos ao espaço – até mesmo tripulados pelo homem! – saía do domínio da abstração. Durante todo o programa espacial, a propaganda sempre foi uma arma tão importante quanto as invenções científicas. Além de manter o público engajado, reivindicava a atenção do governo e justificava as enormes verbas que o projeto demandava. A realidade e a ficção científica se misturavam, o que foi uma marca do pós-guerra, estendida ao período da Guerra Fria. Um bom exemplo é o filme produzido por Walt Disney, em 1955, exibido com sucesso na televisão. *Homem no espaço* era um anúncio – ou um prenúncio – das possibilidades da missão espacial.[5] Satélites tra-

---

5. Wright, Mike. "The Disney-Von Braun Collaboration and Its Influence on Space Exploration". *In:* Daniel Schenker, Daniel; Hanks, Craig; Kray, Susan. *Inner Space/outer Space: Humanities, Technology and the Postmodern World. Selected Papers from the 1993 Southern Humanities Conference.* Huntsville: Southern Humanities Press, 1993.

riam informações extremamente valiosas para a pesquisa civil e para as ambições militares; além disso, a viagem do homem à Lua poderia se tornar realidade em dez anos. O garoto propaganda da missão, estrela da parte real do filme, complementada por imagens sofisticadas de desenho animado, era Wernher von Braun, engenheiro com papel-chave no programa espacial americano, depois de se render aos militares americanos na Alemanha, onde trabalhava para os nazistas (sendo ele próprio membro do partido de Hitler).[6] O ano 1955 era especial para o mago dos desenhos animados, pois a Disneylândia estava sendo inaugurada na Califórnia. Um dos parques, chamado Terra do Amanhã [*Tomorrowland*], apostava na imaginação despertada pela conquista do espaço, um objetivo nem tão fantasioso assim: fora desenhado "para dar a todos a oportunidade de participar de aventuras que são um esboço vivo do futuro", disse o próprio Walt Disney, na inauguração.[7]

Desde os anos 1940, a visão sobre os limites da aventura do homem no espaço vinha mudando rapidamente. Passaram-se menos de vinte anos desde a crença de que a "barreira do som" não podia ser vencida até o lançamento do primeiro satélite. Só que foi a União Soviética, arquirrival americana, que, em 1957, pôs o *Sputnik* no espaço. Em 1958, a NACA se transformou na NASA para correr atrás do prejuízo; no ano seguinte, foi fundado o Centro Goddard, com Dorothy em seus quadros, dedicado a calcular as órbitas de satélites. Quando a competição veio a impulsionar o programa espacial norte-americano, a transição para a tecnologia supersônica estava completa, e isso ajudou nos testes de resistência dos materiais a velocidades muito altas. O design de satélites passou a usar a estrutura que havia sido montada para estudar aeronaves a jato, como os túneis capazes de simular condições atmosféricas extremas, que serviriam, então, à simulação com mísseis e satélites.

Nos vinte anos seguintes, as mudanças seriam ainda mais rápidas. Os satélites, mais que os foguetes, perpassaram todas as fases das ciências, das novas descobertas sobre o Universo ao surgimento

---

6. Biddle, Wayne. *Dark Side of the Moon: Wernher von Braun, the Third Reich, and the Space Race*. Nova York: WW Norton & Company, 2009.

7. "Attractions have been designed to give you an opportunity to participate in adventures that are a living blueprint of our future". Ver "1955 Disneyland Opening Day [Complete ABC Broadcast]" publicado por Marcio Disney. Disponível em: https://www.youtube.com/watch?v=JuzrZET-3Ew&t=2595s. Acesso em: junho de 2021.

das ciências do sistema da Terra. O Universo é infinito, mas o céu ganhou olhos atentos observando tudo o que se passa aqui embaixo. Hoje, há uns 7 mil satélites na órbita da Terra. Os ativos enviam sinais 24 horas por dia, auxiliando as telecomunicações, permitindo prever o clima e detectar queimadas. Milhares de informações podem ser obtidas por esses olhos artificiais, até mesmo o rastreamento de entregas e a localização do hospital mais próximo – por meio do GPS, sistema de geolocalização baseado em satélites. Não há exemplo melhor de ligação entre nossa vida cotidiana e os objetos que habitam o espaço. De fato, os satélites transformaram a ciência do século 20, quando a ciência esteve no meio de duas guerras concretas e mais uma abstrata (a Guerra Fria). Nunca a relação entre pesquisa científica e fins políticos foi tão evidente, em diversos sentidos. A relação com a política não se deu apenas por circunstâncias, interesses, contextos e prioridades; foi instituída pela ação de governos e forças militares.

Em 1961, John F. Kennedy assumiu a presidência dos Estados Unidos prometendo levar o homem à Lua, mas foi assassinado pouco depois. Em 1962, o presidente Lyndon B. Johnson anunciou o projeto de transformar o país em uma "grande sociedade", mais justa e integrada. Nesse mesmo ano, publicou um relatório garantindo empregos a pessoas negras no serviço federal. No ano seguinte, Dorothy Hoover foi promovida à matemática de elite do governo americano. Era a primeira.

Capítulo 16
**A TÚNICA DO SUPER-HOMEM**

Em agosto de 1945, uma das revistas mais populares dos Estados Unidos publicou um número especial sobre o acontecimento que mudaria a história: a bomba atômica. O editorial da *Life* descrevia estarrecida o ambicioso projeto científico que tinha levado à destruição de duas cidades japonesas e poderia extinguir a espécie humana. Um dado ajuda a entender a surpresa geral após a tragédia: a iniciativa que permitiu a fabricação da bomba atômica era segredo até então.

É impressionante a dimensão do empreendimento. Cidades inteiras foram construídas do zero, em três localidades dos Estados Unidos. Instalaram-se hospitais, escolas, supermercados e toda e estrutura necessária para atender às 125 mil pessoas que passaram a viver em terras antes desertas. Um dos locais chamava-se Los Alamos, onde foram morar 5 mil pessoas – cientistas, engenheiros e técnicos. Em sua nova residência, eram identificadas por números, não por nomes de batismo. Todas trabalhavam no Projeto Manhattan. Nem todas conheciam seu verdadeiro objetivo.

No filme sobre a bomba-H do historiador Peter Galison, um professor fala também do Projeto Manhattan e conta que muitos de seus colegas começaram a desaparecer sem dizer para onde iam. Até que ele próprio foi convidado para trabalhar lá e procurou, na biblioteca da faculdade, um livro sobre Oak Ridge (uma das três cidades em que o projeto se instalou). Quando consultou a ficha dos que tinham conferido o livro antes dele, encontrou os colegas sumidos: todos tinham ido trabalhar no Projeto Manhattan.[1] O que atraía tanta gente para uma aventura tão misteriosa e arriscada?

Em 1941, os Estados Unidos tinham acabado de entrar na Segunda Guerra Mundial. Para muitos cientistas, a justificativa moral era salvar o mundo do nazismo. A crueldade de Adolf Hitler seria elevada à máxima potência com uma bomba nuclear em mãos. Era cativante, portanto, a ideia de que integravam uma missão contra um inimigo tão terrível quanto poderoso. Em 1939, estimulado pelo amigo Leó Szilárd, que havia fugido da Polônia ocupada pelos nazistas, Albert Einstein assinou uma carta a Franklin Roosevelt, então presidente dos Estados Unidos. O físico, que já era famoso, confirmava ser possível utilizar urânio para a fabricação de uma bomba com proporções inimagináveis. Na mesma carta, Einstein reforçava as suspeitas sobre a

---

1. *The Ultimate Weapon: The H-Bomb Dilemma*. Direção: Pamela Hogan; Peter Galison, 2008.

Alemanha já estar produzindo esse artefato, pois "parou a venda de urânio das minas da Tchecoslováquia, que ela assumiu", talvez para repetir "trabalhos americanos sobre o urânio".[2] Na verdade, ninguém tinha certeza sobre o estágio do projeto alemão, mas, além de ser a terra natal de físicos pioneiros no conhecimento do átomo, o país havia demonstrado enorme poderio industrial durante a guerra.

Uma mistura de argumentos bélicos e exaltação do potencial da energia nuclear para a indústria perpassou todo o debate sobre o projeto atômico. James Conant, químico que presidia a Universidade Harvard, dizia que a "defesa do mundo livre" deveria ser a meta dos cientistas, ao mesmo tempo que exaltava a descoberta de um novo mundo, "em que o poder do reator nuclear poderia revolucionar a sociedade industrial".[3] Conant passou a chefiar o Comitê Nacional de Pesquisas para a Defesa, em 1941, e foi essencial tanto na convocação da comunidade científica como no convencimento de autoridades para aderirem ao Projeto Manhattan. Como argumento, Conant e colegas diziam que a Alemanha estava à frente da Inglaterra e dos Estados Unidos por um ano ou mais. Essas previsões estavam totalmente equivocadas, pois os nazistas não tinham um projeto avançado para construir a bomba. É fato que o clima de guerra e de segredo tornava difícil ter certezas, mas o argumento caía bem para mobilizar pesquisadores, mesmo aqueles mais pacíficos, a se envolverem em uma iniciativa militar de grande porte e com consequências controversas.

Esse medo ajudou no engajamento de cientistas, principalmente os muitos que haviam migrado para o país ao fugir do nazismo. A missão de "salvar a civilização ocidental" era tentadora, mas não combinava, ainda assim, com bombas que podiam ameaçar inocentes e colocar em risco a humanidade inteira. As lideranças do projeto sabiam muito bem o que estavam fazendo. A contradição também era resolvida com boa dose de determinismo científico: a ideia de que o curso da ciência é inevitável. Já que o conhecimento para isso estava disponível, a qualquer momento alguém fabricaria a bomba. Que os Estados Unidos fossem, portanto, os primeiros.

---

2. Einstein, Albert. Destinatário: Franklin D. Roosevelt. Long Island, 2 ago. 1939. 1 carta. Disponível em: https://upload.wikimedia.org/wikipedia/commons/b/bf/Einstein-Roosevelt-letter.png. Acesso em: junho de 2021.

3. Rhodes, Richard. *The Making of the Atomic Bomb*. Nova York: Simon & Schuster, 1987, p. 367.

Só quando Hiroshima e Nagasaki foram riscadas do mapa, o mundo percebeu o monstro que a ciência criara. No trecho mais marcante do editorial da *Life*, publicado em 20 de agosto de 1945, dias após a bomba, ficava evidente que ciência e política estavam mais unidas do que queriam mostrar:

> A energia atômica, canalizada e instável, era um fato. Os cíclotrons e raios gama saíram subitamente dos porões dos laboratórios de física. Os *distraídos* professores, com suas teorias da relatividade e suas fórmulas intermináveis, tiraram seus casacos pretos de alpaca e, da noite para o dia, vestiram a túnica do Super-Homem.[4]

Alçado à condição de super-herói, o homem acabava de exibir poderes para destruir o Universo. Ao mesmo tempo, podia usar seu bom senso e sua consciência, aplicando todo esse poderio para o bem. A revista *Life* sugeria uma revolução na economia, na política e nos costumes:

> [...] eletricidade, luz e calor seriam tão abundantes que energia quase ilimitada estaria disponível; viagens aéreas internacionais comerciais; cruzeiros cruzando o Atlântico com a energia atômica de um copo d'água; e todas as recreações concebíveis na vida distribuídas a preços baratos para todas as crianças do planeta.[5]

A revolução na indústria e nos transportes seria tão drástica quanto aquela que, algumas décadas antes, substituíra o tear manual pelo mecânico. Mas nada disso estava certo, eram apenas projeções. Nos dias que se seguiram à explosão da bomba, a única certeza era a de que o mundo havia se tornado inseguro. Como Isaac Asimov resumiu, "suponho que não haja meios de colocar a nuvem de cogumelos de volta na bela e brilhante esfera de urânio".[6]

Cientistas começaram, então, a acertar as contas com a tragédia para a qual haviam colaborado. Robert Oppenheimer foi um dos físicos mais importantes capitaneados para o projeto. Oppie, como cole-

---

4. "Hiroshima Nagasaki, WWII, Atomic Bomb Ends War". *Life*, agosto de 1945, Nova York.

5. Ibidem.

6. Asimov, Isaac. *A Terra tem espaço*. São Paulo: Hemus, 1979.

gas o chamavam, era brilhante, culto e sensível, mas também podia se tornar instável e arrogante. Estava longe de ser uma figura beligerante, porém, e demonstrava ter sensibilidade social. Em novembro de 1945, preocupado com a repercussão negativa da bomba, Oppenheimer discursou para a Associação de Cientistas de Los Alamos: "Se você é um cientista, acredita que é bom descobrir como o mundo funciona [...], acredita que é bom passar à humanidade como um todo o maior poder possível de controlar o mundo". Cabia, portanto, aos homens saberem lidar com isso de acordo com suas "luzes e seus valores".[7] Ou seja, ele desconectava o poder do conhecimento fornecido pela ciência do uso feito pelos homens. Referia-se à bomba, obviamente, como se tivesse sido uma escolha exclusivamente política, expressando luzes e valores da época. O cientista não determina os valores da sociedade nem é a sociedade que deve julgar o que o cientista deve ou não investigar. Seria um controle externo e uma politização incompatível com a ciência podar o avanço do conhecimento. Esse ponto de vista se disseminou, reforçando a visão de que o progresso da ciência é incontornável e independente de seus usos políticos.

Ainda assim, muitos cientistas mostraram arrependimento ou procuraram se dissociar do objetivo armamentista. Um dos primeiros foi Norbert Wiener, que tinha ajudado nos computadores usados pelo Projeto Manhattan. Prevendo uma nova guerra mundial, dizia: "Não tenho nenhuma intenção de deixar que meus serviços sejam usados em um conflito como esse. Tenho considerado seriamente a possibilidade de desistir de meu esforço científico produtivo porque não conheço caminhos para publicar sem deixar que minhas invenções caiam em mãos erradas".[8]

É falso, porém, o argumento de que havia uma ciência desinteressada, sem luzes e valores próprios, que havia sido apenas *usada* por militares ou políticos. Cientistas não só haviam colaborado de perto, como haviam produzido muito conhecimento específico para a fabricação da bomba atômica. Afinal, era essa a razão de ser do Projeto Manhattan: transformar o conhecimento do átomo em uma arma de destruição em massa.

---

7. Rhodes, Richard. *The Making of the Atomic Bomb*, op. cit., p. 761.

8. Wiener, Nobert. Destinatário: Giorgio de Santillana. [S.l.]: 16 out. 1945. 1 carta. Boston: Massachusetts Institute of Technology (MIT), Collection name MC022 Box 4; Folder 69.

A estrutura do átomo já era conhecida. Sua forma era descrita de forma surpreendentemente parecida com a dos planetas: um núcleo rodeado por elétrons que giram em órbitas mais ou menos circulares, formando uma espécie de nuvem. O núcleo é bastante denso, contendo dois tipos de partículas, prótons e nêutrons. A partir de pesquisas dos anos 1920 e 1930, já se sabia que a fissão do núcleo poderia liberar uma quantidade imensa de energia. Mas como quebrar o núcleo? A única maneira seria torpedeá-lo com nêutrons. Para isso, era preciso encontrar uma substância cujos átomos, quando atingidos por nêutrons, liberassem mais nêutrons, que, por sua vez, quebrariam outros átomos e liberariam mais nêutrons. Esse processo é chamado "reação em cadeia". O urânio e, mais ainda, o plutônio eram os melhores materiais para desencadear esses choques de nêutrons. A grande questão, que inquietava os cientistas no início dos anos 1940, era obter um método para conter e controlar essa cadeia explosiva, um método capaz de interrompê-la no momento desejado, pois uma reação em cadeia infinita poderia explodir tudo. O procedimento, destinado a liberar uma quantidade imensa de energia, precisava ser controlado. Faltava, portanto, uma técnica para manejar essa reação dentro de um recipiente, permitindo a fabricação da bomba. Foi o que o Projeto Manhattan conseguiu criar.

A técnica desenvolvida em Los Alamos partia de uma base científica, que já era capaz de entender o processo em abstrato. Mas, para implementá-lo, havia novos problemas científicos, que demandavam mais pesquisas. Muita ciência foi desenvolvida, portanto, para dar conta desses desafios específicos, o que é bem diferente de "aplicar" um conhecimento já pronto. A produção científica do Projeto Manhattan era totalmente motivada pelo objetivo militar. Sendo assim, não havia nada de inevitável na decisão dos cientistas de colaborarem com a iniciativa, assim como não era inevitável a decisão política de explodir Hiroshima e Nagasaki.

Ao destinar vultosas verbas para o Projeto Manhattan, Franklin Delano Roosevelt tinha plena consciência de que a posse da bomba determinaria a reorganização política do mundo depois que a guerra acabasse. Com Winston Churchill, estava decidido a deter o monopólio atômico, que devia ficar nas mãos dos Estados Unidos e da Inglaterra contra as ambições de uma nação temporariamente aliada, mas no fundo inimiga: a União Soviética comunista. Quatro meses antes do fim da guerra, quando a batalha no Pacífico mobilizava os americanos,

Roosevelt faleceu de modo inesperado, deixando a Harry Truman a decisão de explodir a bomba. Depois da tragédia, precisou se justificar perante a opinião pública: "Ninguém está mais perturbado que eu quanto ao uso das bombas atômicas, mas estava mais perturbado ainda com o ataque surpresa dos japoneses a Pearl Harbor [...]. Quando você tem que lidar com uma besta, deve tratá-la como uma besta. É lamentável, porém verdadeiro".[9] O tom do inevitável voltava à cena. Ninguém discordava de que a bomba tinha sido uma tragédia humanitária, mas, segundo a versão oficial, tratava-se de um mal necessário. Essa versão se disseminou, utilizando-se das ameaças inimigas e da defesa de vidas americanas que teriam sido salvas pela bomba.

A reputação dos cientistas ficou abalada, principalmente depois das especulações de que o uso da bomba atômica teria sido desnecessário. O próprio James Conant pediu ao secretário da Guerra, Henry L. Stimson, que divulgasse uma justificativa convincente, mostrando à opinião pública que os soviéticos só concordariam com uma autoridade internacional sobre a pesquisa atômica se estivessem convencidos de que os Estados Unidos tinham a bomba e não hesitariam em usá-la. Assim, em 1947, para curar a "culpa de Hiroshima", Stimson publicou um artigo na *Harper's Magazine* defendendo a versão que se tornou consensual a partir daquele momento: cientistas ajudaram a salvar a vida de 500 mil americanos, que teriam sido assassinados caso se tivesse optado por uma invasão de soldados (em vez da explosão de bombas atômicas que dizimaram populações inteiras em Hiroshima e Nagasaki).

Foi apenas nos anos 1970, quando arquivos secretos começaram a ser abertos, que a história dessa decisão, e de suas justificativas, começou a mudar. Novas informações sobre as alternativas disponíveis alteraram a percepção sobre as razões de Truman. Com a desclassificação dos arquivos, descobriu-se, por exemplo, que o número de mortos estava bastante superestimado – previsões das próprias Forças Armadas apontavam algo em torno de 30 mil mortos caso as invasões por terra planejadas tivessem ido adiante. Além disso, foram descobertos fortes indícios de que o Japão poderia ter sido levado a se render sem o uso das bombas. Um mês antes de Truman mandar apertar o botão, membros do Departamento de Estado e Guerra haviam decriptado mensagens japonesas dizendo que se renderiam caso

---

9. Sherwin, Martin J. *A World Destroyed: The Atomic Bomb and the Grand Alliance*. Nova York: Alfred A. Knopf, 1975.

os Estados Unidos garantissem a segurança do imperador Hirohito. Além disso, Joseph Stálin havia prometido que a União Soviética entraria na Guerra do Pacífico, o que poderia ter levado o Japão a capitular. Esse desfecho, contudo, era exatamente o que Truman e seus conselheiros queriam evitar: uma contribuição muito óbvia da União Soviética para o fim da guerra.

A escolha não foi, portanto, entre uma invasão convencional e uma guerra nuclear. "Foi uma escolha entre diferentes formas de diplomacia e guerra. A decisão tomada por Truman pode ser compreensível, mas não era inevitável. Era até mesmo evitável", observou o historiador Martin Sherwan, depois de analisar os arquivos desclassificados.[10] Na era nuclear que se iniciava, o legado da bomba garantiria a supremacia americana no pós-guerra, e seu impacto influenciaria o comportamento da União Soviética depois que a guerra acabasse. Assim, a destruição de Hiroshima e Nagasaki não era o último ato da Segunda Guerra Mundial, e sim o primeiro da guerra diplomática com a União Soviética que perdurou até 1989, a Guerra Fria.

Manter o poderio econômico era tão importante quanto as estratégias militares; e a pesquisa científica poderia ser usada em novas indústrias: rádio, ar-condicionado, fibras sintéticas e plástico eram apenas alguns exemplos de inovações. O progresso americano só teria a se beneficiar usando plenamente seus recursos científicos em produtos para o consumo. Isso ajudava a convencer o público, ainda abalado pelo medo e pelo fascínio com o *boom* tecnológico. A vida cotidiana nunca havia experimentado tão intimamente tantas tecnologias novas. Com implicações positivas na indústria e nos transportes, a energia atômica poderia melhorar sensivelmente o cotidiano da população.

A bomba começava a ser vista, assim, como efeito colateral de uma época dourada da tecnologia. A corrida nuclear estava para além das categorias morais, mesmo que houvesse alternativas ao uso desse recurso. O fardo moral de justificar as consequências da bomba era compensado pela defesa dos valores da civilização, com bombas atômicas vistas como consequência inevitável desses mesmos valores. O pavor e o deslumbramento elevavam as aspirações humanas e serviam a um tipo de negação em considerar impactos nocivos da tecnologia. Esse fenômeno passou a ser chamado de "determinismo tecnológico".

---

10. Ibidem.

O mesmo número da *Life*, cujo editorial alertava para os riscos atômicos, incentivava o uso benéfico da tecnologia nuclear. No meio da revista, inúmeras páginas de propaganda exaltavam o *american way of life*, ou estilo de vida americano. Uma quantidade – surpreendente aos olhos de hoje – de anúncios de cigarros e bebidas convivia com numerosas peças publicitárias de novos eletrodomésticos. A máquina de lavar louças, invenção da General Electric, que também investia em armamentos, tornaria mais cômoda a vida da família americana. Se no século 19 o progresso era uma expectativa disponível para poucos, ele agora se tornava acessível a uma classe média bem mais numerosa.

A túnica do Super-Homem poderia destruir a humanidade – bastava apertar um botão. Mas também promoveria o bem-estar – bastava garantir que a tecnologia fosse usada racionalmente e para fins nobres, como a promessa de novos medicamentos e a cura de doenças crônicas, expectativas que explicam, em parte, o clima de euforia após a exibição de uma ameaça tão terrível. Não muito longe na escala de prioridades, estava a excitação com embalagens de plástico, meias de náilon, cruzeiros, voos comerciais e máquinas de lavar. A promessa de felicidade doméstica cativava homens e mulheres a esquecer os perigos da bomba e a seguir em frente, rumo ao progresso.

Capítulo 17
# O ESPÍRITO DE 45

O filme *O espírito de 45*, do cineasta britânico Ken Loach, mostra que um sentido de coletividade ganhou força na Inglaterra com um novo papel para o Estado no pós-guerra. Todos os esforços deveriam se voltar para reconstruir um país em escombros. Dar assistência aos mais pobres e aos atingidos era importante, mas não só: devia-se criar uma nova sociedade. Benefícios para os vulneráveis deveriam dar lugar a uma proteção social mais generosa e universal.

O Estado precisava intervir na atividade econômica, indo além de suas funções anteriores de guardião da segurança e da ordem. Franklin Roosevelt já havia feito algo similar nos Estados Unidos por meio do *New Deal*, o "novo pacto" que enfrentou a Grande Depressão. A Carta do Atlântico – elaborada em 1941 por Roosevelt e Winston Churchill – antecipava a necessidade de um plano parecido para a Europa. Ganhava força a ideia, desafiadora para a época, de que o mercado sozinho não pode garantir justiça social nem está livre de desequilíbrios e ineficiências. Aos poucos, admitia-se um Estado com papel na economia, que deveria planejar o desenvolvimento e avaliar os setores que precisavam de estímulos.

A Inglaterra foi uma das primeiras nações a implementar o Estado do bem estar-social (*Welfare state*). Mas Churchill não convenceu o povo de que seria a melhor pessoa para conduzir o projeto, e o Partido Trabalhista ganhou as eleições de 1945. Na campanha, havia sido transmitida a mensagem de que, se os ingleses tinham sido capazes de unir forças para derrotar o nazismo, poderiam criar um país para todos. Declarações no mesmo espírito foram vocalizadas por Roosevelt, que disse aos americanos em 17 de novembro de 1944: "Novas fronteiras da mente estão diante de nós, e, se forem lideradas com a mesma visão, ousadia e garra com que travamos essa guerra, podemos criar um emprego mais pleno e frutífero e uma vida mais plena e frutífera".[1]

William Beveridge era o homem certo no lugar certo. Professor de economia, tinha dirigido uma tradicional escola inglesa e se aventurado na política. Desde 1941, vinha se dedicando a estudar os diferentes auxílios aos pobres, que eram numerosos, porém fragmentados: seguro contra acidentes de trabalho, pensões para os mais velhos, garantias para maternidade, auxílio por número de

---

1. Renwick, Chris. *Bread for All: The Origins of the Welfare State*. Londres: Penguin, 2017 (*e-book*).

filhos etc. Faltava uma filosofia para unificar todos esses programas. Foi o que motivou Beveridge a escrever um relatório que se tornaria célebre, Seguridade Social e Serviços Associados (*Social Insurance and Allied Services*), publicado em 1942.[2] Conhecido como Relatório Beveridge, propunha cinco "problemas gigantes" a serem enfrentados na construção de uma nova sociedade: a carestia, a doença, a miséria, a ignorância e a ociosidade. Resolvidos esses males, os indivíduos se sentiriam encorajados a trabalhar, era o pressuposto subjacente. "Pão para todos antes de bolo para alguém", resumia Beveridge, que era um liberal, mas discordava dos colegas que viam nas garantias sociais uma ameaça à livre iniciativa e mantinha boa relação com os trabalhistas.[3]

Depois da fase conhecida como "guerra total", iniciada em 1941, a percepção social começou a mudar. Bombas aéreas devastaram Londres e outras cidades inglesas, apavorando a população – civis não foram poupados e muitos perderam parentes, partes do corpo ou a própria vida. Depois de um trauma desse tamanho, era indefensável que o atendimento médico se restringisse a quem podia pagar. O Estado resolveu assumir o sistema de saúde, e William Beveridge foi convidado a coordenar o novo Serviço Hospitalar de Emergência. Não havia lugar melhor para seus planos, pois se tratava da semente do Sistema Nacional de Saúde (NHS), referência na Inglaterra até hoje e que inspirou mecanismos universais como nosso próprio Sistema Único de Saúde (SUS) aqui no Brasil.

> Os serviços sociais em tempo de guerra – como o Serviço Hospitalar de Emergência da Grã-Bretanha – proporcionaram os mesmos benefícios a todos os indivíduos, independentemente da capacidade de pagamento. A guerra fez da saúde da população uma preocupação política. Nesses anos de adversidade compartilhada e sacrifício comum, nasceu uma sociedade mais igualitária. Quando a guerra chegou ao fim, as nações começaram o trabalho de reconstrução social e econômica com um novo senso de idealismo e energia.[4]

---

2. Beveridge, William. *Social Insurance and Allied Services*. Londres: HMSO, 1942.

3. Ibidem.

4. Garland, David. *The Welfare State: A Very Short Introduction*. Oxford: Oxford University Press, 2016 (*e-book*).

A guerra fornecia um elã de união. Por essa razão, entre outras, David Garland afirma que o pacto do bem-estar social foi um acontecimento único.[5] Após 1945, a centralização estatal de empresas prestadoras de serviços públicos foi bem recebida, assim como a nacionalização de minas, ferrovias e transporte de cargas. A situação de pobreza e desespero levava também a manifestações radicais de descontentamento, com numerosos protestos. As reformas sociais eram, portanto, um meio para reconquistar a confiança da população, reforçando o sentimento de unidade nacional, já que as bombas não escolhiam o alvo.

Diante de tantas demandas justas, a nova seguridade social devia apresentar uma abordagem compreensiva, na qual todos se vissem contemplados. Não era correto restringir os gastos do governo nem estigmatizar as pessoas que necessitavam de auxílios. O mais importante eram as carências que permitiam sanar. As garantias sociais serviam como um "ato de fé no povo britânico", como disse Clement Attlee, primeiro-ministro trabalhista, ao apresentar o pacote de medidas que formariam a nova seguridade social.[6]

Direito de todos e dever do Estado, essa era a filosofia do Estado de bem-estar social. Novas instituições foram criadas com a missão de proteger os trabalhadores e suas famílias contra vários tipos de risco que poderiam impedir ou prejudicar o trabalho: doença, velhice, possíveis lesões, incapacidade ou desemprego. Todas essas vicissitudes deviam ser protegidas pelo Estado a fim de garantir o bom funcionamento do mercado de trabalho, ameaçado pela insegurança dos trabalhadores assalariados, que não podiam ter sua fonte de renda comprometida. A tese da seguridade social era ousada: a insegurança ameaçava a produtividade na fábrica e a coesão social. Logo, diferentes garantias contra a perda de rendimentos deviam ser garantidas pelo Estado.

Nada disso foi de graça. Dois fatores políticos pressionaram por essas mudanças tão profundas. O primeiro podemos chamar de "coletivização dos riscos", a ideia de que o desemprego (e outras ameaças ao trabalho) eram um problema coletivo. Até antes da guerra, se uma pessoa ficasse desempregada, isso era visto como uma questão dessa pessoa, que não teria se dedicado o suficiente ou não tinha as qualidades necessárias. Nos novos tempos, o desemprego passava

---

5. Ibidem.

6. Renwick, Chris. *Bread for All*, op. cit., p. 469.

a ser um problema social, a ser medido e controlado. O próprio William Beveridge traduziu essas ideias no livro *Full Employment in a Free Society* [Pleno emprego em uma sociedade livre]. As garantias sociais, na verdade, deviam ser vistas como consequência do pleno emprego. Segundo Beveridge, seria possível manter todo o novo sistema limitando a taxa de desemprego a 8%. Cabia ao Estado, portanto, não deixar que esse patamar fosse ultrapassado, daí o dever de assumir um papel ativo na economia. Além de gerar empregos, era preciso manter as pessoas aptas e motivadas para o trabalho, daí o papel da seguridade social.

O segundo fator, desenvolvido adiante, era a necessidade de dar uma "proteção preventiva aos trabalhadores", que originaria um novo pacto entre Estado, trabalho e capital. Algumas vezes chamado "modelo fordista", esse acordo previa um papel regulador para o Estado, que ganhava duas vezes: no estímulo ao consumo e à demanda (que protegia a indústria) e na garantia de benefícios e salários indiretos aos trabalhadores. Ambos eram estratégicos para evitar descontentamentos graves que pudessem ameaçar a ordem social e o bom funcionamento do capitalismo. O nome mais famoso associado a esse modelo é o do economista inglês John Maynard Keynes, que escreveu obras inspiradoras para o novo pacto do pós-guerra e morreu em 1946.

De onde viria o dinheiro para tantas garantias? A pergunta ainda inquietava boa parte dos políticos. A resposta ajuda a entender o consenso construído na época: a seguridade social não seria financiada por impostos, ou seja, não se tratava de taxar os ricos para proteger os pobres. Os benefícios seriam um retorno das contribuições pagas pelos trabalhadores ativos e pelas empresas. A filosofia é análoga à da nossa previdência social: paga-se um percentual do salário ao longo da vida, complementado pelo empregador, o que dá direito à aposentadoria e outras proteções. Na prática, o dinheiro vem do governo, mas moralmente tem acesso aos benefícios hoje quem contribuiu para o sistema no passado. A ideia de seguridade social incorporou, em outras partes do mundo, esse conceito de um esquema tripartite de contribuições: dos trabalhadores, dos patrões e do Estado. Por isso, o pleno emprego era uma condição essencial ao funcionamento do modelo como um todo, pois não haveria dinheiro para benefícios sociais sem empregados e patrões contribuindo sobre a folha salarial. Eventos de risco – que comprometessem empregos e salários – tinham que ser excepcionais.

O plano parecia ótimo, mas só funcionava com um nível aquecido de produção industrial. Na época, o contexto ajudava, pois os esforços de reconstrução de uma Europa arrasada estimulavam a indústria, tornando plausível o horizonte de pleno emprego.[7] Além disso, novos hábitos de consumo incrementavam a demanda por produtos diversificados. Eufóricos em retornar à normalidade após o trauma da guerra, ingleses e europeus iam adquirindo hábitos similares aos dos norte-americanos. Mas nada disso aconteceu de uma hora para a outra. A economia devia se recuperar ainda de dívidas enormes contraídas durante a guerra. Uma crise de desvalorização da libra, em 1949, quase colocou tudo a perder. A sustentação material da industrialização, sem a qual o espírito de 1945 não teria funcionado, só viria com o Plano Marshall.

Em 1948, os Estados Unidos implementaram o programa de ajuda às nações europeias visando a modernizar as indústrias, disseminar o ideal de progresso e deter o avanço do comunismo (que conquistava diversos países da Europa). Era preciso mostrar ser possível conquistar alguma justiça social dentro do capitalismo. O objetivo do Plano Marshall era esse, além de conquistar mercados para os produtos norte-americanos, o que ligava as economias dos países desenvolvidos dos dois lados do Atlântico.

No imediato pós-guerra, apesar da moral inflada, a situação econômica dos Estados Unidos não era nada boa, e mercados internacionais tinham papel estratégico. Contratos militares com empresas privadas cresceram de 60 milhões de dólares em 1942 para 200 milhões em 1943, chegando a 300 milhões e 450 milhões, respectivamente, em 1944 e 1945. Como sustentar tudo isso após o fim da guerra? Além disso, os Estados Unidos passavam por problemas domésticos e precisavam manter a oferta de empregos mesmo com enormes dívidas de guerra.

A manchete da *Life* em dezembro de 1946 expressava uma das maiores preocupações dos americanos: "O principal problema dos Estados Unidos: trabalho".[8] No mesmo ano, o presidente da General Electric, Charles Wilson, resumia as inquietações políticas do mo-

---

7. Supunha-se que a indústria podia gerar empregos no mesmo ritmo do aumento da produção – o que hoje deixou de ser imediato.

8. Noble, David F. *Forces of Production: A Social History of Industrial Automation*. New Brunswick: Transaction, 2011, p. 27. A referência foi sugerida no livro Alliez, Éric; Lazzarato, Maurizio. *Guerras e capital*. São Paulo: Ubu, 2021.

mento: "Rússia lá fora, trabalho aqui dentro".[9] Entre 1940 e 1945, 11 milhões de trabalhadores ficaram feridos e quase 90 mil morreram em acidentes de trabalho, número maior que o de norte-americanos mortos em combate. Além disso, houve inúmeras greves, que se estenderam até meados dos anos 1950, e aproximadamente 27 milhões de trabalhadores participaram desses movimentos. As greves não eram necessariamente por melhores salários: pediam jornadas de trabalho mais curtas, intervalos para evitar o estresse por altas demandas de produtividade, melhores condições no ambiente laboral, seguro-saúde, pensões e outros benefícios. Mais preocupantes para os empresários eram os "laços de simpatia" reivindicados por trabalhadores de uma fábrica ao parar a produção em defesa de companheiros que trabalhavam em outro local. Os conflitos eram frequentes, mas surgia no horizonte uma ideia que mudaria para sempre o chão da fábrica: as novas tecnologias, elaboradas nas indústrias de guerra e agora disponíveis a outras funções. Até o fim dos anos 1940, a utilização dessas inovações ainda era uma promessa, mas o debate estava quente.

No mesmo ano de 1946, a revista *Fortune* deu um espaço incomum para uma matéria sobre a "fábrica automatizada". Analisava-se o futuro papel de "máquinas sem homens", que em breve deveriam se tornar realidade.[10] As vantagens eram claras para o progresso, pois esses meios permitiriam produzir mais e vender mais barato, satisfazendo os desejos dos novos consumidores. A diminuição de postos para trabalhadores qualificados era uma preocupação, mas, ainda assim, as máquinas seriam vantajosas.

> Esses dispositivos não estão sujeitos a nenhuma limitação humana. Não se importam de trabalhar dia e noite. Nunca sentem fome ou cansaço. Estão sempre satisfeitos com as condições de trabalho e nunca demandam maiores salários baseados na capacidade da empresa para pagá-los. Não apenas causam menos problema que humanos fazendo o mesmo trabalho, como podem ser fabricados.[11]

---

9. Ibidem, p. 3.

10. Ibidem, pp. 57-76.

11. Ibidem, p. 70.

A referência às reivindicações dos trabalhadores não podia ser mais evidente. Eles pediam participação nos lucros, exigiam mais descanso e diminuição da jornada, organizados em sindicatos que eram fortes na época. Será que o trabalho poderia ser substituído por tais máquinas, restando apenas empregos que exigiam menos experiência e habilidade? A questão começava a preocupar os sindicatos. Não necessariamente eles queriam barrar os avanços tecnológicos, mas reivindicavam participar dos ganhos de produtividade. Garantir e ampliar os benefícios sociais eram respostas à demanda dos trabalhadores para que não sofressem sozinhos as consequências das inovações.

A valorização do trabalho nas indústrias e o avanço do comunismo mudavam a relação entre patrões e empregados, cada vez mais organizados em sindicatos. Isso explica o segundo fator político para o surgimento do Estado de bem-estar social, já mencionado, que vislumbrava a necessidade de proteger os trabalhadores, garantindo direitos essenciais, boas condições de vida e de trabalho, a fim de evitar uma adesão ao comunismo. A relação salarial estava no centro desse pacto, pois conseguia, ao mesmo tempo, financiar a seguridade social e garantir o consumo. Era uma solução com a qual todos pareciam sair ganhando. De fato, o modelo funcionou durante algumas décadas, os chamados "trinta anos gloriosos", mas apenas no mundo dito desenvolvido. Em outros países, mesmo que estivesse longe de se tornar realidade, servia de horizonte a ser conquistado.

Os tempos eram propícios às ideias de Keynes, que tinha atuado diretamente na negociação entre Inglaterra e Estados Unidos. Quando resolveu entrar na guerra, Roosevelt já prometia ajuda econômica a Winston Churchill e começava o debate sobre a criação de fóruns internacionais para regular empréstimos e ajudas financeiras entre os países. Em 1944, ocorreu, em Breton Woods, uma conferência que mudaria a história das dívidas internacionais; no evento foram plantadas as sementes do Fundo Monetário Internacional (FMI) e do Banco Mundial. Keynes representava a Inglaterra e defendia uma moeda comum para regular os empréstimos, lastreada em diferentes mercadorias, a fim de que fosse possível um equilíbrio econômico mundial após o fim da guerra. Sua proposta perdeu, contudo, para o representante norte-americano, que defendia uma indexação pelo dólar, com lastro apenas no valor do ouro.

O acordo foi ratificado no fim de 1945, sem assinatura da União Soviética. Havia promessas, mesmo que ambíguas, de que a nação comunista teria concordado caso a proposta de Keynes saísse vencedora, mas ela não interessava às ambições dos Estados Unidos, que viam uma oportunidade única de garantir sua proeminência no mercado mundial. George Kennan, diplomata norte-americano em Moscou, enviou dois telegramas ao presidente Henry Truman em 1946. Um deles, mais famoso, relatava os planos de expansão soviéticos, recomendando aos Estados Unidos "restringir e conter"[12] a influência comunista. Muitos relatos veem aí o início da Doutrina Truman, primeiro passo da Guerra Fria, seguida pelo Plano Marshall, ratificado dois anos mais tarde, como estratégia para "conter" o comunismo. Antes desse telegrama, porém, Kennan havia enviado outra mensagem a Truman, com destaque à posição da União Soviética sobre o acordo de Bretton Woods. Kennan concordava com Keynes sobre a necessidade de reconstruir a economia mundial como forma de garantir a ordem social e prevenir revoluções.

Quando Keynes morreu, em 1946, o jornal inglês *The New Statesman* sublinhou seu legado econômico e político: "Mais que detestar a ineficiência do capitalismo desregulado, Keynes temia a perda e o sofrimento de uma revolução proletária [...]. Por isso, tornou o trabalho de sua vida salvar o capitalismo, alterando sua natureza".[13] Essa interpretação é controversa. Autores recentes, como Geoff Mann, fazem um balanço mais nuançado do keynesianismo, que oscilou entre a defesa do liberalismo e sua crítica desde os anos 1930, época de legados sociais e políticos, como populismo, pobreza, fascismo e movimentos radicais de esquerda, que levavam a propostas para conter um espectro amplo de ameaças à ordem social. Mann reconhece, porém, que "o keynesianismo é uma crítica da modernidade liberal que só poderia ter sido formulada *após* uma revolução. Nunca teria emergido sem um passado revolucionário para assustá-la incessantemente".[14]

No pós-guerra, ficava evidente que o sucesso do pacto demandava o seguinte encadeamento de políticas: mais investimento, mais indústria, maior produção, mais emprego, mais salário, mais con-

---

12. Sherwin, Martin J. *A World Destroyed: The Atomic Bomb and the Grand Alliance*. Nova York: Alfred A. Knopf, 1975.

13. Garland, David. *The Welfare State*, op. cit.

14. Mann, Geoff. *In the Long Run We Are All Dead: Keynesianism, Political Economy, and Revolution*. Nova York: Verso, 2017, p. 37.

sumo, mais contribuição social, mais direitos. E assim recomeçaria um ciclo virtuoso. O problema era saber como manter o pleno emprego, base de toda essa lógica, sem uma economia de guerra para sustentá-lo. Além disso, a automação começava a chegar às fábricas. A própria palavra surgiu em um departamento pioneiro da Ford, criado em 1947. Entre 1948 e 1960, o número dos trabalhadores de colarinho azul diminuiu em meio milhão. Em 1956, pela primeira vez, o número de colarinhos brancos ultrapassou o de azuis na ocupação da força de trabalho como um todo.

Uma nova guerra aceleraria a inovação tecnológica ao mesmo tempo que atrasaria seus efeitos: a Guerra Fria. Investir na fabricação de armas e incitar o medo acabaram ajudando a garantir o funcionamento do pacto, pois o estímulo industrial mantinha os mercados aquecidos, inclusive com a dominação econômica do mundo não desenvolvido. A guerra se daria por outros meios – e a economia sobreviveria.

Capítulo 18
# GUERRA DE NERVOS

"Uma paz que não é paz", disse George Orwell logo após o lançamento da bomba atômica.[1] A Guerra Fria inaugurou um novo tipo de guerra, pois mobilizava especulações e paranoia em vez de soldados e explosões. As bombas nucleares tinham mudado a natureza da guerra, uma vez que atacar um país poderia levar à destruição do planeta inteiro. Os Estados Unidos e a União Soviética não atiravam diretamente um contra outro, mas se mantinham em constante guerra de nervos, produzindo armas para dissuadir o inimigo. Os conflitos físicos eram deslocados a outras regiões do mundo. Além disso, o ambiente geral envolvia muita espionagem, o que dava margem a exageros. Não à toa, a ficção científica era a forma mais lúcida de reflexão sobre aqueles anos, quando o real e o delírio se confundiam.

O país estava acabando, depois do ataque com 35 bombas atômicas. Aos sobreviventes cabia a decisão de puxar a alavanca, lançar ou não bombas ainda mais poderosas contra o inimigo. Um estranho revide. O ar radioativo já se alastrava, e mais bombas comprometeriam pessoas em países distantes, ainda não atingidos pela radiação. E mais: nem seus filhos escapariam. Nem crianças, nem flores. Nada mais cresceria no mundo devastado e radioativo. Depois dos estrondos, a humanidade seria como rosas retorcidas: mortas por seus próprios espinhos. "Estrondo e rosas" é um conto de Theodore Sturgeon, escrito em novembro de 1947.[2] O protagonista, Pete Mawser, é um sargento da base militar atacada, onde há um laboratório secreto em escombros. Um dos poucos sobreviventes, Pete tem em suas mãos a decisão de revidar ou não a um ataque nuclear inimigo. Após o encontro inesperado com uma cantora, ele entende que parar o jogo ali seria dar uma oportunidade ao futuro. Que ao menos um homem e uma mulher sobrevivessem e uma nova humanidade tivesse chance.

Em um aspecto, a realidade superava a ficção: a escalada do rearmamento. No mundo real, apesar de comoverem o mundo, as imagens de Hiroshima e Nagasaki não interromperam a proliferação de armas nucleares. A União Soviética explodiu sua primeira bomba atômica em 1949. Nesse mesmo ano, a vitória comunista na China ter-

---

1. Orwell, George. "You and the Atomic Bomb". Londres, *Tribune*, outubro de 1945. Disponível em: http://www.george-orwell.org/You_and_the_Atomic_Bomb/0.html. Acesso em: junho de 2021.

2. Sturgeon, Theodore. "Thunder and Roses". *Astounding Science Fiction*, v. XL, n. 3, 1947.

minava de atiçar a guerra de nervos. Harry Truman anunciou, então, em 1950, apoio à construção da bomba-H, de hidrogênio, ainda mais poderosa que as anteriores e testada no Pacífico em 1952.

A relação com a Europa se consolidava com o Tratado do Atlântico Norte (que deu lugar à Otan) em 1951, um comando aliado que ajudava a manter o domínio sobre mercados. Os Estados Unidos investiam na Europa, "numa escalada de homens e equipamentos sem precedentes em tempo de paz". Os gastos britânicos com o setor militar, em 1951 e 1952, elevaram-se a quase 10% do PIB. Tratou-se da "mudança mais significativa verificada no eixo Europa-Estados Unidos em decorrência da guerra" – esses países compartilhavam informações e cooperavam na defesa, garantindo acordos comerciais e regulação monetária.[3]

Enquanto iniciativas políticas se esforçavam para transmitir a imagem de que protegiam o "mundo livre", a corrida nuclear prosseguia, na calada dos sítios criados para produzir bombas ainda mais potentes. A Guerra da Coreia, em 1950 – e a entrada da China no conflito –, determinava estado de emergência nos Estados Unidos, pois funcionava como prova de que havia mesmo uma conspiração comunista mundial. Nessa estranha guerra, as indústrias mantinham-se ativadas e sob o controle do Estado. A urgência da defesa contra o inimigo era a justificativa perfeita para investimentos estatais, que precisavam de apoio popular e aprovação dos deputados no Congresso americano. Depois do fim da Segunda Guerra Mundial, o orçamento militar dos Estados Unidos só fez aumentar: de 15,5 bilhões de dólares em agosto de 1950 a 70 bilhões em dezembro do ano seguinte. Em 1952 e 1953, os gastos com defesa consumiram 18% do PIB norte-americano. Nos anos 1950, a indústria puxada por fins militares voltou a crescer em proporções similares às da Segunda Guerra Mundial, com desenvolvimento da tecnologia de mísseis, que incentivaria novas técnicas de automação e controle.

Em 1957, os Estados Unidos sofreram o pior golpe da Guerra Fria – nos céus! O mundo assistiu atônito ao lançamento no espaço sideral do primeiro objeto produzido pelo homem. A União Soviética havia conseguido pôr em órbita um satélite artificial, o *Sputnik*. O homem não apenas descrevia e previa as órbitas dos astros, ele os imitava e po-

---

3. Judt, Tony. *Pós-guerra: uma história da Europa desde 1945*. Rio de Janeiro: Objetiva, 2007 (*e-book*).

dia manejar corpos artificiais na órbita da Terra. A revista *Life* inquiria diretamente, em suas manchetes, por que os Estados Unidos haviam *perdido* a corrida especial, o que só corroborava a convocação generalizada à determinação do povo norte-americano, que não mediria esforços, dali em diante, para liderar a corrida espacial.[4]

Muita coisa começou a mudar em 1958, logo depois do *Sputnik*. Ganhava força a ideia de que havia "uma grande lacuna" entre o arsenal de mísseis dos Estados Unidos e o da União Soviética – sendo este muito superior. A tese do "*gap* dos mísseis" era estimulada pela Força Aérea norte-americana e foi um argumento muito usado por John F. Kennedy, ainda em 1958, quando candidato a senador. O objetivo era colar uma imagem de fraqueza ao presidente Dwight Eisenhower, com quem concorreria dois anos mais tarde à Presidência. A tal lacuna era exagerada, mas ajudou a impulsionar novas tecnologias e a indústria de guerra. O Pentágono criou uma Agência de Projetos de Pesquisa Avançada de Defesa (Arpa) para auxiliar o programa espacial, mas com papel importante na produção de semicondutores e estímulo à ciência da computação. A colaboração entre Estado e empresas privadas impulsionaria a pesquisa sobre interfaces homem-computador (como a tela sensível ao toque) e foi responsável por gerir os estágios iniciais da internet. Era a semente do "Estado empreendedor", como a economista Mariana Mazzucato chama a aliança que produziu diversas tecnologias inovadoras,[5] que eram arriscadas e caras, logo demandavam atenção do Estado nas fases iniciais. Como vimos, foi também em 1958 que surgiu a NASA como reestruturação da antiga NACA. A missão espacial e as pesquisas científicas e tecnológicas eram um novo imperativo da Guerra Fria, que ia bem além da produção de armamentos.

Em 1959, Estados Unidos e União Soviética resolvem dar ao mundo um aceno de que poderiam ter boas relações. No mesmo espírito das grandes exposições universais, os dois países organizaram mostras para exibir e ostentar seus avanços tecnológicos. Ao passo que os soviéticos levaram aos Estados Unidos tecnologias espaciais de ponta, além de armamentos sofisticados e maquinários indus-

---

4. McDougall, Walter A. *The Heavens and The Earth: A Political History of the Space Age*. Baltimore: The John Hopkins University Press, 1985, p. 145.

5. Mazzucato, Mariana. *O Estado empreendedor: desmascarando o mito do setor público vs. setor privado*. São Paulo: Portfolio-Penguin, 2014.

triais, em Moscou os norte-americanos exibiram uma casa típica da família trabalhadora. Uma cozinha completa, paramentada com eletrodomésticos e utensílios sofisticados, era um modelo planejado que podia ser adquirido, a preços acessíveis, por qualquer trabalhador norte-americano.

Um debate ácido entre Khrushchev e Nixon, então vice-presidente dos Estados Unidos, aconteceu nessa cozinha. Apontando para uma moderna máquina de lavar, Nixon exaltava a liberdade de escolha e a comodidade da vida das mulheres de seu país. Conforme o debate esquentava, Nixon adotava um tom mais provocador: "Diversidade, direito de escolher, o fato de termos mil construtores construindo mil casas diferentes é a coisa mais importante. Não temos uma decisão tomada no topo por um governo oficial. Essa é a diferença".[6] Mas Khrushchev era um debatedor afiado e não deixou por menos. Contam algumas versões que ele teria respondido debochando da superficialidade de Nixon: "Vocês não têm uma máquina que coloque a comida na boca e empurre para baixo? Muitas coisas que você mostra são interessantes, mas a vida não precisa delas. [...] São apenas engenhocas".[7] Em meio a disputas envolvendo armamentos sofisticados, a troca de farpas tinha eletrodomésticos como tema principal. Nixon reconhecia a superioridade da União Soviética no lançamento de foguetes e na investigação do espaço sideral, mas não havia dúvidas de que os Estados Unidos estavam na frente em tecnologias como a da televisão em cores.

A exibição foi amplamente visitada, por lá passaram mais de 3 milhões de cidadãos soviéticos em seis semanas, atraídos especialmente pelos itens de consumo enviados por mais de 450 companhias americanas. Além de eletrodomésticos, havia automóveis, caminhões, máquinas rurais e alguns produtos automáticos. Tudo explicado por guias americanos fluentes em russo, capazes de tirar as dúvidas dos curiosos. Foi então que Khrushchev e muitos visitantes provaram e aprovaram a Pepsi, que era distribuída gratuitamente na exposição e derrubara o muro antes da Coca-Cola.

---

6. Essa conversa ficou conhecida como o "Debate da cozinha". Cf. Nixon, Richard; Khrushchev, Nikita. "The Kitchen Debate-Transcript". *CIA Library*, v. 24, 1959. Disponível em: http://shshistory.com/extra%20pages/Actual%20script%20of%20the%20Kitchen%20Debate%20(CIA).pdf. Acesso em: junho de 2021.

7. Ibidem.

A televisão em cores havia sido produzida por uma tecnologia capaz de gerar várias cores combinando apenas três: vermelho, verde e azul. Foi naquela época que surgiu um sistema usado até hoje, chamado RGB (em inglês, *Red, Green, Blue*). Cada cor é produzida por um canhão de elétrons cuja mistura, em diferentes graus, gera múltiplas cores, tornando a imagem realista. Em 1958, o presidente da RCA, responsável pela nova tecnologia, prometia a Eisenhower que seu objetivo era também político, pois o aparelho seria "uma máquina de detecção, conhecimento e verdade". Ao contrário dos países comunistas, os americanos não tinham medo de revelações: "Queremos que o mundo todo veja nosso país em suas cores verdadeiras e naturais".[8]

A propaganda começava a se tornar a alma do negócio – colorida, ficava ainda mais realista. Penetrava na alma e no inconsciente, de modo subliminar, moldando o gosto e os hábitos de vida, criando uma das estratégias mais importantes da Guerra Fria: o *american way of life*, ou modo de vida americano. Anúncios estimulavam a demanda por mais, melhores e improváveis produtos, fomentando a indústria de bens de consumo. Chegava ao fim a antiga visão de que as pessoas consomem porque precisam, fazendo do consumo uma etapa posterior à produção. Quem precisava de Pepsi ou de Coca-Cola para sobreviver?

A fabricação do produto se tornaria, aos poucos, secundária em relação à distribuição e ao consumo, o que faria com que o setor de serviços, depois, ganhasse predominância. Com os avanços na tecnologia, o tempo requerido para cada tarefa diminuía, assim como a habilidade exigida no trabalho. A desvalorização dos diferentes ofícios, em qualidade mais que em quantidade, era o que mais inquietava os trabalhadores, pois estudos já mostravam que engenheiros não compensariam todo o espaço perdido em trabalhados qualificados de nível intermediário. Sobre esses cairia o fardo das mudanças na produção. Até então, essa preocupação não assustava tanto, uma vez que a Guerra Fria abria a torneira dos investimentos estatais em indústrias, ciência e tecnologia. O estímulo era permanente, pois estava em desenvolvimento o famoso "complexo industrial-militar", assim batizado por Eisenhower em 1961, quando deixou a presidência dos Estados Unidos.

---

8. Murray, Susan. "Why Color TV Was the Quintessential Cold War Machine". *What I Means to Be American*, 24 de janeiro de 2019. Disponível em: https://www.whatitmeanstobeamerican.org/ideas/why-color-tv-was-the-quintessential-cold-war-machine/. Acesso em: junho de 2021.

Hoje muitos economistas se lembram com nostalgia do papel do Estado na industrialização durante o pós-guerra. Minimizam, porém, o pano de fundo do complexo que unia tantas dimensões, para além da industrial-militar: competição, comportamentos, modos de vida, promessas de progresso e prosperidade. Elementos que só faziam sentido em um contexto de duas guerras seguidas, a verdadeira, com combate e inimigos bem definidos, e a fria, construída na base de medo e paranoia, mas também especulação e fascínio sobre infinitas possiblidades.

Naquele ponto, não importava mais quem era inimigo de quem. Algumas semanas antes, aquela mesma base militar era um dos lugares mais incríveis do mundo. "Tinha muito trabalho aqui que era secreto, e muitas dessas pesquisas puramente progressistas e não aplicadas", lembrava Pete, protagonista do conto "Estrondos e rosa".[9] Com cautela, ele entrou naquele setor misterioso, vazio depois do ataque: o laboratório. O que se sabia, antes do estrondo fatal, era que ali se fabricavam farinhas mais nutritivas e se aprimoravam utensílios de cozinha, com destaque para o *design* arrojado dos novos descascadores de beterraba. Depois de uma porta, porém, o que se via eram inúmeros termostatos e luzes piscando. Mas os teóricos em eletrônica e mecânica, que costumavam trabalhar ali, tinham desaparecido junto com o estrondo produzido pela bomba. Pete avistou, então, uma parte escura. O que estaria ali? Deviam ser os tais "negócios dos teóricos do exército". Painéis de interruptores, pontos de solda, e saltava dali, protuberante, uma alavanca vermelha. Nada rotulado. Para que serviria? Certamente, "alguém queria estar terrivelmente seguro de que tinha poder para algo".[10] Um contador e o sensor da porta – feita para ficar trancada até que a radioatividade entrasse – escancaravam o objetivo da alavanca: disparar mais bombas atômicas como contra-ataque. Pete descobriu que a alavanca deveria ser usada exclusivamente sob ordens do comandante, mas ele também havia desaparecido com o estrondo. O próximo na cadeia de comando era ele próprio. Depois de muita hesitação, Pete resolveu desarmar o mecanismo e dar nova chance às rosas, metáfora para uma humanidade prestes a se extinguir, contorcida em seus próprios espinhos. Que ela se saia melhor depois dessa chance.

---

9. Sturgeon, Theodore. "Thunder and Roses", op. cit.

10. Ibidem.

# Capítulo 19
# QUANDO A RAZÃO QUASE PERDEU A CABEÇA

No currículo de alguns cursos universitários, como informática e administração, é comum haver uma matéria chamada "Tomada de decisão". Pode não parecer óbvio o porquê, afinal, tomar decisão parece ser algo simples e corriqueiro: a pessoa reflete e decide, pronto. Mas tomada de decisão tornou-se um problema durante a Guerra Fria. E não à toa.

Nunca um poder de decisão tão drástico havia sido dado aos humanos, que, por definição, erram. Com a corrida nuclear, a tecnologia levava aos píncaros a capacidade humana de destruir tudo, incluindo seu próprio hábitat. Disparar uma terceira guerra mundial parecia depender excessivamente dos humores de um indivíduo que tivesse esse poder. A irracionalidade humana nunca tinha sido confrontada com consequências dessa dimensão. O filme *Dr. Fantástico*, de Stanley Kubrick, exprime isso. O cenário é uma imagem do grau de delírio da época, com painéis e homens – demasiadamente humanos – no centro de uma arena fatal, devendo reverter uma decisão leviana de atirar a bomba atômica.

*Quando a razão quase perdeu a cabeça* é um livro que conta a história de ciências originais nascidas na Guerra Fria.[1] Matemática, áreas humanas e sociais se uniam à análise estratégica e à gestão de riscos com o objetivo de tirar a decisão das mãos dos homens. Uma simulação da racionalidade humana deveria ser mais eficiente – e mais segura – que pessoas de carne e osso. Nenhuma experiência estava disponível para antecipar o cenário de uma guerra nuclear, um tipo estranho de conflito que estimulava a imaginação e o delírio. Novas técnicas tentavam, portanto, simular o próprio raciocínio humano, a fim de antecipar os cenários que decorreriam de diferentes decisões. "Se fizermos isso, acontecerá aquilo" – eram tantas as possibilidades que tais cenários deviam ser sistemáticos. Um pouco mais tarde, automatizados e simulados por computador.

Uma das contribuições da história da ciência é investigar mudanças em noções que parecem ter uma definição estanque, e mesmo a "inteligência" ou a "racionalidade" são ideias que variam com o tempo. O trabalho de computadores humanos no século 19 reforçava uma visão de inteligência como distinta e superior à habilidade de calcular, como explicamos na segunda parte deste livro. Durante a

---

1. Erickson, Paul et al. *How Reason Almost Lost Its Mind: The Strange Career of Cold War Rationality*. Chicago: University of Chicago Press, 2013.

Guerra Fria, surgiu uma nova visão sobre a "racionalidade", diferente da própria ideia de "razão". Foi nesse momento que se passou a conceber a racionalidade humana de modo similar aos algoritmos. Essa associação partia, como sempre, de pressupostos. No caso, o seguinte: o ser humano tende a maximizar seus ganhos. Esse seria um dos fatores principais a determinar suas decisões ao longo da vida. Surgia, assim, o *Homo economicus*, que decide em função de perdas e ganhos e, logo, é caracterizado por uma racionalidade cuja natureza já é econômica. Nada na genética determina que seja assim, e seria perfeitamente possível assumir que as pessoas tomam decisões segundo critérios menos mercantis e individualistas. Vamos mostrar que esse pressuposto é produto de um contexto histórico, marcado por novas instituições que operavam no campo das ideias – os chamados *think tanks*.

Em 1946, foi criado, pela Força Aérea norte-americana, um projeto de pesquisa e desenvolvimento. Dois anos mais tarde, tornou-se uma corporação autônoma, chamada Research and Development (Rand Corporation). Fundada por um grupo de pesquisadores de diversas áreas, unia-se estratégia e tecnologia de guerra (*tank*, "tanque" em inglês) a um modo original de produzir pensamento (*think*, que quer dizer "pensar"). A Rand existe até hoje e é o modelo desse tipo de organização, voltado a produzir teorias e consensos sobre assuntos de interesse de governos e políticas públicas. Na época em que surgiu, as estratégias para racionalizar a corrida nuclear eram inseparáveis, como vimos, do objetivo de conter o comunismo.

No início dos anos 1950, os problemas mais estratégicos não tinham soluções fáceis de conceber. Se os Estados Unidos jogassem um míssil atômico na União Soviética, como ela responderia? As informações eram incertas. Valia a pena, portanto, investir em mísseis de longo alcance? Ou seria melhor construir submarinos para levá-los por baixo d'água? Diante da ameaça de uma guerra que ninguém jamais havia lutado, era preciso desenvolver métodos sistemáticos para lidar com incertezas. Como deveria ser executada determinada missão? Valia a pena? A que custo? Com que tecnologias existentes ou a ser desenvolvidas? As opções eram muitas e caras, e os resultados eram incertos demais.

Foi assim que surgiu a área de análise de sistemas, que ocupa parte dos cursos de computação ou administração hoje. A pesquisa operacional já explorava, desde antes, técnicas para simular decisões a partir de dados e prospecção de cenários.[2] O objetivo era desenvolver métodos matematizados para avaliar diferentes opções e decidir sobre a melhor forma de alocar os recursos. A noção de "otimização" também apareceu nesse contexto, pois "programação linear" era um método para otimizar os gastos visando a maximizar os ganhos (ou minimizar as perdas) por meio do melhor emprego dos recursos existentes (tidos como limitados). Na Rand, técnicas de pesquisa operacional e análise de sistemas eram usadas para comparar e avaliar futuros, fossem de ataque, fossem de defesa contra o inimigo. Métodos precisos eram requisitados para auxiliar escolhas difíceis, justamente porque permitiam ir além da intuição e usar informações quantitativas de modo controlado.

Tecnologia, estratégia e estudos sobre o comportamento humano, domínios antes separados, começavam a caminhar juntos. As escolhas individuais passavam a ser explicadas também por avaliações de perdas e ganhos, como se a racionalidade econômica estivesse inscrita na natureza humana. Fenômenos coletivos sempre foram difíceis de simular, mas supor traços genéricos da racionalidade humana seria útil para construir modelos capazes de descrever e prever o comportamento de um grande número de pessoas. Aos poucos e de modo sutil, esses pressupostos diminuíam a importância de outras habilidades humanas, mais singulares e impossíveis de simular, como a experiência e a intuição. Tarefas complexas, antes atribuídas a pessoas experientes e hábeis, com virtudes para julgar e avaliar cenários de modo original, eram reduzidas a sequências de passos automatizados. Essa sistematização antecedeu, na verdade, a tradução desses processos por computadores. Mas essa seria a próxima fase, com a adoção da programação linear automatizada, implementada de modo pioneiro pela General Electric, em 1954, com um computador chamado Univac.

A nova metodologia científica desprezava os atos da vontade. Esses atos, porém, eram centrais à determinação da conduta e da estratégia de guerra. Chegava a ser temeroso, segundo alguns quadros das Forças Armadas, ignorar a experiência de homens habilidosos nas artes da guerra. As consequências de decisões estratégicas começavam a ser avaliadas por computadores, capazes de processar muitos dados em tempo real, com programas automáticos de tomada de decisão.

---

2. Outra agência, criada em 1947 na Força Aérea norte-americana, a Scoop, também incentivava essa área.

Até o início dos anos 1960, era comum ouvir questionamentos dos próprios militares, que denunciavam o despotismo desses "soldados desmilitarizados". O computador tinha a desvantagem de considerar apenas informações de massa, desprezando a originalidade individual. O coletivo, antes impossível de prever e controlar, tornava-se uma soma de racionalidades individuais, baseadas no pressuposto do *Homo economicus* e em suas escolhas sobre perdas e ganhos. A programação linear e a análise de sistemas tentavam simular um comportamento racional, mas considerando que as pessoas são desprovidas de uma inteligência singular ou de conhecimentos dados pela experiência. A nova concepção de racionalidade jogava a autoridade da decisão – para a guerra, a gestão das empresas ou o consumo – nas mãos de uma massa de pessoas irreais cujos comportamentos poderiam ser simulados por computador. E tinha que ser assim, segundo os formuladores dessa ideia. Afinal, a decisão devia ser mecanizada precisamente para evitar as idiossincrasias humanas. Com base nesses pressupostos, bastante redutores, a racionalidade adquiria um aspecto algorítmico.

As mesmas ideias se expandiam a outros temas e outras áreas da sociedade. O comportamento dos consumidores, por exemplo, também poderia ser simulado por algoritmos, com potencial para planejar a produção e evitar desperdícios nos estoques. Assim, garantia-se a racionalidade da produção, pois só os produtos mais demandados pelos consumidores precisavam ser fabricados em larga escala. Essas técnicas para planejar a produção a partir do consumo consolidaram um novo paradigma econômico nos anos 1970, que otimizaria os gastos das empresas com trabalhadores e acarretaria consequências negativas para a qualidade do emprego.

No mesmo contexto, surgiram as "teorias da escolha racional", com grande influência no pensamento econômico. A teoria dos jogos seria um passo ainda mais sofisticado da modelagem estratégica, sistematizando o modo como jogadores avaliam, em cada lance, a maximização dos ganhos e a minimização de possíveis perdas. Seus teoremas permitiam obter soluções precisas para todas as combinações da probabilidade de sucesso na escolha de certa jogada. Como a Guerra Fria só existia por meio de simulações – cada lado do tabuleiro se armava e traçava estratégias em cima de especulações –, parecia mesmo um jogo. O matemático John von Neumann foi um dos inventores e ajudou a popularizar a teoria dos jogos. Figura influente na época, chegou a ter impacto em diversas áreas da matemática.

Após a Segunda Guerra Mundial, os Estados Unidos assumiram a liderança na matemática global, estimulando áreas mais aplicadas. A nova noção de "aplicação" era distinta das experiências e das observações comuns no século 19. A modelagem e a simulação passaram a ser valorizadas, e a própria noção de "modelo" ganhou uma relevância inédita na segunda metade do século 20, reorientando as prioridades da pesquisa. A "matemática aplicada" data desse período, quando boa parte das pesquisas matemáticas era financiada por um órgão da Marinha norte-americana, o Office of Naval Research (ONR).

Um dos astrônomos mais importantes dos Estados Unidos, Simon Newcomb, manifestava sua satisfação, em fins do século 19, com o conhecimento adquirido em sua época: "Estamos nos aproximando, provavelmente, do limite de tudo o que sabemos sobre astronomia".[3] Ele estava certo, embora tenha errado a profecia. "Saber sobre astronomia", no século 19, significava entender, descrever e prever os fenômenos celestes. Essa tarefa parecia estar completa. Setenta anos mais tarde, porém, esse modo de saber não era suficiente. O ser humano aspirava a uma relação mais ousada, de intervenção na natureza, desafiando o átomo e a gravidade. Essa ambição requeria, ao mesmo tempo, mais controle e constrição de seu poder.

Durante a Guerra Fria, a racionalidade tornava a razão mais comedida. Uma época repleta de incertezas e riscos, de pavor e delírio, de excesso e restrição do poder humano também despertava visões apocalípticas. Até onde a força da razão, impulsionadora da ciência, poderia levar o ser humano? A tecnologia ajudaria o planeta a evoluir ou a se autodestruir? Apesar das sistematizações e dos modelos matemáticos, essas ambiguidades permaneciam. As angústias estavam bem vivas, mesmo que não encontrassem espaço na ciência. Não por acaso, essa foi também a época áurea da ficção científica.

Forças irracionais destroem a primeira *Fundação*, de Isaac Asimov. A divisão entre racionalidade e poderes paranormais aparece em inúmeras de suas histórias. Havia duas culturas: de um lado, a racionalidade; de outro, a paranormalidade e os estados alterados de consciência. Para Asimov, a união de ambas poderia ajudar os humanos a descobrirem a verdade sobre o próprio passado, indo além de seus medos e entrando no futuro de modo mais preparado.

---

3. Cf. Newcomb, Simon. *Elements of Astronomy*. Woodstock: American Book Company, 1900.

Outros escritores são menos otimistas, como Arthur C. Clarke. Seu livro *A cidade e as estrelas*, escrito em 1956, conta a história da Terra devastada por uma mente insana, criada pelo próprio homem. Antes disso, *O fim da infância*, publicado em 1953, indaga o destino da humanidade. Parece um livro sobre alienígenas, mas fala também de um momento efêmero de reconciliação com a razão:

> A raça humana continuou a se deleitar na longa e ensolarada tarde de verão de paz e prosperidade. Voltaria a haver um inverno? Era impensável. A Idade da Razão, prematuramente acolhida pelos líderes da Revolução Francesa, dois séculos e meio atrás, agora realmente chegara. Desta vez, não havia engano.[4]

Os Senhores Supremos incarnam a racionalidade que tudo entende e tudo vê, exatamente como no mundo da Guerra Fria. Só que não enxergam com tanto otimismo o futuro da humanidade. Enquanto aceitaram sua vigilância, homens e mulheres puderam desfrutar do paraíso da razão, da ciência e do progresso. Mas havia um porém: estavam proibidos de guerrear ou de buscar o espaço. Teriam que abrir mão da aspiração de ir aos céus, pois "as estrelas não são para o homem".[5] O acordo não foi respeitado, e a humanidade chegou ao fim de sua infância.

---

4. Clarke, Arthur C. *O fim da infância*. São Paulo: Aleph, 2015 (*e-book*).

5. Ibidem.

Capítulo 20
# BOTÕES QUE SE APERTAM SOZINHOS

Tecnologias de automação e eletrônica, na origem dos aparelhos que usamos hoje, foram desenvolvidas com fins militares. Isso é mais ou menos conhecido. O que se sabe menos é que, durante um bom tempo após a guerra, a automação foi mais importante do que a eletrônica. Para as necessidades da época, tecnologias de controle automático bastavam.

A ideia de automação estava relacionada a um novo modo de conceber e organizar a produção. Não se confundia com os meios técnicos nem com os computadores que tornariam possível a substituição das tarefas humanas por máquinas. No pós-guerra, o debate girava em torno de processos "automáticos" presentes em alguns armamentos e que passavam a ser desenvolvidos. O termo "automação" começou a circular com o novo departamento da Ford Motors em 1947, mas as inovações só chegariam à fábrica alguns anos mais tarde. Para John Diebold, um dos divulgadores da ideia de automação, nos anos 1950 "a era de apertar botão já estava obsoleta; os botões agora apertavam a si mesmos".[1]

Nos anos finais da guerra, aviões e mísseis cada vez mais rápidos demandavam uma artilharia sofisticada, capaz de detectar e barrar objetos muito destrutivos e pouco perceptíveis. Um marco de virada foram as armas da vingança. Em 1942, os bombardeios da Inglaterra contra a Alemanha ficaram mais violentos, em resposta à Blitz alemã, que durou um ano e foi até 1941. O objetivo passou a incluir alvos industriais e atingia áreas civis. Adolf Hitler e seu ministro da Guerra resolveram, então, retaliar com as chamadas armas-V (do termo alemão *Vergeltungswaffen*, "armas de vingança"). Essas novas armas passaram a ser lançadas após o Dia D, quando o norte da França, antes ocupado pela Alemanha, começou a ser libertado. A mais inovadora era a V-2 – na verdade, um foguete supersônico que não podia ser visto nem escutado e, assim, surpreendia os alvos. A produção do V-2 envolveu tecnologias sofisticadas, mas também o trabalho escravo de pessoas presas em campos de concentração. Depois dos ataques ingleses de 1943, a produção passou a ser feita no subsolo, em condições de trabalho ainda mais deploráveis. O engenheiro alemão Wernher von Braun era um dos principais cien-

---

1. Diebold, John. "Automation". *Textile Research Journal*, v. 25, n. 7, 1955, p. 640.

tistas do projeto, um membro do partido nazista e da SS que ajudou a persuadir Hitler a dar prioridade ao V-2.[2]

Derrubar objetos desse tipo, em pleno voo, exigia sensores muito potentes, com capacidade de receber e processar rapidamente informações sobre os movimentos dos pequenos foguetes. Já havia radares desde antes da guerra, mas a novidade agora eram os dispositivos com habilidade de perseguir o alvo durante o voo, corrigindo sua própria trajetória em tempo real. Isso poderia ser feito do solo ou a partir dos aviões que lançavam as bombas, por mecanismos de controle remoto, com dispositivos tipo *joystick*. As armas voadoras eram chamadas "mísseis guiados", hoje abreviadas como "mísseis". Pois no fim da guerra começaram a surgir mísseis autoguiados, dispositivos automáticos que calculavam e corrigiam sozinhos suas trajetórias.

Em 1945, os Estados Unidos usaram pela primeira vez um míssil automático, chamado de Morcego (*Bat*). Foi experimentado apenas no Japão, que desafiava o Ocidente com seus camicases. O nome era um tributo aos morcegos, pois o animal consegue localizar suas presas emitindo ondas sonoras rebatidas por elas mesmas. Ou seja, sem querer, as presas ajudam seu predador a encontrá-las. Com a informação fornecida por essas ondas sonoras, o morcego consegue mudar sua trajetória de voo em função do movimento da presa. Para isso, precisa processar muito rápido a informação recebida. Como uma bomba poderia reproduzir esse mecanismo? Sem cérebro e sem a inteligência dos morcegos, teria de simular o procedimento, o que foi feito por um dispositivo de "servo-controle".

O que é isso? A automação se caracteriza por mecanismos de *feedback* que fazem a máquina conversar consigo mesma. Equipamentos automáticos de ar-condicionado, por exemplo, controlam a temperatura de um ambiente por meio de servo-controles. Antes de ligar, informa-se ao aparelho a temperatura desejada. Durante o funcionamento, então, o termostato captura a temperatura do ambiente e, quando ela excede o nível desejado, envia um *feedback* ao motor. Ou seja, manda uma informação dizendo quão

---

2. O grau de envolvimento político de Von Braun com o nazismo foi abafado por muito tempo, tendo vindo à tona nos anos 1990 com a abertura de arquivos secretos. Sua história foi contada, então, em artigos e livros como Neufeld, Michael J. *Von Braun: Dreamer of Space, Engineer of War*. Nova York: Knopf, 2007; e Biddle, Wayne. *Dark Side of the Moon: Wernher von Braun, the Third Reich, and the Space Race*. Nova York: WW Norton & Company, 2009.

quente está lá fora, e isso dispara um mecanismo para regular o motor, mudando sua intensidade de funcionamento até que se chegue à temperatura programada.

A bomba Morcego possuía um radar em seu nariz, visando a localizar o alvo, além de um dispositivo interno de servo-controle. Os sinais do radar rebatiam no alvo e retornavam ao servo-controle, que agia para ajustar automaticamente a trajetória do voo, permitindo um rastreamento sofisticado. Parece irônico, mas os Morcegos eram mais avançados tecnologicamente e bem menos eficientes do que as armas-V, bombas guiadas por ondas de rádio e controladas pelo tripulante, o que gerava inconvenientes. As bombas e seus alvos deviam permanecer à vista durante o lançamento, com a visibilidade podendo ser prejudicada por nuvens ou fumaça. Além disso, o avião devia voar perto do alvo, ficando mais vulnerável a contra-ataques. Os mísseis automáticos, como os Morcegos, foram inventados com intuito de superar essas limitações. Seu uso, porém, foi uma decepção, pois o retorno não chegava a tempo, e sinais de montanhas ou outros acidentes naturais desviavam as bombas de seu caminho.

Os experimentos serviram de teste para as novas tecnologias de automação. As bombas que tentavam imitar morcegos eram produzidas por uma empresa privada, a Bell Technologies, surgida da AT&T. Antes dedicada à telefonia, a empresa tornou-se pioneira em automação, desenvolvendo tecnologia de radares e rastreamento automático, um dos principais fatores da vantagem tecnológica dos Estados Unidos no pós-guerra. A aliança entre o Pentágono e a Bell era um emblema da cooperação íntima entre setores militares, pesquisa científica e empresas privadas.

No início dos anos 1950, uma nova filial da Ford Motors, em Cleveland, tornou-se simbólica no uso de automação. A linha de montagem, que existia havia décadas e caracterizava o modo de produção fordista, adquiria elementos que mudariam radicalmente a fábrica. Algum tempo antes, máquinas podiam simular ferramentas na indústria automobilística – como tornos, fresadoras, furadeiras, prensas e estampadoras. Mas trabalhadores humanos colocavam e retiravam as peças dessas máquinas, sendo capazes de pausá-las caso necessário. As novas tecnologias permitiam automatizar o controle dessas máquinas-ferramentas, incluindo as tarefas de verificação e calibragem, que costumavam exigir atenção e habilidade de homens experientes. Com a automação, tarefas de controle foram integradas a gigantescas máquinas de transferência (*transfer machines*), cujo funcionamento não precisava ser interrompido por nada. As técnicas de controle tornavam a intervenção humana dispensável em uma gama mais vasta de operações, garantindo um aumento da produtividade e dispensando trabalhadores – e não apenas os braçais, mas também os que antes controlavam as linhas de montagem. As demissões não foram imediatas, pois a automação demoraria a funcionar de modo vantajoso para a indústria, mas não tardariam a ocorrer.

A "automação de Detroit", usada nas indústrias automobilísticas da região, passou a ser expressão corrente para designar máquinas que se autocontrolam e dispensam a supervisão humana – são os "botões que se apertam sozinhos". Claro que sobravam botões para serem apertados, mas eram poucos e reunidos em um só painel, lotado de fios e interruptores. Na automação de Detroit, esse painel ganhava o sugestivo nome de "cérebro". Era a aplicação sistemática do princípio de *feedback* que tornava possível o uso de máquinas para controlar suas próprias operações. Assim, tecnologias de controle facilitavam processos contínuos de produção, sem necessidade de intervalos para descanso, e a fábrica não precisava levar em conta limitações do trabalhador humano, como a fadiga.

John Diebold distinguia dois fenômenos designados como "automação". De um lado, a automação de Detroit, que acabamos de descrever. De outro, um novo sistema de controle automático por *feedback*, uma tecnologia "maravilhosa em suas possibilidades" e que eliminaria até os painéis-cérebro, tornando descartáveis os homens que operam o controle. Essa mudança ficou conhecida como Segunda Revolução Industrial. A primeira havia dispensado o trabalho manual, mas ainda mantinha o controle das máquinas em mãos humanas; a segunda tornava os trabalhadores dispensáveis até mesmo para o que se pensava depender do cérebro, transmutado agora em um painel automático.[3]

Máquinas que se autocontrolam de modo ininterrupto, desprezando os corpos, a experiência e as habilidades humanas, geravam ansiedade. Como sempre, era na ficção científica que esses sentimentos encontravam lugar, como no livro *1984*, de George Orwell, que expressava o temor de que o controle das máquinas produzisse uma sociedade autoritária. A realidade, porém, estava mais próxima de humanos se tornando e se enxergando como supérfluos, levando vidas

---

3. Diebold, John. "Automation", op. cit., p. 635.

sem sentido e sem propósito. Kurt Vonnegut descreveu, em 1952, um macabro piano automático com teclas subindo e descendo sozinhas, enquanto o pianista observava de longe, com ar melancólico.[4] Isso não era tudo. Os efeitos da automação iam além de um piano programado para tocar músicas previamente determinadas. O mesmo livro descreve os habitantes de uma cidade imaginária divididos em distritos: os engenheiros úteis de um lado e uma massa de inúteis de outro. Antes tranquilos, engenheiros e cientistas começam, porém, a se ver ameaçados pela possível substituição de suas funções por máquinas. Um grupo radical resolve, então, rebelar-se, pregando que "homens e mulheres voltem a trabalhar como controladores das máquinas",[5] dizendo que a santíssima trindade da nova Revolução Industrial – "eficiência, economia, qualidade" – não satisfazia aos anseios da humanidade.[6]

A era dos computadores ainda estava distante. Como dissemos, eletrônica e automação são coisas distintas. O primeiro computador ficou pronto em 1945, mas era usado exclusivamente para fins militares. O Eniac, projetado com ajuda de cientistas influentes, como Vannevar Bush e John von Neumann, acelerava os cálculos para testes com a bomba de hidrogênio. Não tinha uso comercial, pois ocupava uma sala inteira, contendo tubos enormes – bem diferente de nossos computadores portáteis. O primeiro computador comercial, o Univac, foi adquirido pela General Electric em 1954, mas só se disseminou nos anos 1960. Nas indústrias, tecnologias analógicas de controle davam conta das necessidades. A Bell, por exemplo, continuava suas pesquisas sobre interceptação automática de mísseis supersônicos, desenvolvendo um sistema de dois radares: um para rastrear o alvo e outro para rastrear o míssil. Uma máquina analógica calcularia o ponto de impacto e enviaria sinais para guiar o míssil. Era o projeto Nike, deusa da vitória.

Até os anos 1960, computadores eram usados apenas para fazer contas volumosas que demandavam rapidez. Uma das limitações de seu uso mais amplo era o tamanho dos tubos necessários ao controle da emissão dos elétrons que carregam informação. Essas partículas

---

4. Vonnegut, Kurt. *Player Piano*. Nova York: Rosetta, 2000.

5. Ibidem, p. 278.

6. Ibidem, p. 279.

deviam passar por tubos de vácuo (chamados de "válvulas termiônicas"). Trata-se de um dispositivo parecido com uma lâmpada: um invólucro de vidro de alto vácuo contendo vários elementos metálicos, o que possibilita conduzir os elétrons de forma controlada. Além de serem grandes e incômodos, esses dispositivos não detectavam novos tipos de onda que começaram a ser usadas para aumentar a precisão dos radares. Eram as ondas de alta frequência, conhecidas depois como micro-ondas, que se tornavam interessantes porque permitiam diminuir o tamanho das antenas de detecção (lembrando que antenas menores poderiam ser carregadas nos aviões de guerra). A tecnologia já era conhecida e veio da Inglaterra, mas o Laboratório de Radiação do Massachusetts Institute of Technology (MIT) foi fundamental para a fabricação dos dispositivos que emitissem e detectassem micro-ondas. O manejo desse novo tipo de onda demandava meios seguros de transmiti-las, e assim surgiu o transistor, patenteado pela Bell em 1948.

Em colaboração com o MIT, a Bell Technologies passou a investigar materiais semicondutores, como o silício, a fim de produzir aparelhos de transmissão mais eficientes, menores e que detectassem micro-ondas. Com esse impulso, descobriram-se meios de produzir esses materiais semicondutores, desenvolvendo o campo da física do estado sólido. O conhecimento sobre os elétrons e sobre a estrutura atômica era usado para desvendar as características de novos materiais, que seriam essenciais à fabricação de microcomputadores e dos dispositivos eletrônicos portáteis, como os telefones celulares, que requerem condutores muito pequenos.

Além de limitações tecnológicas, o temor de que tarefas de decisão e de estratégia fossem substituídas por computadores ajudou a retardar o uso da eletrônica. Mesmo quando já existia tecnologia para torná-la acessível, não havia consenso sobre a pertinência de um uso mais amplo de computadores eletrônicos na sociedade, percepção que só começou a mudar nos anos 1960. O projeto de um Ambiente Terrestre Semiautomático (Sage, em inglês *semi-automatic ground environment*), a primeira grande rede de comunicação digital, foi um marco da mudança de visão sobre a utilidade da eletrônica.[7] Tratava-se de um plano, em larga escala, para a defesa contra ataques

---

7. Edwards, Paul N. *The Closed World: Computers and the Politics of Discourse in Cold War America*. Cambridge: MIT Press, 1996.

aéreos, cobrindo todo o território dos Estados Unidos. Em caso de bombardeio soviético, diferentes interceptores seriam designados para cada avião inimigo. E toda essa rede seria controlada de modo centralizado por computadores digitais, com capacidade suficiente para monitorar os inúmeros radares espalhados pelo país e dar ordens rápidas assim que ações de defesa fossem necessárias. A missão exigia uma velocidade sobre-humana e uma precisão extrema nos cálculos; logo, o uso de computadores digitais era inevitável (já que os analógicos não davam conta da rapidez nem da destreza exigida nesse tipo de tarefa). Os céus, povoados de máquinas espiãs, tornavam-se ameaçadores demais para que sua defesa fosse entregue apenas à mente e às mãos humanas.

# Capítulo 21
## OLHOS NO CÉU

Depois da explosão nuclear, a Terra conviveria com uma camada radioativa por toda a eternidade. A imaginação do dia seguinte à bomba fatal e da fuga para outros planetas virou tema recorrente da ficção científica. Lendo os autores que escreveram durante aqueles anos, notamos que na origem da utopia celeste estavam o pavor nuclear e a tensão gerada pela vigilância ininterrupta em que se vivia. Na Terra e no céu!

Em 1947, Theodore Sturgeon publicou um conto sobre um crime misterioso, cuja solução despertava suspeitas de que extraterrestres estariam nos vigiando.[1] A hipótese parecia delirante para os investigadores policiais, mas, quando chegaram do lado de fora, "O céu estava cheio de naves". Esse é o título da história que inspirou Arthur C. Clarke a escrever *2001, uma odisseia no espaço*. Extraterrestres que vigiavam a Terra serviam de metáforas para os humanos, que viviam imersos em espionagem e invenção de conspirações. No ano de lançamento do *Sputnik*, 1957, foi publicado um romance chamado *Olhos no céu*, de Philip K. Dick, tendo como protagonista um deus que tudo via e que controlava os humanos. A metáfora se espalhava até assuntos mundanos, como o marido que acompanha os passos da ex-mulher na música "Eye in the Sky", sucesso composto por The Alan Parsons Projects, que diz saber ler a mente e adivinhar o que ela está pensando.

Na Guerra Fria, a principal batalha era por informação. Foi assim que surgiram os melhores espiões do mundo: os satélites artificiais. Depois do *Sputnik*, além de fazer propaganda de seus incríveis eletrodomésticos, os norte-americanos tinham que lançar o próprio satélite. Dwight Eisenhower assumira a Presidência dos Estados Unidos em 1952, com duas prioridades: acelerar a pesquisa e o desenvolvimento de mísseis de longo alcance e entrar na era espacial, furando a cortina de ferro para obter informações sobre os planos soviéticos. A Rand, setor de inteligência da Força Aérea, vinha alertando, desde 1946, para a importância dos satélites, que não podiam ser derrubados e teriam grande valor na comunicação. Além de ser um dos instrumentos científicos mais potentes do século 20, o satélite teria o potencial de "inflamar a imaginação da humanidade e provavelmente produziria repercussões mundiais comparáveis à explosão da bomba atômica".[2]

---

1. Sturgeon, Theodore. "The Sky Was Full of Ships". *Thrilling Wonder Stories*, v. xxx, n. 2, 1947, pp. 55-60.

2. McDougall, Walter A. *The Heavens and The Earth: A Political History of the Space Age*. Baltimore: The John Hopkins University Press, 1985, p. 102.

Com uma grande vantagem: satélites não eram armas. Ainda assim, seriam relevantes para a segurança nacional, já que teriam potencial de coletar dados valiosos para a estratégia militar.

Eisenhower era general, um homem mais de estratégia que de propaganda. Seu objetivo, sem dúvida, era derrotar o comunismo, mas a vitória viria do potencial de espionagem, a fim de antecipar os passos do inimigo, não da conquista de prestígio. As informações disponíveis ainda eram abstratas, e os Estados Unidos precisavam de meios para fundamentar a inteligência em "fatos duros".[3] De quebra, a economia agradeceria à redução dos riscos – e do desperdício – decorrentes de se superestimarem as ameaças. As verbas também eram uma preocupação, pois qualquer investimento tinha que ser aprovado no Congresso, competindo com outras prioridades. Com esse cálculo, porém, o general acabou subestimando o grau de descontentamento que um triunfo soviético provocaria dentro e fora dos Estados Unidos, inclusive minando a capacidade de liderança do país e enfraquecendo os valores defendidos contra o comunismo. Depois de reeleito com larga margem em 1956, Eisenhower começou a perder popularidade no ano seguinte, quando seus inimigos lançaram o *Sputnik*.

A mídia de massas tinha grande atuação política, e qualquer fraqueza norte-americana repercutia no mundo inteiro. Em outubro de 1957, a *Life* lançou um petardo contra as escolhas do governo, insinuando que não teria valorizado suficientemente a pesquisa científica: "Temos que revisar nossa atitude ingênua em relação à pesquisa básica. As Forças Armadas têm que entender que dinheiro gasto em pesquisa de fundo não é dinheiro jogado fora [...]. Devemos mudar nossa atitude pública em relação à ciência e aos cientistas".[4] Era inegável que o *Sputnik* havia fortalecido a imagem da União Soviética, associada a um pioneirismo em ciência e tecnologia que acabava fazendo com que o regime fosse mais aceitável, o que era um problema para os Estados Unidos.

Tornava-se consenso que a estratégia espacial fora equivocada. Como sugere o historiador Walter A. McDougall, as escolhas de Eisenhower foram determinantes no abalo da credibilidade dos Estados

---

3. Ibidem, p. 116.

4. "Scientists Plot Sputnik Space Satellite". Nova York, *Life*, pp. 19-35, outubro de 1957.

Unidos. Agora, restava correr atrás do prejuízo e reconquistar, no espaço, a superioridade no *front*. A defesa da liberdade, associada ao consumo, continuava sendo importante arma de propaganda, mas excessivamente abstrata se comparada à habilidade de cada país para estimular o progresso científico. A divulgação dos avanços tecnológicos tornava-se, assim, tão estratégica quanto a disputa de valores. A superioridade precisava ser exibida e ostentada, sobretudo porque, ao lado da guerra simbólica, havia batalhas sendo travadas em territórios do então chamado "Terceiro Mundo" – termo usado na Guerra Fria para designar os países não alinhados ao Primeiro Mundo (liderado pelos Estados Unidos) nem ao Segundo Mundo (liderado pela União Soviética).

O *Sputnik* fora lançado no exato momento em que a conquista do Terceiro Mundo se tornava estratégica na Guerra Fria. Visões e ilusões de mundo ajudavam a vender máquina de lavar, televisão em cores e regimes políticos. Todas essas razões faziam com que, depois do *Sputnik*, lançar seu próprio satélite fosse uma questão de vida ou morte para os Estados Unidos. Só que as primeiras tentativas agravavam o problema, pois, no fim de 1957, a falha espetacular do *Vanguard 3*, o primeiro satélite norte-americano, foi divulgada e televisionada pela imprensa do mundo inteiro. Depois de dois segundos no ar, a engenhoca perdeu o impulso e explodiu em chamas. Ou seja, os programas espaciais precisavam ser radicalmente reestruturados.

Foi quando a antiga NACA se transformou em NASA, em 1958, e o Centro Espacial Goddard foi fundado, dedicado a calcular e simular as órbitas dos satélites. Cálculos matemáticos complexos permitiam manejar órbitas de diversos tipos, com desenhos diferentes, dependendo apenas da variação de parâmetros. A resistência do ar, a atração dos campos gravitacionais dos outros corpos celestes, a pressão da radiação solar e as características da atmosfera são variáveis que interferem na forma da órbita e devem ser manejadas matematicamente. A interferência de cada uma dessas quantidades precisava ser simulada antes do lançamento concreto dos satélites, por meio de métodos numéricos, que possibilitavam a análise prévia das consequências. Prever as órbitas não era trivial, sobretudo porque envolvia fenômenos desconhecidos.

Em 1952, cientistas do mundo inteiro haviam se reunido para somar esforços e desvendar os fenômenos que circundavam a Terra. Um Ano Geofísico Internacional teria lugar de julho de 1957 a dezembro de 1958, período em que as manchas solares tiveram um comportamento especial, com o fim de entender melhor as ciências da Terra. A iniciativa era interessante, pois pretendia aproximar, na colaboração científica, países rivais na política. A morte de Joseph Stálin, em 1953, ajudou a aproximar a União Soviética da iniciativa. As ciências da Terra teriam prioridade, como os estudos da aurora e de outros fenômenos atmosféricos, os raios cósmicos, o geomagnetismo, as variações na gravidade, física da ionosfera, a determinação da longitude e da latitude com mais precisão, a meteorologia, a oceanografia, a sismologia e a atividade solar. O Projeto Vanguarda havia sido criado pelos Estados Unidos especialmente para o evento, mas sem muito sucesso. Apenas depois de um segundo satélite ter sido lançado pela União Soviética, os norte-americanos conseguiram lançar o seu primeiro: o *Explorer 1*, que subiu ao espaço em fevereiro de 1958. Para a humilhação dos norte-americanos, era a terceira tentativa. Sob responsabilidade da NASA, o Projeto Explorer passou a substituir o Vanguarda.

Nos anos 1950, após se render aos Estados Unidos na Alemanha e ser importado pelos militares, o engenheiro nazista Wernher von Braun liderou a construção de mísseis balísticos e veículos de lançamento, inicialmente no Arsenal de Redstone, no Alabama. Lá foram projetados os lançadores Saturno, que teriam papel essencial na missão *Apollo*. Um desses veículos foi responsável pelo sucesso do *Explorer 1*, reforçando o papel de Von Braun na defesa de um programa espacial mais ousado dos Estados Unidos, ideia que ele já vinha defendendo. Em 1960, o presidente Eisenhower decidiu transferir o desenvolvimento de foguetes do arsenal militar de Redstone para a recém-criada NASA, com objetivo inicial de aprimorar os lançadores Saturno. Von Braun se tornou, assim, diretor do Centro de Voos Espaciais Marshall da NASA, e as realizações ali produzidas aumentaram seu prestígio: a missão *Mercury-Redstone*, que enviou o primeiro astronauta norte-americano ao espaço, em 1961; e o Saturno V, que lançaria a *Apollo 11* à Lua alguns anos mais tarde.

Apesar de ter estatuto civil, a NASA mantinha ligações militares desde o início. Ao mesmo tempo que investia na disputa espacial, que se tornava prioridade da Guerra Fria, desenvolvia novas áreas científicas. Um exemplo foi a teoria das placas tectônicas, que conseguiu provar a antiga tese de que os continentes americano e africano estiveram juntos no passado. Além disso, os satélites permitiam medir o achatamento da Terra e a resistência decorrente da maior densidade do ar em camadas acima da atmosfera. Com esses instrumentos, novos conhecimentos sobre a Terra e o ar, antes pressupostos, podiam ser observados e medidos. Até a arqueologia dos povos antigos do Oriente Médio foi impulsionada por satélites, alguns deles espiões. Isso ficou conhecido após a liberação, em 1995, de arquivos secretos sobre o Projeto Corona, iniciado em 1959. Havia um experimento tecnológico oficial, chamado Discoverer, mas sua utilidade era encobrir satélites espiões do secreto Projeto Corona. Tratava-se de um plano fotográfico que enviava satélites para espionar a União Soviética em órbitas próximas da Terra e tirava fotos desse e de outros países no caminho. As latas de filme eram resgatadas de paraquedas antes da reentrada dos satélites e levadas para análise em centros de inteligência norte-americanos. Assim, os satélites permitiam esquadrinhar a geografia da nação rival, inspecionando territórios desconhecidos e localizando os recursos materiais no globo. Dessa forma, foram criados mapas geodésicos, o que facilitou a identificação de pontos táticos para servir de alvo a mísseis.

Unindo objetivos científicos e militares, novas disciplinas foram surgindo e se tornando inseparáveis umas das outras, como a geodésica, a cartografia e a geografia, em uma grande "convergência geoespacial da Guerra Fria", como sugerido por Erik Conway.[5] Em termos de investimento estatal, as ciências da Terra só eram ultrapassadas pela física; oceanografia, ciência atmosférica, magnetismo terrestre ou estudos da ionosfera ganhavam *status*, também ligado a fins militares. A pesquisa ambiental surgiu nesse contexto, com viés utilitário e sem focar tanto os aspectos biológicos. Esses são exemplos da íntima integração entre o conhecimento do espaço, da superfície da terra e do fundo do mar, que gerou novas ciências e tecnologias. Um exemplo de tecnologia inventada precisamente com esse fim, muito usada hoje, é o GPS, ou Sistema de Posicionamento Global (*Global Position System*), que funciona sem internet, pois usa as ondas enviadas do espaço por satélites. Sua história está ligada de modo intrínseco à Guerra Fria.

Desde a Segunda Guerra Mundial, era uma ambição dos americanos desenvolver mísseis que pudessem ser lançados desde submarinos, pois garantiriam ataques inesperados e não detectados por

---

5. Conway, Erik M. "Bringing NASA Back to Earth: A Search for Relevance During the Cold War". *In:* Oreskes, Naomi; Krige, John. *Science and Technology in the Global Cold War*. Cambridge: MIT Press, 2014.

radares. Com esse objetivo, desde 1956, o Projeto Polaris estava na lista de prioridades dos Estados Unidos. A Marinha queria desenvolver um míssil pequeno, que pudesse ser lançado por submarinos, mas não sabia como localizar essas embarcações debaixo d'água no instante de dar o comando "*go*". A radiolocalização não era suficientemente precisa a grandes distâncias da costa, ainda mais embaixo d'água. A marinha se uniu, portanto, à Arpa (citada no capítulo 18) para produzir um sistema de localização por satélites. O primeiro sistema de geoposicionamento teve início em 1958, batizado de Transit, traduzido por "trânsito" (em referência as cartas de navegação dos séculos 18 e 19). Era forte o *lobby* para que satélites do projeto fossem movidos à energia nuclear, o que seria o símbolo do "casamento entre o espaço e o átomo".[6] Mas como justificar o envio de material radioativo ao céu de países que sequer tinham aprovado a missão? Os cientistas que defendiam o projeto diziam que seu gerador radioisótopo não produziria radiação significativa. Mas o que quer dizer "significativo" quando se trata de radiação? O projeto suscitava protestos, portanto, mas, mesmo assim, o Transit 4A foi lançado em 1965, movido por energia atômica.

Localizar submarinos era um problema similar ao do trânsito, só que não seriam mais os próprios navegadores a desvendar sua localização, atrapalhados com seus relógios de pêndulo ou assoberbados por tabelas de efemérides. Agora, olhos no céu podiam enviar sinais de diferentes pontos de vista, cuja integração permitia saber exatamente onde as embarcações estavam e se o local era adequado para dar o comando "*go*" e disparar o míssil. Os novos olhos eram os satélites artificiais, que possibilitavam, ainda, obter novos conhecimentos sobre a Terra.

Um procedimento já utilizado para localizar o *Sputnik* servia de base à nova missão, só que devia ser usado ao contrário. Não era possível detectar o movimento do *Sputnik* com um radar, mas cientistas norte-americanos supunham que os soviéticos estivessem enviando ondas para obter informações sobre bases militares e arsenais dos Estados Unidos. Tiveram, então, a ideia de detectar essas ondas que

---

6. Launius, Roger D. "Powering Space Exploration: U.S. Space Nuclear Power, Public Perceptions, and Outer Planetary Probes". *In:* Dick, Steven J. (ed.) *Historical Studies in the Societal Impact of Spaceflight*. Washington: National and Space Administration, 2010, p. 346.

deviam chegar à superfície da Terra. Isso podia ser feito com o uso do efeito Doppler, fenômeno que explicamos a seguir.

Se um corpo em movimento emite uma onda, é possível adivinhar onde ele está medindo a intensidade da onda que chega a um ponto fixo. Por exemplo, se colocamos um aparelho detector de ondas sonoras na janela, podemos identificar a que distância uma ambulância está pelo seu barulho. Quando ela passa em frente à janela, emite um som mais agudo, que vai ficando mais grave, o que indica que a onda se torna mais fraca. Comparando a medida de intensidade da onda no momento em que a ambulância passa por minha janela a outra medida alguns instantes depois, é possível deduzir quantos metros ela se deslocou. Esse procedimento parece banal se conseguimos enxergar a ambulância durante esse intervalo. Mas e quando não a virmos mais? Ainda assim, será possível conhecer sua distância detectando a onda sonora que emite (e isso mesmo que nossos ouvidos já não escutem a sirene).

Físicos da Universidade de John Hopkins fizeram exatamente isso com o *Sputnik*. O Laboratório de Física Aplicada tinha sido criado durante a Segunda Guerra Mundial para fornecer suporte à pesquisa de armamentos. Agora, William Guier e George Weiffenbach usariam o efeito Doppler para calcular a posição do satélite soviético usando as ondas enviadas por ele. De uma posição conhecida na Terra, cálculos simples permitiam a localização de um objeto com posição desconhecida nos céus. Ora, invertendo o processo e monitorando as posições de certo número de satélites, seria possível identificar qualquer posição na Terra. Foi assim que nasceu o Projeto Transit, com contratos entre a Marinha norte-americana e o laboratório citado. Satélites equipados de relógios muito precisos dariam a localização de objetos se movendo na superfície da Terra ou embaixo d'água. Para localizar os submarinos, bastaria fabricar um dispositivo capaz de receber informação desses satélites. Surgiram, assim, os primeiros sistemas de navegação, em 1960, que evoluíram para o GPS.

Atualmente, o GPS é composto por quatro satélites equipados com relógios atômicos, sincronizados entre si e com relógios na Terra. Três deles enviam informações sobre suas posições exatas, cada um transmitindo continuamente sinais de rádio para informar sua hora e sua posição exatamente. A diferença entre a hora em que o satélite transmite o sinal e a hora em que o receptor recebe o mesmo sinal é proporcional à distância entre o satélite e o receptor, como no exemplo da ambulância. Só que, dessa vez, não conhecemos a posição do receptor, e sim a do emissor (o satélite). O receptor do GPS monitora os três satélites, e cada um deles representa um ponto de vista sobre a pessoa aqui embaixo. Ao receber informações sobre sua posição a partir dos três pontos de vista, é possível determinar tal posição sem ambiguidades (já que há três coordenadas no espaço).

Supondo uma pessoa caminhando sobre a superfície da Terra, são necessárias duas distâncias para saber exatamente onde ela está: uma longitude e uma latitude. Além disso, uma terceira informação é necessária para determinar sua distância do chão, acima ou abaixo da superfície (como no caso de um submarino). Assim, com três satélites, é possível determinar a posição exata de qualquer objeto se movendo na Terra. Os satélites conseguem localizar um barco ou uma pessoa em movimento porque emitem informações de um ponto de vista que não se move, ao contrário de objetos na superfície da Terra. Ou seja, ter um ponto de vista fixo, controlável a partir do céu, muda muita coisa. E é assim que os três satélites localizam nossa posição precisa pelo GPS. O quarto satélite serve apenas para corrigir erros na marcação da hora, que surgem de problemas ligados à relatividade. Pela necessidade de fazer cálculos rápidos a partir de múltiplas informações, a precisão do GPS só foi obtida com o uso de *microchips* nos receptores, como em nossos celulares. O sistema de navegação é chamado Navistar, e sua propriedade é detida pelos Estados Unidos até hoje. Mesmo que inventado anos antes, só foi liberado para uso comercial nos anos 1980, com enorme potencial de vigilância – e isso levanta uma questão ainda em aberto: que tipo de governança seria adequada para essa ferramenta? Parece impróprio seu controle por um país específico.

Nosso planeta, hoje, é invadido por uma enxurrada de informações, que chegam a cada segundo e podem ser cruzadas em instantes para localizar qualquer coisa ou pessoa. A Terra é incessantemente observada por satélites, e a Guerra Fria ajudou a criar um "mundo fechado", como batizado pelo historiador da ciência Paul Edwards.[7] Inicialmente, o objetivo era espionagem e defesa, depois passaram a servir a fins mais nobres, como controle ambiental. Assim, desde o fundo do mar até as camadas acima da atmosfera, o mundo passou a ser visto como um único sistema. A noção de uma "Terra global" vem daí, como Edwards sugere, dando lugar a um "pensar global", que começou a conquistar ativistas ambientais nos anos 1970.[8] No Universo infinito, insere-se o globo terrestre – finito e controlável, que também precisa de mais cuidados. Fenômenos locais passavam a ser vistos como parte de uma ordem planetária mais vasta; e percebia-se a influência do manejo do espaço em pequenos traços da vida. Quem vive hoje sem um GPS para se localizar ou buscar entregas, mercados ou farmácias? O papel dos satélites só aumenta, bem como o poder que o espaço carrega, o que pode gerar novas disputas e até outra guerra fria (como a que vem sendo ensaiada entre os Estados Unidos e a China).

Como resumiu o editor da revista *Saturday Review*, o pouso do homem na Lua, anos mais tarde, serviria para acirrar o controle do planeta. O traço mais significativo da missão *Apollo* "não foi o homem ter fixado seus pés na Lua, mas ter fixado seus olhos na Terra".[9] Não precisamos mais olhar as estrelas para medir as horas; agora são eles, os astros artificiais, que nos observam, como olhos no céu.

---

7. Edwards, Paul N. *The Closed World: Computers and the Politics of Discourse in Cold War America*. Cambridge: MIT Press, 1996.

8. Ibidem.

9. Disponível em: https://history.nasa.gov/EP-125/part2.htm. Acesso em: junho de 2021.

# Capítulo 22
## O ESPAÇO, A FRONTEIRA FINAL

"Audaciosamente indo aonde nenhum homem jamais esteve", dizia o monólogo de abertura dos episódios de *Star Trek*. A série começou a ser transmitida em 1966, mas não fez sucesso de imediato. A frase famosa remete ao que, na época, era uma das maiores promessas norte-americanas: ultrapassar a fronteira do espaço. John F. Kennedy havia assumido a Presidência dos Estados Unidos em 1961, garantindo que levaria o homem à Lua e o traria de volta são e salvo.

O feito se consumou em 1969, com a missão *Apollo 11*, seguida por outras no curto prazo. A última missão *Apollo* ocorreu, contudo, em dezembro de 1972. Por que nunca mais o ser humano pisou na Lua nem tentou ir a outros planetas, como era parte do plano inicial? Teorias conspiratórias chegam a duvidar de que o pouso na Lua tenha sido verdadeiro – aventando a hipótese de que o espetáculo, televisionado para o mundo inteiro, fosse mero truque de Hollywood. Claro que essa explicação é delirante, pois há muitas provas do evento histórico. Mas a pergunta não deixa de fazer sentido: por que uma missão tão decisiva foi interrompida tão cedo? Tecnologia havia; dinheiro também, bastava que fosse prioridade.

A resposta mais adequada é também a mais prosaica, pois nem toda narrativa espacial precisa ser heroica: o motivo que justificava o esforço e o gasto para enviar o homem à Lua perdeu o sentido quando a Guerra Fria acabou. Quase todos os presidentes dos Estados Unidos, depois de Kennedy, prometeram retomar a corrida espacial, mas nenhum deles foi adiante. Donald Trump chegou a invocar, recentemente, o mito do "destino manifesto" do povo norte-americano ao prometer fincar a bandeira dos Estados Unidos em Marte – que seria "a próxima fronteira".[1] Empresários famosos e o atual diretor da NASA já manifestaram apoio ao projeto; e um grupo de cientistas vive isolado, simulando as condições de Marte e se preparando para a missão. É cedo para saber se o plano irá adiante.

---

1. "Reafirmando nossa herança como nação livre, devemos lembrar que os Estados Unidos sempre foram nação de fronteira", disse a membros do Congresso em 2020. Armus, Teo. "Trump's 'Manifest Destiny' in Space Revives Old Phrase to Provocative Effect". *The Washington Post*, 5 de fevereiro de 2020. Disponível em: https://www.washingtonpost.com/nation/2020/02/05/trumps-manifest-destiny-space-revives-old-phrase-provocative-effect/. Acesso em: junho de 2021.

Nos anos 1960, a disputa com a União Soviética pela superioridade tecnológica era um objetivo central na política do país. O *Sputnik* e a imagem de um governo fraco, colada a Eisenhower, ajudou Kennedy a derrotar os republicanos. Até o chamado "*gap* dos mísseis" foi parte da estratégia da campanha democrata. John F. Kennedy venceu, mas teve um ano difícil logo depois da posse. A economia não ia bem e a tentativa de invasão de Cuba, na baía dos Porcos, havia fracassado. Para fragilizar ainda mais o moral norte-americano, em 1961, o soviético Yuri Gagarin foi o primeiro homem lançado ao espaço. A tensão da Guerra Fria atingia níveis preocupantes, o que se agravou com a crise dos mísseis, disparada em outubro de 1962. Crianças do país inteiro treinavam fugas para abrigos nucleares, numa experiência que marcaria gerações – soava o alarme e todas tinham que correr fingindo se esconder de bombas fictícias. Uma espécie de ensaio geral para o fim do mundo. A terceira guerra mundial não era assunto apenas de ficção científica, e o trauma nuclear estava bem vivo.

Muitos argumentos foram usados para justificar a missão *Apollo*: competição internacional, necessidade de dominar novas tecnologias ou apenas de continuar o curso inevitável da pesquisa científica, além de ambição da raça humana para explorar o desconhecido (em particular, o destino manifesto dos norte-americanos para a conquista). Levar o homem à Lua foi um dos empreendimentos mais caros e complexos da história, o que requeria muitas justificativas. Entre todas elas, uma se destaca, pois a missão espacial seria uma oportunidade de defender o uso da ciência e da tecnologia para fins pacíficos. O programa nuclear não tinha uma boa imagem, até porque sempre ostentou ares de segredo de Estado. A ciência e a tecnologia precisavam de motivos mais nobres para manter sua posição de prestígio, dissociando-se de interesses militares. Ficaram conhecidos os discursos de Kennedy logo depois da posse, prometendo levar os cidadãos de seu país à Lua. Menos conhecido é o que disse antes de ser eleito, no evento que o nomeou candidato do Partido Democrata:

> Podemos avançar para uma era onde testemunharemos não apenas inovações em armas de destruição, mas também uma corrida pelo domínio do espaço e da chuva, do oceano e das marés, do lado distante do espaço e do interior da mente humana?

> Desejamos igualar o sacrifício russo do presente em prol do futuro
> – ou devemos sacrificar o futuro para desfrutar do presente? Essa é
> a questão da Nova Fronteira.[2]

A mitologia da nova fronteira invoca episódios nada edificantes da história dos Estados Unidos, mas foi reutilizada, mesmo assim, depois da posse. Trata-se de um apelo à memória de conquista do faroeste (o Oeste distante), que destruiu a natureza e dizimou os povos indígenas. Além disso, a fala de Kennedy lembra a utopia de Francis Bacon, com sua aspiração de controlar fenômenos meteorológicos. São mitologias que deixam entrever uma convocação ao sacrifício para convencer o país a investir em inovações tecnológicas. O progresso havia mostrado sua outra face com as bombas atômicas, que continuavam a ser fabricadas sem tanta propaganda. Ao mesmo tempo, a fronteira para uma nova década devia deixar para traz as ameaças que assombraram a humanidade desde o pós-guerra. O "ar fresco do progresso", acrescentava Kennedy, tinha que ser restaurado, o que se realizaria com o voo do ser humano a "áreas inexploradas da ciência e do espaço".[3]

A história da exploração do espaço passou por mudanças nas últimas décadas. Em um primeiro momento, enfatizava a exploração do desconhecido como parte do destino humano, a competição por prestígio internacional, o determinismo tecnológico e a romantização dos astronautas (muitos contaram em livros sua experiência). O historiador espacial Asif Siddiqi enumera essas tendências e nota que a história se atualizou nos anos 1980 e 1990, incorporando contextos políticos, sociais e culturais. Siddiqi observa, ainda, uma diferença entre as narrativas norte-americana e soviética, pois, do outro lado da cortina de ferro, o pioneirismo de Gagarin seguiu considerado mais importante que a missão *Apollo*.[4] Ainda assim, essas histórias da corrida espacial deram pouca ênfase à tentativa de

---

2. The John F. Kennedy Presidential Library and Museum. "The New Frontier", acceptance speech of Senator John F. Kennedy, Democratic National Convention, 15 de julho de 1960. JFKSEN-0910-015. Disponível em: https://www.jfklibrary.org/asset-viewer/archives/JFKSEN/0910/JFKSEN-0910-015. Acesso em: junho de 2021.

3. Ibidem.

4. Siddiqi, Asif A. "American Space History: Legacies, Questions, and Opportunities for Future Research". *Critical Issues in the History of Spaceflight*, v. 24, 2006.

dissociar os fins pacíficos – e heroicos – da viagem à Lua dos usos controversos da tecnologia nuclear. O discurso de Kennedy quando candidato já deixava entrever um tom defensivo ("não apenas inovações em armas de destruição"), revertido pelo ímpeto de mostrar que a ciência *também* pode servir ao progresso da humanidade. A promessa de levar o homem à Lua retorna aos discursos de Kennedy, já como presidente, em 1962, quando ele tentava se recuperar das dificuldades do início do mandato. O acerto de contas com a ciência nuclear segue como tônica:

> A ciência espacial, assim como a ciência nuclear e todas as tecnologias, não possui uma consciência própria. Se isso se tornará uma força para o bem ou para o mal depende do homem. E podemos ajudar a decidir se este novo oceano será um mar de paz ou um terrível teatro de guerra apenas se os Estados Unidos ocuparem uma posição de preeminência. [...] Ainda não há conflito, preconceito ou disputa nacional no espaço. Seus perigos são hostis a todos nós. Sua conquista merece o melhor de toda a humanidade, e a oportunidade para a cooperação pacífica pode não surgir outra vez.[5]

O homem poderia despir-se da túnica do Super-Homem, associada de modo inevitável à destruição depois das bombas atômicas. Claro que mantinha um poder inédito, auxiliado pelas tecnologias, mas seu uso "para o bem ou para o mal" dependeria somente da consciência humana. Não havia nada determinista na ciência e na tecnologia, que deviam ser separadas da política – esta, sim, direcionada a projetos que podem ser um mar de paz ou um teatro de guerra. Com a imagem pública desgastada, a ciência e a tecnologia precisavam conquistar uma posição mais neutra, e a retórica de Kennedy exprime essa tendência da época.

Os anos 1950 tinham sido especialmente duros para os cientistas norte-americanos. Robert Oppenheimer, herói do Projeto Manhattan e todo-poderoso da Comissão de Energia Atômica, chegou a ser indiciado, acusado de comunista, apenas por se opor à construção da nova

---

5. "We choose to go to the Moon", discurso oficialmente denominado "Address at Rice University on the Nation's Space Effort", John F. Kennedy, Rice Stadium, Houston, Texas, 12 de setembro de 1962. Disponível em:
https://en.wikipedia.org/wiki/We_choose_to_go_to_the_Moon.

bomba de hidrogênio. Em 1947, adotou um tom de autocrítica que não era bem-visto pelo governo: "Em um sentido cru, que nenhuma vulgaridade, nenhum humor ou exagero pode abolir, os físicos conheceram o pecado; e esse é um conhecimento que eles não podem perder".[6] O pecado não estava apenas nos "usos" da pesquisa nuclear; estava grudado à consciência dos físicos. Oppenheimer fazia parte de um grupo que tentava evitar a fabricação da nova bomba e acabou sendo considerado um risco à segurança nacional, tratado como traidor. Eram tempos de espionagem, paranoias e expurgos, com a política de perseguição do macarthismo. O julgamento sobre a lealdade de alguém prescindia de evidências concretas e bastava não estar de acordo com o governo para ser acusado de conspiração comunista. Depois da Guerra da Coreia, a perseguição difusa – que já existia – foi alçada à política de Estado, gerando terror nos meios intelectuais e científicos. Apenas uma adesão incondicional ao governo e à sua sanha anticomunista garantia a segurança dos cientistas. Em 1953, J. H. Van Vleck encerrou sua carreira de presidente da American Physical Society aconselhando os físicos a colaborarem com o governo: "A lista de físicos traidores é pequena, mas o dano que pode causar é enorme".[7] A Segunda Guerra Mundial havia alterado radicalmente a relação entre ciência, governo, militares e indústria; agora, a Guerra Fria apresentava a conta, pondo em rico a independência da pesquisa científica. O historiador da ciência Paul Forman ficou conhecido, no fim dos anos 1980, por sugerir que essas relações políticas e militares afetaram o conteúdo da própria ciência, em particular da física. Ou seja, não influíram apenas nas condições externas da pesquisa.[8]

Era o início da chamada *Big Science*, nome da articulação entre governos, militares e cientistas para o desenvolvimento de pesquisas

---

6. Oppenheimer, J. Robert. "Physics in the Contemporary World". *Bulletin of the Atomic Scientists*, v. 4, n. 3, p. 66, 1948. Memorial de Arthur D. Little no MIT em 25 de novembro de 1947.

7. Rabinowitch, Eugene (ed.). "Current Comment". *Bulletin of the Atomic Scientists*, v. 9, n. 6, p. 228, 1953.

8. Forman, Paul. "Behind Quantum Electronics: National Security as Basis for Physical Research in the United States, 1940-1960". *Historical Studies in the Physical Sciences*, v. 18, n. 1, pp. 149-229, 1987. Sobre a repercussão da tese de Forman, ver: Hounshell, David A. "Epilogue: Rethinking the Cold War; Rethinking Science and Technology in the Cold War; Rethinking the Social Study of Science and Technology", *Social Studies of Science*, v. 31, n. 2, pp. 289-97, 2001.

organizadas em missões estratégicas, das quais o Projeto Manhattan foi a primeira. A ciência tornava-se "grande" por usar equipamentos pesados (como reatores) e também por precisar da conexão direta com comitês do governo, que garantiam infraestrutura e investimentos. Projetos com esses traços foram se multiplicando nas décadas de 1950 e 1960. Assim, o conhecimento abstrato e a ciência desinteressada cediam espaço para saberes destinados a usos específicos, geralmente associados a intervenções na natureza, como no caso das ciências da terra que se desenvolveram nesse período. As vultosas verbas investidas em projetos desse tipo estimulavam diversas áreas da ciência a se organizarem de modo parecido e com fins associados a interesses políticos e militares.

Essas mudanças traziam à tona o debate sobre a neutralidade da ciência. Assim como a objetividade, a neutralidade é tida como virtude inseparável da ciência, mas ela também possui uma história. Não por acaso, a defesa de uma prática neutra aparecia de modo recorrente nos discursos que procuravam dissociar a invenção científica de seus fins políticos. Em novembro de 1954, Einstein declarou arrependimento por ter apoiado a fabricação da bomba atômica: "Cometi um grande erro na vida quando assinei a carta para o presidente Roosevelt recomendando que a bomba atômica fosse feita; mas havia certa justificativa – o perigo de que os alemães a fizessem".[9] Outra declaração dá um sentido ainda mais profundo ao posicionamento do físico mais famoso do século 20, como conta Linus Pauling logo após uma visita. Pauling registrou em seu diário que, assim que saiu da casa de Einstein, teve que parar na calçada para anotar o que acabara de ouvir. "Oxenstierna disse a seu filho: você ficaria admirada em saber com quão pouca sabedoria o mundo é governado".[10] Axel Oxenstierna foi um nobre sueco, conhecido como grande estrategista da Guerra dos Trinta Anos, no século 17. O personagem encarnava, nas palavras de Einstein, a confissão de que a política não costuma agir com sabedo-

---

9. The Man Who Started It All, *Newsweek*, 1947: "Had I known that the Germans Would Not Succeed in Producing an Atomic Bomb, I Would Never Have Lifted a Finger." In: Lipscombe, Trevor. *Albert Einstein: A Biography.* [S.l.:] Greenwood, 2005.

10. Linus Pauling Note to Self Regarding a Meeting with Albert Einstein, 16 de novembro de 1954. Disponível em: http://scarc.library.oregonstate.edu/coll/pauling/calendar/1954/11/16-xl.html. Acesso em: junho de 2021.

ria. Ou seja, a sabedoria da ciência podia ficar intacta, e a insensatez seria atribuída aos governantes.

Os distraídos cientistas, com sua aura de excepcionalidade, começavam a ser questionados, e boa parte de suas respostas insistia na separação entre a marcha inevitável da ciência e as decisões insanas dos políticos. A Guerra Fria das consciências seria salva pela neutralidade. Muitos cientistas, porém, não se contentaram com uma encenação desse tipo e assumiram a linha de frente da batalha política contra as armas nucleares. Iniciadas no Canadá, em 1957, as Conferências Pugwash sobre Ciência e Negócios Mundiais fizeram história. Logo em seguida, surgiria uma organização internacional de cientistas pelo desarmamento nuclear, com o nome de Pugwash, cujo manifesto de fundação foi escrito por Bertrand Russel e assinado pelo próprio Einstein. O grupo pedia que todos se unissem contra as armas nucleares, comunistas e anticomunistas, pois era a sobrevivência da humanidade que estava em jogo. A organização recebeu o Prêmio Nobel da Paz em 1995. Antes disso, ajudou a criar o consenso pelo desarmamento nuclear, que foi iniciado em 1968.

Na década de 1960, portanto, convinha defender o progresso evitando arroubos destrutivos. Um bom antídoto era o investimento em ciência e tecnologia para fins pacíficos, ligados a causas emancipadoras para a humanidade como um todo: desvendar os mistérios do espaço. John Kennedy representava o bom político, que saberia aplicar adequadamente as tecnologias criadas pelo homem. De 1961 a 1963, o orçamento da NASA passou de 1,7 bilhão para 5,7 bilhões de dólares, e a missão *Apollo* chegou a empregar 430 mil pessoas. O investimento também chegava às indústrias, encarregadas da fabricação de boa parte dos equipamentos. O vice-presidente Lyndon Johnson, que assumiu o governo após o assassinato de Kennedy, já era entusiasta da missão espacial e havia estimulado o governo a abraçar a causa. Foi ele que articulou o apoio de empresários, economistas, cientistas e do diretor da NASA na época, James Webb, que havia defendido a aposta diante de um Kennedy ainda hesitante:

> Será possível, com nova tecnologia, estimular novas áreas de cooperação internacional em meteorologia e comunicações [...]. O grau de nossa liderança na ciência e tecnologia do espaço irá determinar, em larga medida, o grau em que, como nação pioneira em uma nova fronteira, estaremos em posição de desenvolver forças

mundiais emergentes e fazer delas a base para novos conceitos e aplicações em educação, comunicação e transportes, em direção a sistemas políticos, sociais e econômicos mais viáveis para as nações que desejarem trabalhar conosco nos próximos anos.[11]

Os argumentos falam de prestígio e cooperação, mas inserem um novo elemento estratégico: os países emergentes. Na Guerra Fria, a nova fronteira a ser ultrapassada mirava nas nações a ser conquistadas para o lado dos Estados Unidos. A superioridade espacial soviética tinha o efeito colateral de normalizar a imagem do socialismo perante os povos desses países, localizados no então chamado "Terceiro Mundo". Não que fossem preferir uma aliança com Moscou por isso,

> Mas o sucesso soviético poderia tornar o modelo socialista muito mais respeitável do que dez anos antes, quando a hegemonia dos EUA foi conquistada, fornecendo à inteligência do terceiro mundo boas desculpas, ou encorajamento, para se inclinar em direção ao socialismo nacional, ao neutralismo ou ao antiamericanismo, para os quais já tendiam por outros motivos.[12]

A conquista do espaço ajudaria a cativar corações e mentes que, bem naquele momento, avaliavam as opções apresentadas pelo capitalismo e pelo socialismo. Para os Estados Unidos, ficava cada vez mais evidente que a propaganda e a reputação eram ferramentas estratégicas nessa disputa, no momento em que a Guerra Fria estava sendo travada longe de casa. Os assuntos externos do governo Kennedy estavam sob a liderança de Robert McNamara, conhecido estrategista da Guerra do Vietnã, que tinha inúmeras razões, em sua própria pasta, para apoiar a política espacial.

Cada área do governo, a partir de 1961, enxergava no espaço um atalho para resolver os problemas particulares de seus ministérios. A intervenção do Estado na economia era bem-vinda, pois devia-se planejar e ter meios de executar as políticas sociais demandadas pela população. Um dos argumentos, nesse caso, defendia que a tecnologia espacial serviria à produção de novos bens de consumo e ao

---

11. McDougall, Walter A. *The Heavens and The Earth: A Political History of the Space Age*. Baltimore: The John Hopkins University Press, 1985, p. 317.

12. Ibidem, pp. 247-8.

desenvolvimento dos processos industriais, e tudo isso elevaria o nível de vida da população. Por esse motivo, o projeto espacial não precisava se ajustar às limitações econômicas – pelo contrário, a economia seria estimulada pelos investimentos e pela tecnologia gerada. Com todas essas razões, os governos Kennedy e, depois, Johnson conseguiram convencer o Congresso a liberar o orçamento necessário um ano após o outro. O keynesianismo espacial sucedia o keynesianismo militar como parte de um novo contrato social em que o déficit no orçamento era tolerado, pois estimulava o crescimento econômico e servia a estratégias políticas.

A missão *Apollo* simbolizava uma nova era. A corrida tecnológica, iniciada por razões de guerra, poderia enfim seguir um novo rumo, catalisando uma revolução nos modos de vida e contribuindo para o progresso social. Essa atualização acompanhou uma reestruturação das instituições que dava também nova face à democracia liberal. Um conhecimento mais profundo de questões de ciência e tecnologia deveria guiar as decisões políticas, fazendo surgir a chamada "tecnocracia", que introduzia nova relação entre ciência e política: "O Estado e a sociedade não reagiam mais a novas ferramentas e métodos – ajustando, regulando ou estimulando seu desenvolvimento espontâneo. Em vez disso, os Estados tomavam para si a responsabilidade principal de gerar novas tecnologias".[13]

Em seu discurso de despedida, em 1961, Eisenhower designa como "complexo industrial-militar" a articulação que vinha se tornando sólida nos Estados Unidos desde o pós-guerra. Mas não foi para saudá-la que o ex-presidente inventou a expressão; ele alertava os norte-americanos contra o risco de ter um governo dominado por uma elite tecnológica e científica, ávida por investimentos em seus negócios: "Nos conselhos do governo, devemos nos resguardar contra a aquisição de influência injustificada, intencional ou não, por parte do complexo industrial-militar". Uma nova tecnocracia chegava ao poder com Kennedy, e, para que isso não significasse um confisco da democracia, o próprio Eisenhower sugeria aumentar a participação de uma "cidadania instruída" nas decisões de governo.

A opinião pública não tinha influência nas decisões políticas sobre prioridades dos recursos. Uma característica conhecida das ciências da Guerra Fria foi exatamente o distanciamento do grande público. Como

---

13. Ibidem, p. 6.

estavam integrados em missões de governo, às vezes secretas, e eram beneficiados por patrocínios garantidos, os cientistas acabavam negligenciando o escrutínio público, mesmo que de modo inconsciente. Ou seja, o contexto reforçava uma cultura de pouca transparência, que não exigia prestação de contas, o que afastava a ciência das demandas sociais.[14]

No fim dos anos 1960, já se notava certa insatisfação com os rumos da ciência. Foi nessa época que as sondagens e as pesquisas de opinião passaram a influir nas decisões políticas.[15] Em julho de 1969, pouco antes do pouso da *Apollo 11*, 63,7% dos norte-americanos defendiam que se desse menos dinheiro para o programa espacial (apenas 14,5% queriam mais e 21,8% não sabiam). Os que queriam mais investimento em educação chegavam a 77,1%; e mais verba para melhorias no meio ambiente (como controle da poluição e parques) era defendida por 65,7% da população.[16] A pesquisa foi feita por um dos institutos que ganhavam credibilidade entre governantes e congressistas (chamado Harris). No fim das contas, eram eles que decidiam como gastar o dinheiro e eram influenciados pela opinião dos eleitores, que demonstravam ter outras preocupações. Essa percepção deixava o programa espacial em situação vulnerável e explica em boa parte, o abandono da missão *Apollo* na década de 1970, além de alguns acidentes terríveis e espetaculares.

Desde o anúncio da missão *Apollo* até o pouso na Lua, as sondagens indicavam um apoio abstrato ao projeto, mas que foi sendo acompanhado por ressalvas quando se tratava dos dólares investidos.

---

14. Naomi Oreskes dá o exemplo dos oceanógrafos que, com salvaguarda da Marinha dos Estados Unidos, seguiam suas pesquisas, apesar da percepção crítica sobre seus fins. Cf. Oreskes, Naomi. "Science in the Origins of the Cold War". *In:* Oreskes, Naomi; Krige, John. *Science and Technology in the Global Cold War*. Cambridge: MIT Press, 2014.

15. Roger Launius reconhece que o Estado tecnocrático penetrou mais do que deveria na vida dos cidadãos, que, a partir de então, começaram a reivindicar mais influência nas decisões. Cf. Launius, Roger D. "Powering Space Exploration: U.S. Space Nuclear Power, Public Perceptions, and Outer Planetary Probes". *In:* Dick, Steven (ed.). *Historical Studies in the Societal Impact of Spaceflight*. Washington: Government Printing Office, 2015, pp. 376-7; e "Public Opinion Polls and Perceptions of US Human Spaceflight". *Space Policy*, v. 19, n. 3, pp. 163-75, 2003.

16. Bainbridge, William Sims. "The Impact of Space Exploration on Public Opinions, Attitudes, and Beliefs". *In:* Dick, Steven (ed.). *Historical Studies in the Societal Impact of Spaceflight*. Washington: Government Printing Office, 2015, p. 41.

Durante algum tempo, a conexão com expectativas de melhoria na vida cotidiana – pobreza, transportes, cura de doenças e aparelhos de uso doméstico ou pessoal – foi o maior trunfo da ciência para conquistar o público. No fim da década, porém, as questões sociais pressionavam e acabaram encerrando as circunstâncias excepcionais que davam sentido à missão espacial. Ela foi perdendo então seu elã e não justificava o investimento bilionário. A opinião pública tende a ser pragmática e sabe distinguir o apoio em tese a certo projeto de sua sustentação prática. Essa tendência ficava nítida nas sondagens. O público mantinha a simpatia pela missão espacial, mas as respostas indicavam outra opção. Mais dinheiro para a missão espacial ou para a educação? Para a educação. Mais dinheiro para ir à Lua de novo ou para moradia? Para moradia. Ou seja, aquele plano ousado até podia ser legal, mas as pessoas tinham mais com o que se preocupar. Essa é a resposta prosaica que explica, junto às novas prioridades da Guerra Fria, o fim das viagens à Lua.

Capítulo 23
**ERA DE AQUÁRIO**

O homem pousou na Lua pela primeira vez no dia 16 de julho de 1969. Um mês depois, o maior festival de rock do planeta levaria milhares de jovens a Woodstock. A cultura *hippie* chegava ao auge. Um ano antes, nos famosos protestos de 1968, estudantes haviam tomado as ruas do mundo inteiro e, nos Estados Unidos, crescia a insatisfação contra a Guerra do Vietnã. A crueldade norte-americana na Ofensiva do Tet, em janeiro de 1968, deixara muita gente estarrecida. A bandeira "listrada e estrelada" estava longe de representar uma reverência unânime à nação quando foi fincada na Lua por Neil Armstrong e Buzz Aldrin. Para muitos jovens, era o símbolo de um nacionalismo antiquado, injusto e cruel.

"Este é o amanhecer da Era de Aquário", era o refrão que conquistava gerações como música-tema do filme *Hair*. A peça original estreou na Broadway em 1968, pregando uma nova era da civilização, na qual a paz, o amor e a justiça social guiariam a humanidade, não a guerra. Um livro recente que conta a história cruzada da corrida espacial e dos movimentos de contestação que abalaram os Estados Unidos no fim dos anos 1960 chama-se *Apollo in the Age of Aquarius* [*Apollo na Era de Aquário*].[1] O encontro entre Apollo e Aquário não é acidental. As aspirações celestes dos norte-americanos, durante toda a década de 1960, foram interpeladas e constrangidas por preocupações terrenas: a pobreza, o meio ambiente, o lugar de mulheres e negros na sociedade, as contestações dos latino-americanos e descendentes de tribos indígenas. Movimentos pelos direitos civis, feminismo, contracultura e ecologistas conquistavam corações e mentes, dentro e fora dos Estados Unidos.

O autor do livro mencionado, Neil M. Maher, narra um acontecimento emblemático, e desconhecido, da história da corrida espacial. Na véspera do 16 de julho, dia em que o homem partiria rumo à Lua, houve uma expressiva manifestação no local em que a NASA preparava o foguete para alçar voo. *Apollo* já era vista ao fundo quando chegaram famílias negras, transportadas em carroças puxadas por mulas. Era um protesto da Campanha pelos Pobres, liderada pelo reverendo Ralph Abernathy, que, ao lado de Martin Luther King, foi uma figura importante do movimento pelos direitos civis. A famosa Marcha a Washington por Empregos e Liberdade acontecera anos antes, em 1963, imortalizada pelo discurso histórico de King "Eu te-

---

1. Maher, Neil M. *Apollo in the Age of Aquarius*. Cambridge: Harvard University Press, 2017.

nho um sonho". Desde então, os negros haviam conquistado alguns direitos, como o ato de Lyndon Johnson que levou Dorothy Hoover a assumir um cargo de elite na NASA ou o Ato por Direitos Civis, aprovado no Congresso em 1964. Mas a pobreza seguia insuportável para muitos norte-americanos, na maioria negros, mas também brancos, o que levou Abernathy a fundar a Campanha pelos Pobres em 1968, ano do assassinato de Martin Luther King.

Na data histórica, o reverendo levava aquelas famílias à NASA para dizer ao mundo que os Estados Unidos tinham problemas concretos e deveriam olhar mais para seu povo. O diretor da agência espacial, Thomas O. Paine, se dispôs a dialogar, acompanhado de um *entourage* de assessores. Ternos alinhados, equipamentos ultrassofisticados e o foguete ao fundo contrastavam com as mulas que haviam transportado as carroças ao local do protesto. Uma cena perfeita para os canais de televisão, que já se posicionavam para registrar cada tomada simbólica no meio de tantas contradições. Abernathy pegou um microfone e, com impressionante habilidade retórica, transmitiu a mensagem exata: "Na véspera do mais nobre empreendimento humano, estou profundamente emocionado com as realizações da nação no espaço e o heroísmo dos três homens embarcando para a Lua".[2] Seu povo não estava ali para protestar contra a missão *Apollo*, e sim para apontar o tanto que ela expressava um "sentido distorcido de prioridades". A NASA precisava "encontrar caminhos para usar suas habilidades e lidar com os problemas enfrentados pela sociedade".[3] Thomas Paine, o diretor, respondeu de modo simpático, o que era conveniente na posição que ocupava: se não apertar o botão de decolagem do foguete *Apollo* fosse resolver os problemas da pobreza, ele renunciaria à missão. Mas um pouso bem-sucedido na Lua, acrescentava, poderia encorajar ainda mais os norte-americanos a lutarem contra a pobreza na Terra: "Espero que suas carroças de mulas peguem carona em nossos foguetes".[4]

---

2. Ibidem, p. 11.

3. Ibidem, p. 12.

4. Quando não conseguiu evitar os cortes na NASA, nos anos 1970, Paine deixou a agência, lamentando que a nação estava nas mãos de *hippies*, radicais e dos apoiadores dos Black Power, todos que, segundo ele, desdenhavam da razão e da ciência. Cf. Heppenheimer, Thomas A. *The Space Shuttle Decision: NASA's Search for a Reusable Space Vehicle*. Washington: National Aeronautics and Space Administration, NASA History Office, Office of Policy and Plans, 1999.

Ao longo dos anos 1960, os movimentos contra a Guerra do Vietnã criticavam duramente os órgãos de defesa e as agências do governo. A NASA não foi poupada, fosse por ignorar minorias das localidades vizinhas, por danificar o meio ambiente, fosse por discriminar negros e mulheres em seus quadros, tanto nas carreiras científicas quanto na profissão mais celebrada na época: a de astronauta. Diante dos protestos que já se iniciavam, em 1962, a NASA chegou a instituir um comitê para avaliar se havia mesmo discriminação contra mulheres no programa espacial. A conclusão foi a seguinte: não, apenas não havia mulheres qualificadas disponíveis para as funções. Ninguém sabia o que a palavra "qualificada" queria dizer quando se tratava de astronautas, pois a profissão não existia até aquele momento. Os homens encarregados de explorar o espaço já tinham decidido, contudo, que o modelo devia ser o dos engenheiros, "que sabiam como construir e consertar máquinas".[5] Nem a viagem da primeira mulher ao espaço em 1963, a cidadã soviética Valentina Tereshkova, foi capaz de demover os norte-americanos. Nessa disputa, os Estados Unidos não estavam tão interessados e só enviaram a primeira cidadã do país ao espaço vinte anos depois, Sally Kristen Ride. Nesse meio-tempo, foram aparecendo as justificativas mais esquisitas para corroborar o atraso: a menstruação provocava uma instabilidade temperamental que deixaria a mulher incapaz de seguir os rígidos procedimentos exigidos por uma viagem espacial. O corpo frágil e a mente inconstante eram os principais argumentos fabricados para excluir as mulheres do espaço. Que elas desfrutassem das engenhocas do lar que os engenheiros, afinal, haviam concebido para tornar a vida delas mais confortável – para que almejar a foguetes quando se tem máquinas de lavar?

A partir de 1964, novas tecnologias entraram no campo de batalhas vietnamita, visando a reforçar as tropas dos Estados Unidos. Mesmo que desejasse disfarçar suas relações militares, a NASA colaborou de perto, desenvolvendo técnicas para manejar o meio ambiente do país asiático, que desafiava a engenharia sofisticada das armas e das aeronaves norte-americanas. A floresta vietnamita era um obstáculo tão perigoso quanto o fuzil AK-47 fabricado pelo Vietnã do Norte, que desde então seduziu homens de guerra do mundo inteiro. Em 1965, o secretário de Defesa dos Estados Unidos, Robert McNamara,

---

5. Dick, Steven J. (ed.) *Historical Studies in the Societal Impact of Spaceflight.* Washington: National and Space Administration, 2010.

criou uma estratégia típica de videogames para desfazer o engenhoso caminho que o Vietnã do Norte usava para abastecer a resistência no Sul. A trilha Ho Chi Minh era uma rede intrincada de caminhos ligando as duas metades do país, cruzando o Laos e o Camboja, por onde passavam homens e caminhões escondidos durante a noite. Os estrategistas norte-americanos gostariam de disparar bombas para explodi-los a partir de seus aviões, mas não conseguiam vê-los, o que atrapalhava a missão. A noite do Vietnã era assustadoramente escura, diziam os próprios soldados, em especial na floresta densa e úmida. A NASA resolveu ajudar, portanto, remodelando sismômetros análogos aos que tinham desenvolvido para acessar a superfície da Lua. Sensores foram instalados ao longo da Ho Chi Minh e conectados em rede. Esses dispositivos enviavam informações em tempo real para grandes computadores que conseguiam exibir – na tela – o que a floresta escondia. Criou-se, assim, um verdadeiro "campo de batalhas eletrônico". Como se jogassem videogame, os operadores viam as luzes na tela (indicando caminhões ou pessoas), filtravam a informação com algoritmos (para eliminar falsos movimentos, como de animais) e enviavam sinais para que aviões e drones disparassem explosivos contra os alvos. Tudo a distância, o que faz parecer avançado; no entanto, não funcionou como se esperava. Hoje, tornou-se quase senso comum a interpretação de que aquela guerra representou uma derrota da tecnologia norte-americana no campo de batalha, ainda que tenha deixado marcas terríveis no povo vietnamita.

O videogame tinha sido apenas uma das intervenções a compor um repertório de delírios que parecem ter saído de desenhos animados. Estimulada pelo Pentágono desde o início da década, outra técnica pretendia modificar o clima do Vietnã. Em 1966, em nova tentativa, os militares chegaram a conduzir uma operação secreta para fazer chover na trilha de Ho Chi Min e atrapalhar as condições de tráfego. A brilhante ideia era semear nuvens, inoculando substâncias como gelo seco a fim de precipitar tempestades. Essas técnicas de controle do clima chegaram a ser comercializadas, na época, e prometiam também irrigar plantações – estivessem no Brasil, seria mais razoável pedir ajuda às forças da natureza. Ainda bem que pessoas de bom senso estavam alertas e notaram algo de muito errado naqueles planos abusivos, o que ficou óbvio com o uso do napalm. O excesso virava regra e começava a causar pavor nos Estados Unidos. O uso de pesticidas já era comum no país quando o Agente Laranja foi inventado e usado para desfolhar a floresta vietnamita, com graves efeitos colaterais para a população. Em 1962, o livro *Primavera silenciosa*, de Rachel Carson, apresentava uma inédita prova científica dos impactos negativos de pesticidas na natureza. Era o início do movimento ecológico.[6]

As agências do governo dos Estados Unidos estavam interessadas nas ciências ambientais, mais por sua capacidade de predizer e controlar a natureza do que por se preocuparem com a preservação do planeta. Como parte de seus planos para conquistar influência no mundo, os Estados Unidos prometiam dessalinizar as águas do Oriente Médio. O projeto foi acelerado pela Guerra do Vietnã, pois diques de irrigação e grandes escavadeiras também tentavam alterar a natureza do país. Ficava nítido, ao longo dos anos 1960, que a ampliação do escopo da guerra e a destruição do meio ambiente estavam sendo usadas como arma. Em 1972, o senador Gaylord Nelson convocou a Academia Nacional de Ciências para analisar o impacto ecológico da intervenção: "Uma política de terra arrasada sempre foi tática de guerra ao longo da história, mas nunca antes uma terra foi tão massivamente alterada e mutilada, de modo que vastas áreas nunca poderão ser usadas novamente nem mesmo habitadas por homens ou animais".[7] No mesmo ano, na Conferência das Nações Unidas, foi a vez de Indira Gandhi, primeira-ministra da Índia, lamentar "as armas diabólicas que [...] envenenam a terra, deixando longos rastros de feiura, esterilidade e desolação desesperançada".[8] Reações como essas também contribuíram para o fim da guerra, ao lado dos enormes protestos que correram o mundo.

Uma era ambiental estava sendo gestada, provavelmente em substituição à era espacial. O ano de 1968 foi um catalisador de movimentos e símbolos que atingiam em cheio a aura triunfante que vigorava desde o pós-guerra. Dois acontecimentos, nesse ano, aceleraram a consciência ecológica. Primeiro, os Estados Unidos, a União Soviética e outros 58 países aprovaram o tratado de não proliferação de armas nucleares, concordando em conter a corrida armamentista. Em segundo lugar, diante de olhares comovidos, vislumbrava-se um planeta azul, a primeira imagem da Terra fotografada pelos astronautas da

---

6. Carson, Rachel. *Primavera silenciosa*. São Paulo: Gaia, 2013.

7. Maher, Neil M. *Apollo in the Age of Aquarius*, op. cit., p. 73.

8. Ibidem.

missão *Apollo 8*. Era a "tal fotografia", em que o planeta surgia como um "errante navegante", como descreveu Caetano Veloso após ter visto a imagem em sua cela.[9] Quem jamais te esqueceria? O Nascer da Terra (*Earthrise*), nome dado à fotografia, inspirava uma nova relação do ser humano com seu hábitat. O primeiro Dia da Terra aconteceu logo depois, em 1970, tendo essa imagem como ícone. Pouco a pouco, o globo terrestre deixou de ser experimentado como um mundo fechado e vigiado para ser saudado como o planeta em que habitamos. Finalmente, após algumas tentativas frustradas, a NASA resgataria uma finalidade mais sintonizada com as tendências da época, investindo em projetos habitacionais e outros modos de auxiliar nos problemas terrenos. Em 1972, quando a Terra inteira foi fotografada, satélites começavam a registrar o aquecimento da atmosfera, passando a servir como ferramenta indispensável à causa ambiental.

Em janeiro de 1971, a revista *Time* declarava o ambientalismo como questão do ano – uma verdadeira "obsessão nacional".[10] A partir de 1975, a nova administração da NASA buscou integrar figuras que viravam celebridades da popularização da ciência, como Carl Sagan e Jacques Cousteau. Ambos eram defensores do meio ambiente, ainda que expressassem ideias distintas. Sagan apoiava ardorosamente a viagem a Marte e a busca por formas de vida em outros planetas. A exploração espacial serviria, mais uma vez, para conquistar o grande público, aliviando os efeitos negativos da guerra terrestre. Sagan era pacifista e defendia investimentos que, àquela altura, já tinham se tornado insustentáveis perante a opinião pública. Cousteau servia melhor aos objetivos da agência e era igualmente famoso nos Estados Unidos, pois protagonizava programas de TV longuíssimos, exibidos pela National Geographic. Como havia servido à Marinha francesa, possuía um perfil menos pacifista, e os oceanos poderiam fornecer visões tão nobres quanto os céus, ajudando a NASA a reposicionar sua imagem na era ambiental.

O pacifismo era uma pedra no sapato dos militares e das agências de governo norte-americanas. As décadas de 1970 e 1980 assistiram a inúmeros confrontos diretos contra qualquer tecnologia envolvendo

---

9. Ibidem, p. 125.

10. "Willy Brandt, Men of the Year". Nova York, *Time*, janeiro de 1971. Neste exemplar, há uma seção dedicada ao ambientalismo intitulada "Issue of the Year: The Environment".

intervenções no núcleo do átomo. Mesmo que cientistas e órgãos do governo tentassem convencer a população de que a pesquisa nuclear geraria benefícios, desde que usada para fins pacíficos, a opinião pública seguia reticente. Em 1949, 63% dos cidadãos dos Estados Unidos acreditavam que trens e aviões seriam movidos à energia nuclear no futuro próximo. Um número significativo, mesmo que inferior aos 88% que apostavam na obtenção rápida de uma "cura absoluta" para o câncer. Nenhum dos dois benefícios, prometidos pela ciência, foram entregues. Até o fim dos anos 1970, apesar da popularidade dos movimentos antinucleares, a maioria dos norte-americanos ainda apoiava o uso da tecnologia para a obtenção de energia. Em 1979, porém, ocorreu um gravíssimo acidente na usina nuclear de Three Mile Island, na Pensilvânia. Depois disso, o apoio foi diminuindo, até que, em 1981, a oposição à construção de usinas nucleares tornou-se majoritária, tendência que permaneceu consistente nos anos seguintes, indicando uma reviravolta na percepção pública.

Acidentes evidenciavam que, quando se trata de mexer no núcleo do átomo, qualquer mínimo erro pode ser fatal. A "percepção do risco" entrava no senso comum, gerando certa hostilidade até em relação a outras tecnologias, como produtos químicos e engenharia genética.[11] A catástrofe de Chernobyl, em 1986, aconteceu numa fase de declínio e jogou uma pá de cal nas aspirações de muitos governos de usar a alternativa nuclear para compensar a crise energética (ainda que a energia nuclear tenha continuado forte em diversos países). A ideia de contrabalançar a impopularidade da tecnologia nuclear com uma nova corrida espacial também não convencia. No mesmo ano de 1986, a Challenger explodiu durante o lançamento, matando a tripulação e enterrando de vez o apoio dos norte-americanos à bilionária exploração do espaço.

A estratégia de desconectar a ciência pura e desinteressada, de um lado, e suas aplicações para fins controversos, de outro, já não convencia como antes. E os movimentos de 1968 contribuíram para essa mudança de perspectiva. Desde então, nenhuma colaboração da ciência com projetos inseguros, ou não pacíficos, passou despercebida; e o nome de "complexo industrial-militar-acadêmico" chegou a

---

11. Slovic, Paul. "Perception of Risk". *Science*, v. 236, n. 4.799, pp. 280-5, 1987; Beck, Ulrich. *Sociedade de risco: rumo a uma outra modernidade*. São Paulo: Editora 34, 2011.

ser cunhado para denunciar a adesão dos cientistas a iniciativas com cunho político. Depois do Vietnã, ficava difícil disfarçar contribuições intelectuais com a Guerra Fria. O quadro começou a mudar nos anos 1970, e especialidades como engenharia e física foram deixando de ser prioridades exclusivas, abrindo espaço para novas áreas, como ciências ambientais, medicina, genética e ciências da vida em geral. Ao mesmo tempo, as universidades adquiriram importância para além das instituições independentes criadas pela *Big Science*.

A falta de apoio para novas missões espaciais, a oposição aos projetos nucleares e a decepção da opinião pública com o atraso em avanços esperados davam um desfecho melancólico às auspiciosas promessas do pós-guerra. O professor Arthur Barnhouse havia desenvolvido a habilidade de atingir objetivos físicos e modificar o curso dos eventos apenas com a força da mente. Incorreu, porém, no equívoco de comunicar sua aptidão ao governo dos Estados Unidos. Prontamente – e para surpresa de ninguém –, o governo tentou transformar aquele homem numa arma. O personagem é protagonista do primeiro conto escrito por Kurt Vonnegut, em 1950, "Relatório sobre o efeito Barnhouse". O professor se declara "a primeira arma com consciência", pois era o que o ser humano estava se tornando.[12]

O controle do átomo e a conquista do espaço foram duas faces do mesmo projeto, militar no primeiro caso e supostamente pacífico no segundo – "supostamente" porque a paz, na época, era um novo tipo de guerra fria. O alerta da Era de Aquário conseguiu convencer muita gente, ameaçando a ordem vigente e invertendo as prioridades. Não se tratava de ir contra a ciência e a tecnologia, até porque novas áreas se desenvolviam a partir do espírito contestatório e das preocupações sociais dos anos 1960 e 1970. O conhecimento útil, que passou a vigorar no século 19, como aval do progresso, deveria passar por balanços: útil para quem e para quê? A objetividade e a neutralidade continuavam a ser atributos essenciais da ciência, mas não garantiam uma marcha inevitável para a tecnologia e não permitiam dissociar o avanço científico de seus fins. O determinismo tecnológico, que apostava na ciência e na tecnologia para resolver todos os problemas da humanidade, estava sendo desafiado.

---

12. Vonnegut, Kurt. "Report on the Barnhouse Effect". *Collier's Weekly Magazine*, fevereiro de 1950.

Em 1968, quando as reviravoltas começavam a ser notadas, pouco antes de o homem pisar na Lua, a *Time* acusou o golpe. Ao escolher a tripulação da *Apollo 8* como "personalidade do ano", tentou antecipar os questionamentos ao consenso que havia vigorado até então.

> O que os rebeldes e dissidentes pedem não será encontrado na Lua: justiça social, paz e fim da hipocrisia – em suma, Utopia. Mas na medida em que os rebeldes querem realmente um tipo particular de amanhã [...], o voo à Lua da *Apollo 8* mostra como esse amanhã utópico pode acontecer. Porque isso é o que o homem ocidentalizado pode fazer. Ele não vai virar um ser passivo e contemplativo; [...] não vai procurar estabilidade e paz interior na busca do nirvana. O homem ocidental é Fausto e, se sabe alguma coisa afinal de contas, o que ele sabe é como desafiar a natureza, como ousar contra adversidades perigosas e até mesmo contra a razão. Ele sabe como alcançar a Lua. Esse é o homem ocidental e, com essas qualidades, vai prosperar ou falhar.[13]

Prosperou ou falhou? Essa é uma boa síntese do dilema que ainda vivemos, cinquenta anos depois, quando as mudanças climáticas pressionam por caminhos que põem em xeque o determinismo tecnológico. No século 20, o que era um projeto se travestiu de predestinação: não importa se vai dar certo ou errado, o homem ocidental foi feito para desafiar a natureza e o fará, mesmo que isso contrarie a razão. A formulação da *Time* ganha um tom de profecia quando vemos que, hoje, são os que se colocam "contra a razão" que ousam negar as mudanças climáticas provocadas pelo homem.

Desde o pós-guerra, exatamente quando se iniciavam os trinta anos gloriosos de prosperidade, entramos na fase da "grande aceleração", nome atribuído ao padrão observado em gráficos de inúmeros indicadores, representando o progresso e os impactos ambientais. Os dados podem ser divididos em dois tipos: números da atividade humana – como crescimento econômico, aumento da população, consumo de energia, telecomunicações, transportes e uso da água – e números representando mudanças ambientais – como ciclo de carbono e nitrogênio, consumo de recursos naturais e diminuição da

---

13. "Anders, Borman, Lovell, Men of the Year". Nova York, *Time*, janeiro de 1969.

biodiversidade.[14] Os gráficos de todos esses indicadores têm a mesma forma, exibindo uma inflexão brusca por volta de 1950. O determinismo tecnológico continua apostando apenas em inovações científicas para resolver o problema ambiental, fechando os olhos para transformações imprescindíveis nos modos de vida. A ciência e a tecnologia serão úteis para combater o aquecimento global, mas não com passes de mágica. Achar que a modificação da natureza pode evitar os efeitos das mudanças climáticas é insistir na visão de uma era que acabou em 1972, quando o homem foi à Lua pela última vez. Esse término não se deu repentinamente e seguiu se arrastando até 1986, data do acidente de Chernobyl, ou até 1989, quando caiu o Muro de Berlim. Em algum momento entre essas datas, a fase dourada do pós-guerra acabou.

Fausto é um símbolo da modernidade na obra de diversos escritores, encarnando o cientista desiludido com o conhecimento de seu tempo e que acaba fazendo um pacto com o demônio, Mefistófeles. Só assim conseguiria renovar sua motivação e sua paixão pela técnica e pelo progresso. Nos anos 1970, críticas com esse teor se multiplicaram, perpassando a filosofia e a literatura. A época ressoava um incômodo que ia além dos meios acadêmicos e intelectuais, segundo indicam pesquisas de opinião e manifestações da cultura popular, como a ficção científica, exprimindo um misto de fascínio e desencanto. Em 1976, o Chapolin Colorado usou a decepção de Fausto para nos ensinar que atalhos tecnológicos não funcionam em problemas da ordem do desejo. No grande dia, quando detinha todos os meios técnicos para conquistar Margarida, acabou se atrapalhando com os poderes doados por Mefistófeles e pôs tudo a perder. Tem coisas na vida que não há mágica que resolva.

---

14. Os dados foram organizados e assim nomeados pelo International Geosphere-Biosphere Programme, do International Council for Science (ICSU). Os artigos iniciais foram publicados em 2004 e atualizados em 2015, escritos por John R. Mcneill, Will Steffen e diversos outros cientistas. Disponível em: http://www.igbp.net/globalchange/greatacceleration.4.1b8ae20512db692f2a680001630.html. Acesso em: junho de 2021.

PAUSA

# COMO CONTINUAR NOSSA HISTÓRIA?

Capítulo 24
# UMA DESCOBERTA QUE DESLOCOU O TEMPO

Como saber se há vida em Marte sem ir até lá? A ideia é simples. Cada animal, quando respira, retira oxigênio da atmosfera e devolve gás carbônico. Já as plantas, por serem capazes de fazer fotossíntese, absorvem gás carbônico e devolvem oxigênio. Assim, quando são muito numerosas, as formas de vida podem alterar a composição dos gases da atmosfera. Com essa simples intuição, no fim dos anos 1960, cientistas da NASA começaram a analisar as atmosferas de Marte e de Vênus. Com os pés na Terra, sem precisar embarcar em foguetes, observaram o espectro de radiação transmitido pela atmosfera desses planetas, o que pode indicar a concentração de diferentes gases. Marte e Vênus possuem enorme percentual de dióxido de carbono e pouquíssimo (ou basicamente nada de) oxigênio, o que indica a ausência de vida. Mais importante até que essa conclusão, era o método, pois inovava ao inspecionar as condições atmosféricas pela presença de vida.

O oxigênio e o dióxido de carbono se comportam de maneira diferente quando há outros gases, pois um é reativo e o outro não. O oxigênio reage ao ter contato com metano, por exemplo. Já o dióxido de carbono (chamado popularmente de "gás carbônico") é não reativo – por isso, chamado de gás "inerte". Seu uso em extintores de incêndio vem daí, pois é capaz de isolar o oxigênio, um gás altamente combustível. Pelo fato de o dióxido de carbono se manter em equilíbrio, a presença de grande quantidade desse gás na atmosfera é sinal de um planeta morto, sem vida, similar ao escapamento de um carro ou à chaminé de uma fábrica. A presença de vida é sinônimo de desequilíbrio, o que se verifica por uma atmosfera com interações entre gases. No caso da Terra, a atmosfera contém uma quantidade excepcional de oxigênio e uma composição de gases em transformação permanente. Essa observação foi feita por James Lovelock, consultor da NASA, contratado inicialmente para construir instrumentos científicos em projetos de visita a Marte.[1]

Os anos 1960 assistiram a inúmeras falhas de missões para desvendar a superfície do planeta vermelho. Depois de algumas explosões, em 1971, a União Soviética conseguiu pousar em Marte, mas perdeu contato com a nave, obtendo apenas uma foto parcial. Os Estados

---

1. Na verdade, a vida não tem necessariamente relação com oxigênio. Hoje já se sabe disso, e inclusive há um grupo de bactérias (Arqueobacteriae) que vive dentro do metano, do sal, em ambientes congelados ou nos poros das rochas a quilômetros de profundidade.

Unidos tentaram o Projeto Voyager, que foi suspenso por restrições orçamentárias e diante da prioridade de ir à Lua. No início dos anos 1970, houve outro programa, o Viking, que pousou em Marte em 1976 e enviou – finalmente – várias imagens daquele planeta. Além das fotos, o objetivo do Viking era descrever a estrutura da atmosfera de Marte e buscar evidências sobre a presença de vida. A sugestão de Lovelock – de que a análise química da atmosfera seria um método legítimo de inspeção da vida – não teve sucesso, pois era difícil convencer os colegas da NASA da pertinência de uma análise indireta. "Tal admissão poderia ter levado ao cancelamento da impressionante coleção de experimentos mais diretos para a detecção da vida, que seriam levados a Marte pela missão Viking, e ao desemprego entre biólogos espaciais", observa Lovelock.[2] Mesmo discordando, Carl Sagan publicou os argumentos do colega no periódico científico que editava.

Ainda não se sabia, mas uma nova ciência estava para surgir, e o método de Lovelock impulsionou seu desenvolvimento. Durante os anos 1970, a atmosfera da Terra passou a ser objeto de estudo, e apareciam diferentes versões sobre sua história. A vida começou há mais ou menos 3,8 bilhões de anos. De lá para cá, a luminosidade do Sol aumentou em pelo menos 25%. A astrofísica já sabia disso no fim dos anos 1960, pois as estrelas aumentam a produção de calor quando envelhecem. Lá atrás, portanto, na época cogitada para o início da vida, haveria menos calor, o Sol não teria aquecido a Terra o bastante e os oceanos seriam congelados. Logo, não deveria existir água líquida à disposição – e sabemos que não há vida sem água. Mas como tirar conclusões sobre a presença de vida 3,8 bilhões de anos atrás? Evidências disso já estavam disponíveis nos anos 1960, mas faltava apontar os fatores que teriam compensado a falta de calor emitido pelo Sol. Havia dados indicando a presença de água líquida na Terra há 3,8 bilhões de anos. Eram evidências geológicas e paleontológicas em sedimentos daquela época, que só podiam ser decorrentes de processos envolvendo água líquida. Um intrincado quebra-cabeças incitava a curiosidade dos cientistas no início dos anos 1970: como explicar, ao mesmo tempo, que o planeta fosse tão frio e que houvesse água líquida? Carl Sagan foi um dos primeiros a enunciar esse paradoxo e tentar resolvê-lo, em 1972, mas sua hipótese foi descartada. A única

---

2. Lovelock, James. *Gaia: cura para um planeta doente*. São Paulo: Cultrix, 2007, p. 22.

saída era buscar algum fator, que não o Sol, como responsável pelo aquecimento da superfície da Terra.

Já se suspeitava, na verdade, que o clima na Terra de 3,8 bilhões de anos atrás não fosse tão frio devido à presença de grandes quantidades de dióxido de carbono. Esse gás forma uma espécie de barreira, mantendo o calor na superfície do planeta. É o famoso "efeito estufa", que, desde o século 19, já havia sido notado por alguns cientistas. Só que essa hipótese resolve um problema e produz outro. Com muito dióxido de carbono na atmosfera, nosso planeta seria como Marte ou Vênus, e organismos vivos complexos não teriam surgido. Devia-se buscar, portanto, outro processo capaz de retirar dióxido de carbono da atmosfera. A solução foi publicada em 1981, em um jornal de geofísica, por James Walker, P. B. Hays e Jim Kasting.[3] Eles dizem que a estabilização da temperatura da Terra se deveu às intempéries de rochas. No caso, das rochas de silicato (um composto de silício e oxigênio), que compõem a maior parte da crosta terrestre. Como ficam expostas, elas estão sujeitas a intempéries, e esse processo consome uma quantidade significativa de dióxido de carbono. Isso resolvia o mistério, especialmente porque o fenômeno acontece mais rapidamente quando o clima esquenta. Ou seja, o aquecimento do Sol acelerou o intemperismo, que foi retirando mais e mais dióxido de carbono da atmosfera.

Trata-se de um processo cíclico. Ao mesmo tempo que as intempéries de rochas de silicato retiram dióxido de carbono, outros fenômenos devolvem esse gás para a atmosfera. Um exemplo são as erupções de vulcões. As intempéries formam rochas sedimentares compostas de carbonatos (como calcário), que podem se acumular debaixo da Terra, derreter e formar magmas a serem expelidos por vulcões. Esse é um dos processos que devolve dióxido de carbono para a atmosfera. Com o estudo desses fatores interligados, concluiu-se que existe um ciclo do carbono, produzido por fenômenos inorgânicos em longas escalas de tempo; um ciclo que distribui gás carbônico entre a atmosfera e a superfície da Terra. Esse é apenas um exemplo dos diferentes processos cíclicos – que envolvem fato-

---

3. Walker, James C. G.; Hays, P. B.; Kasting, James F. "A Negative Feedback Mechanism for the Long-Term Stabilization of Earth's Surface Temperature". *Journal of Geophysical Research: Oceans*, v. 86, n. C10, pp. 9.776--82, 1981.

res geológicos, físicos e químicos – responsáveis pelas condições da atmosfera terrestre.

Até aqui, descrevemos a ação de entes inorgânicos, como o Sol, rochas e vulcões, propulsores do ciclo de carbono. E o oxigênio? Como a Terra conseguiu ter a quantidade excepcional dessa substância, tornando possível a vida de organismos complexos como os humanos? Já se sabia que as plantas produzem oxigênio como resultado da fotossíntese, mas não se cogitava outra forma de vida como responsável pela grande presença de oxigênio da atmosfera. No início dos anos 1970, surgiu, então, mais um elemento no já complexo repertório de processos a regular o clima da Terra: a própria vida. A hipótese era incipiente quando James Lovelock conheceu a bióloga Lynn Margulis, que já estudava o metabolismo de bactérias e sabia que elas produzem gases como oxigênio, sulfito de hidrogênio, dióxido de carbono, nitrogênio e amônia. Todos esses gases poderiam ser produtos biológicos – não só o oxigênio. Ela supunha que as bactérias sempre teriam reagido com a atmosfera terrestre, ajudando a alterar sua composição. Estudar a história evolutiva das bactérias já era a paixão de Margulis quando ela começou a trabalhar com Lovelock. Mas a colaboração dos dois foi essencial para um estudo mais completo dos gases da atmosfera, bem como para a formulação, em 1974, da hipótese de Gaia.[4] Tratava-se, antes de tudo, de descrever a biosfera como um sistema adaptativo capaz de manter a Terra em equilíbrio dinâmico – logo, um equilíbrio que poderia ser rompido. Uma das comparações usadas na explicação do conceito associava a Terra a um organismo cujos processos de autorregulação estariam associados a um tipo de homeostase do planeta (homeostase é a estabilidade relativa dos seres vivos). A teoria de Gaia foi acusada, então, de conceber a Terra como um ser vivo; logo, teria algo de mística. A despeito dessa analogia, contudo, o planeta começava a ser visto como um sistema autorregulado.

Dois ingredientes estavam na base de um novo modo de entender a Terra: descrevê-la como um sistema complexo e admitir microrganismos como fatores influentes em sua atmosfera. As teorias sobre a história e o equilíbrio da atmosfera deixavam evidente que os fenôme-

---

4. Margulis, Lynn; Lovelock, James E. "Biological Regulation of the Earth's Atmosphere". *Icarus*, v. 21, n. 4, pp. 471-89; Lovelock, James E. *Gaia: A New Look at Life on Earth*. Oxford: Oxford University Press, 1974.

nos que nela atuam, com suas complexas interações, não podiam ser compreendidos em termos de causa e efeito. Por isso, como Lovelock propôs, foram incorporadas abordagens de sistemas complexos, originadas na engenharia de controle e na cibernética. Os processos que agem no sistema Terra foram, então, descritos por *feedbacks*, como explicado no capítulo 20. Demos o exemplo do ar-condicionado, que possui um sensor capaz de detectar a temperatura do ambiente, enviar *feedbacks* e comandar o motor para corrigir desvios e manter o nível de frio programado. A automação estava em voga, desde os anos 1960, e a Terra passava a ser vista como um sistema sujeito a *feedbacks*, ou seja, fenômenos disparadores que produzem ciclos. Um *feedback* é positivo quando uma perturbação inicial dispara uma resposta que amplifica uma mudança já em curso. Um *feedback* é negativo quando a perturbação dispara uma resposta que interrompe a modificação em curso (como o motor do ar-condicionado interrompe o aumento de calor). Lovelock e Margulis propuseram que a Terra fosse entendida como um sistema sujeito a *feedbacks* positivos e negativos que se combinam gerando uma autorregulação global. Em outras palavras, o estado presente do sistema influencia seu estado futuro, com processos de *feedback* se retroalimentando de modo ininterrupto. Não se trata, portanto, de uma cadeia linear, em que causas são responsáveis por efeitos. A Terra é um sistema – e isso não quer dizer que haja intencionalidade nos processos responsáveis por seu equilíbrio. Ficava cada vez mais nítido que a regulação do clima resulta de processos antiquíssimos e, em boa medida, contingentes, incluindo a vida e outros fatores ambientais, os quais interagem e se moldam uns aos outros. Logo, não é que a vida humana seja "culpada" pelas condições atmosféricas, mas ela é uma agente importante, pois interfere no equilíbrio dinâmico da Terra.

A partir do fim dos anos 1970, todas essas teorias foram aprimoradas e integradas à nova ciência do sistema Terra. O ambiente político da época motivava uma reorientação das pesquisas da NASA, e a agência foi levada "de volta à Terra", como sintetiza o historiador da ciência Erik Conway.[5] Em 1978, o Congresso norte-americano aprovou o Ato do Programa Nacional do Clima, requisitando às agências federais que

---

5. Conway, Erik M. "Bringing NASA Back to Earth: A Search for Relevance During the Cold War". *In:* Oreskes, Naomi; Krige, John. *Science and Technology in the Global Cold War*. Cambridge: MIT Press, 2014.

pesquisassem o que aparecia como uma "modificação inadvertida do clima".⁶ Ou seja, para além das investigações sobre fenômenos que ocorrem acima da atmosfera, incluindo a preocupação – já existente – com a camada de ozônio, era preciso olhar para o planeta como um todo.

A NASA foi um produto da Guerra Fria, como vimos no capítulo 21. Mas dissemos também que, nos anos 1970, medo e competição deixaram de ser argumentos suficientes para garantir as vultosas verbas demandadas por projetos espaciais tripulados. A previsão do tempo e a possibilidade de antecipar fenômenos naturais geravam uma imagem positiva dos satélites na opinião pública – mais do que as missões espetaculares para enviar humanos ao espaço. Isso ajudava a garantir verbas, junto ao Congresso dos Estados Unidos, para programas aplicados às necessidades mais imediatas da sociedade. Houve pressão, portanto, para que a NASA invertesse suas prioridades, impulsionando novos projetos no fim da década de 1970, os quais se estenderam até os anos 1990.

Pesquisas aplicadas ao estudo da Terra exigiam uma infraestrutura de observação em altitudes bem mais baixas que foguetes interplanetários. Esse foi o tempo das estações espaciais, como a *Columbia*, lançada em 1981, com o objetivo de carregar experimentos de observação da Terra. Curioso notar que diversos cientistas empregados pela agência para explorar o espaço, como Marte e Vênus, acabaram mudando seus interesses para se dedicar ao nosso planeta. Foi assim que o Centro Espacial Goddard, onde Dorothy Hoover havia trabalhado, iniciou, no fim dos anos 1970, um programa de pesquisas espaciais sobre o clima, incluindo um sistema de satélites para observação da Terra.

Os nomes dos projetos que se sucederam são sugestivos do estado de espírito daqueles tempos. A primeira iniciativa foi batizada de "Habitabilidade Global", e seu objetivo era estudar tendências físicas, químicas e biológicas de longo prazo, bem como mudanças no meio ambiente da Terra, incluindo atmosfera, massas de terra e oceanos. Os especialistas da NASA apresentaram a ideia ao então presidente Ronald Reagan, no início dos anos 1980, pedindo apoio para a estação espacial *Freedom* [Liberdade]. O objetivo era também competir com uma iniciativa semelhante da União Soviética. Um Comitê de

---

6. Lei n. 95.367 17 de setembro de 1978. Disponível em: https://www.govinfo.gov/content/pkg/STATUTE-92/pdf/STATUTE-92-Pg601.pdf. Acesso em: junho de 2021. Cf. Conway, Erik M. "Bringing NASA Back to Earth", op. cit., p. 255.

Ciência do Sistema Terra foi criado na NASA, em 1983, ligado a um sistema de observação por satélites capaz de monitorar as condições do planeta.[7] Observações, modelos e análises de processos complexos convergiam para novos modos de ver a Terra. Um bom exemplo é o diagrama Bretherton, cujo objetivo é sintetizar visualmente os diferentes mecanismos que relacionam a biosfera e a geosfera. Trata-se de uma representação dinâmica do sistema Terra, acoplando processos físicos do clima a ciclos biogeoquímicos em um complexo arranjo de pressões e *feedbacks*.

O programa da NASA unia diversas ciências, e seu coordenador, Shelby Tilford, propôs uma nova disciplina, cujo objetivo seria estudar a Terra como sistema dinâmico. Não era mais possível analisar os fenômenos de modo fragmentado, pois o grau de interligação entre eles ficava cada vez mais evidente. Surgiu, então, a proposta de nomear o novo campo de estudo como "ciência do sistema Terra". A hipótese de Gaia, sugerida por Lovelock um pouco antes, teve influência na escolha, principalmente a ideia de enxergar a Terra como um sistema, no sentido da cibernética. Não se tratava apenas de um novo nome para uma prática já existente, e sim de uma visão original sobre a Terra que mudava o modo de fazer ciência: o vivo e o não vivo, os céus e o solo, a massa sólida e a massa líquida, o que acontece bem acima e bem abaixo da superfície, e tantos outros fenômenos, passaram a ser tidos como fatores interligados de forma inseparável, sendo que uma pequena alteração em qualquer um deles poderia ter impacto significativo no todo.

Em 1990, depois da aprovação de verbas necessárias pelo Congresso, teve início a Missão para o Planeta Terra, renomeada em 1999 como Empreendimento de Ciência da Terra. A prioridade era tanta que causou indignação em outros setores científicos, que temiam ficar sem orçamento para projetos também associados ao estudo das ciências da terra (como as geociências). O fim da União Soviética e a dissolução do Pacto de Varsóvia, no fim dos 1980 e no início dos 1990, diminuía a importância da *Big Science*, ao mesmo tempo que cientistas de universidades e laboratórios não governamentais demandavam mais apoio. Foi uma época áurea das ciências ligadas ao clima e ao meio ambiente.

---

7. Conway, Erik M. *Atmospheric Science at NASA*: *A History*. Baltimore: The John Hopkins University Press, 2008.

Dentro e fora da NASA, as fronteiras disciplinares se dissipavam, com a consciência de que meteorologia, física, química, biologia, geologia, paleontologia, oceanografia e outras áreas deveriam analisar juntas os processos capazes de disparar transformações globais: no clima, nos processos solares, na órbita da Terra, nos fenômenos vulcânicos, na distribuição de espécies biológicas e massas continentais etc. Os humanos se conectam a todos esses processos por meio da emissão de dióxido de carbono, da poluição ou das alterações no uso do solo. A integração da meteorologia a outras áreas foi um passo essencial para o nascimento da ciência do clima, por isso o próximo capítulo será dedicado exclusivamente a esse tema. Um Programa Internacional de Pesquisa do Clima havia sido fundado, em 1979, a fim de coordenar as pesquisas sobre mudanças climáticas, apoiado pela Organização Meteorológica Mundial e pelo Conselho Internacional para a Ciência (ICSU, em inglês). Durante os anos 1980, conforme a percepção de que a transformação do clima era parte de um fenômeno mais amplo, começou a se falar muito em "mudanças globais". Até que, em 1987, um grupo de cientistas, incluindo Paul Crutzen (que se tornaria famoso pela difusão do termo Antropoceno), apostou nessa tendência, criando o Programa Internacional da Geosfera e da Biosfera (IGBP), apoiado pelo ICSU, a fim de investigar diferentes aspectos do sistema Terra e suas inter-relações. O cientista brasileiro Carlos Nobre foi diretor e teve papel de destaque nas ações do IGBP.[8] Esse programa foi responsável pela compilação e pela divulgação dos dados que apontaram "a grande aceleração", conceito que permitiu enxergar a sintonia entre o crescimento da economia mundial e o uso abusivo de recursos planetários.

Essas reorientações da ciência foram influenciadas pelo ambiente político dos anos 1970 e 1980, que também teve impacto em outras áreas. Na divisão de biologia da National Science Foundation (NSF), a ecologia tornou-se a área mais importante no início dos anos 1970. Esse é um exemplo elucidativo do modo como tendências políticas e culturais podem influenciar o fazer científico ao estimular colaborações ou fomentar novas linhas de pesquisa. Intervir nas chamadas "mudanças globais" fazia parte da efervescência científica dos anos

---

8. Carlos Nobre detalha os desenvolvimentos dos anos 1990 e 2000 em uma conversa sobre o sistema Terra transmitida pelo canal do Instituto de Estudos Avançados da USP, em 2018. Disponível em: https://www.youtube.com/watch?v=L1486vri1Kw. Acesso em: junho de 2021.

1980. Com o sugestivo título de "Nosso futuro comum", o relatório Brundtland foi publicado em 1987 e seu objetivo era disseminar a proposta de "desenvolvimento sustentável" – uma responsabilidade que as gerações de então assumiram com as gerações futuras.

Nos anos 1990, a ciência do sistema Terra se consolidou. A medida dos impactos humanos no planeta se aprimorava e provocava preocupações em diversas áreas, como a fixação de nitrogênio, a perda da biodiversidade ou o colapso da pesca. Além disso, a ideia de "pontos críticos" sugeria que as mudanças não estavam acontecendo de modo linear e gradual, mas por meio de pequenas alterações com efeitos. Por exemplo, certos biomas, como a Amazônia, podem influenciar de forma decisiva o clima global, e o mesmo vale para o derretimento de grandes massas de gelo (como as da Groenlândia). As mudanças climáticas foram definidas como "antropogênicas", ou seja, provocadas pela atividade humana e seus efeitos puderam ser observados para além da atmosfera: na composição química dos oceanos (pelo fenômeno da acidificação), na biosfera (com a extinção de espécies e hábitats itinerantes), na criosfera (pelo derretimento das massas de gelo) e na litosfera. Todos esses processos agem como mecanismos de *feedback* no sistema complexo que é a Terra. Por exemplo, o aumento da temperatura derrete o gelo do Ártico, que cobre o mar, deixando a água exposta. Como ela é mais escura que o gelo, absorve mais calor do Sol. Essa "amplificação ártica" vem fazendo com que o aquecimento na região atinja um valor que é quatro vezes a média global. Obviamente, isso aprofunda o derretimento do gelo, ou seja, é um *feedback* positivo, pois amplifica o processo em curso. Assim, o aquecimento das águas do Ártico provoca transformações complexas no clima do Norte, incluindo a liberação do metano que estava congelado, e esse é um dos mais perigosos gases de efeito estufa.

A noção de sistema é importante porque mostra como diversos processos agem na Terra e como as atividades humanas transformam ou dissipam matéria e energia, tanto quanto outras forças definidas como "naturais". É dessa indistinção que nascem as primeiras ideias de não mais classificar as forças que agem no sistema Terra como "naturais", de um lado, e "humanas", de outro. Fatores orgânicos e inorgânicos atuam no equilíbrio e no desequilíbrio com a mesma intensidade; processos físicos, químicos e humanos estão interligados, interagindo de modo dinâmico por mecanismos de *feedback*. No fim dos anos 1990, duas ideias essenciais estavam sedimentadas: tanto fatores naturais quanto atividades humanas agem em escala planetária e têm potencial de provocar catástrofes no sistema Terra; além disso, as mudanças globais não ocorrem de forma linear, e pressões humanas podem disparar deslocamentos rápidos no sistema, gerando riscos para o bem-estar da humanidade.[9]

A ciência do sistema Terra incorpora uma nova visão sobre o planeta.[10] Primeiro, trata-se de um sistema único e autorregulado, com interações complexas entre as partes que o compõem. Segundo, os humanos provocam alterações na superfície terrestre, nos oceanos e na atmosfera, além de mudanças na biodiversidade em escala comparável – em extensão e impacto – às maiores forças da natureza. Terceiro, mudanças globais não podem ser entendidas pelo paradigma de causa e efeito. Os impactos da ação humana são complexos e atuam em cascata sobre o sistema Terra. Quarto, a dinâmica do sistema Terra é caracterizada por limiares críticos e por mudanças abruptas. Atividades humanas podem disparar inadvertidamente essas mudanças, deslocando o sistema a modos de operação irreversíveis e inóspitos para as formas de vida em geral. Por fim, a natureza das mudanças que estão ocorrendo, bem como sua magnitude e sua velocidade, são inéditas. Para resumir, o sistema Terra está operando em um estado sem precedentes.

Dessas ideias, a mais difícil de assimilar é a de que o ser humano se tornou uma força planetária macrofísica. Ou seja, a partir de agora, deve ser considerado *uma força da natureza*, em escala comparável à de meteoritos ou vulcões que alteraram as condições da vida no planeta. Do ponto de vista da Terra, como sistema, a atividade humana é um processo que afeta e é afetado por outros, capaz de mover, transformar, desagregar e dissipar matéria e energia. A proposta de definir nossa idade geológica como Antropoceno nasce dessa constatação, sugerindo que vivemos uma era determinada por mudanças provocadas pelo ser humano, sendo esse o principal agente das transformações na biosfera e no clima. A ideia foi sugerida, no ano 2000,

---

9. Exemplos de trabalhos marcantes nessa virada: Vitousek, Peter M. et al. "Human Somination of Earth's Ecosystems". *Science*, v. 277, n. 5.325, pp. 494-9, 1997; Schellnhuber, Hans J. "'Earth System' Analysis and the Second Copernican Revolution". *Nature*, v. 402, n. 6.761, pp. C19-23, 1999.

10. Steffen, Will et al. "The Emergence and Evolution of Earth System Science". *Nature Reviews Earth & Environment*, v. 1, n. 1, pp. 54-63, 2020.

por Paul Crutzen, em conjunto com o ecologista Eugene Stoermer.[11] O Antropoceno seria a "Idade dos Humanos" e, na escala geológica de tempo, sucederia ao Holoceno, época em que vivemos e que se iniciou há cerca de 11,65 mil anos (após o último período glacial). O Holoceno é identificado com as condições amenas favoráveis ao desenvolvimento da civilização humana.

A formalização do Antropoceno como nova época geológica ainda está em debate. Um grupo de trabalho analisa a proposta desde 2009, e uma recomendação foi feita ao Congresso Internacional de Geologia em 2016, mas ainda se aguarda uma decisão. Um dos problemas é fixar um evento de início para a nova época geológica. Não basta mostrar que as atividades industriais começaram a impactar o meio ambiente durante a Revolução Industrial, como nas primeiras sugestões de Crutzen. Para a geologia, é preciso identificar um registro em rochas que delimite nitidamente uma nova camada "estratigráfica". Ou seja, deve ser encontrado um sinal, com impactos globais, incorporado em sedimentos rochosos. Por exemplo, o início do Holoceno foi definido a partir de registros de gelo na Groenlândia, obtidos a 1.492,25 metros de profundidade, os quais evidenciaram uma mudança na contribuição do deutério (um isótopo estável do hidrogênio). É a fronteira de camadas de rochas que define uma divisão geológica na tabela cronoestratigráfica internacional – a tabela que divide a escala temporal geológica em eras, períodos, épocas e idades.

Sugestões para demarcar o início do Antropoceno vão desde o acúmulo de concreto ou plástico nas rochas até a sedimentação de ossos de galinhas consumidas como alimento. Todos esses materiais ficam incrustrados em formações rochosas, alterando sua natureza. Os melhores candidatos, porém, são substâncias radioativas, como o plutônio-239, pois se tratam de marcadores encontrados simultaneamente em vários lugares do planeta, que podem ser determinados por métodos claros e cujos registros durarão muito tempo. Como essas substâncias foram expelidas pelos testes nucleares no pós--guerra, a sugestão é que o Antropoceno comece em 1950. Essa data foi recomendada pelo coordenador do Grupo de Trabalho sobre o Antropoceno, o paleobiólogo Jan Zalasiewicz, do Departamento de

---

11. Crutzen, Paul J.; Stoermer, Eugene F. "The 'Anthropocene'". *IGBP Global Change Newslwtter*, v. 41, 2000, p. 17-18.

Geologia da Universidade de Leicester, no Reino Unido.[12] Aos que dizem que se passou pouco tempo, desde 1950, para que uma nova época geológica seja definida, ele responde com o alerta de que as mudanças são irreversíveis e perigosas para a humanidade.[13]

O debate sobre a data de início do Antropoceno não é detalhe, pois possui implicações políticas. Se fixada em 1950, a nova época geológica coincide com o início da "grande aceleração", o salto observado em gráficos da concentração de dióxido de carbono na atmosfera, do volume de desmatamento e da perda da biodiversidade, todos com nítida correlação com o incremento das atividades econômicas. Deslocar o início do Antropoceno a tempos muito longínquos pode desviar a atenção quanto ao papel da industrialização, que, como vimos nas partes anteriores, só teve impacto global após a Segunda Guerra Mundial. Parece adequado, portanto, cravar o início da nova época geológica no ano de explosão das bombas atômicas.

A ideia de Antropoceno se difunde hoje tanto em comunidades de ciências naturais como sociais, fazendo com que dois tipos de problema convirjam: por um lado, as mudanças climáticas, a perda da biodiversidade, a poluição e demais questões ambientais; por outro, fatores sociais, como níveis de consumo, aumento das desigualdades e urbanização. O poder explicativo dessa noção está justamente em sua capacidade de unificar conceitos de áreas distintas, a fim de mostrar que as condições excepcionais do Holoceno – que favoreceram uma grande biodiversidade e o florescimento da civilização – estão se esgotando. Se atividades humanas interferem no equilíbrio do planeta, podem levar a Terra a outro estado desfavorável à vida.

Mas será que o conceito de Antropoceno tem a força política necessária para gerar engajamento, mobilizando as pessoas que terão suas vidas impactadas? A ideia de que nossa missão seja enfrentar uma mu-

---

12. Zalasiewicz, Jan et al. "When Did the Anthropocene Begin? A Mid-Twentieth Century Boundary Level Is Stratigraphically Optimal". *Quaternary International*, v. 383, pp. 196-203, 2015; Steffen, Will et al. "Stratigraphic and Earth System Approaches to Defining the Anthropocene". *Earth's Future*, v. 4, n. 8, pp. 324-45, 2016.

13. Carrington, Damian. "The Anthropocene Epoch: Scientists Declare Dawn of Human-Influenced Age". *The Guardian*, 29 de agosto de 2016. Disponível em: https://www.theguardian.com/environment/2016/aug/29/declare-anthropocene-epoch-experts-urge-geological-congress-human-impact-earth. Acesso em: junho de 2021.

dança geológica pode soar abstrata e grande demais, levando a certa paralisia. Por isso, a potência política dessa ideia também está em debate.

Atingimos um ponto singular da história humana e ainda não sabemos que tipo de sensibilidade isso pode despertar. Uma consequência é separar o passado do futuro, provocar uma descontinuidade na linha que os unia. Como prolongar a história dos últimos trezentos anos se foi ela que nos trouxe a este ponto? O futuro costumava ser visto como um desdobramento do passado, como se bastasse seguirmos os trilhos da história (que tentamos resumir nas primeiras partes deste livro). Mas como insistir nessa ideia de continuidade diante da descoberta do Antropoceno, da grande aceleração e do aquecimento global? Talvez venha daí a sensação de que o futuro não tem mais o mesmo poder de interpelar à ação. Perspectivas e utopias sempre foram fatores de engajamento, mas não têm conseguido alimentar nossa imaginação política. Há um deslocamento do tempo que provoca essa confusão, e talvez uma ideia contida na definição de Antropoceno seja responsável por isso: nosso planeta é um hábitat extremamente sensível, que vem sendo alterado de forma grave e irreversível pela ação humana.

# Capítulo 25
## O CLIMA VIROU UM PROBLEMA

É consenso entre os cientistas que a temperatura da Terra está aumentando por causa da ação humana. Vamos explicar, por partes, em que essa afirmação se baseia. Em primeiro lugar, temos medições de aproximadamente 40 mil termômetros espalhados pelo globo. Para analisar a variação da temperatura do planeta, não basta medi-la num ponto nem num período específico. É preciso reunir e analisar muitos dados. Diferentes instituições calculam as médias das temperaturas na superfície do planeta, comparando os resultados com épocas passadas. Após esses procedimentos, os cientistas:

> observaram que a temperatura global aumentou 1,09 grau Celsius no período entre 2011 e 2020, em comparação com as médias do período entre 1850 e 1900. Além disso, as temperaturas vêm aumentando consistentemente desde então, como podemos ver pela linha preta do gráfico da figura seguinte, que representa as mudanças das temperaturas observadas. Em geral, a temperatura de referência é a do intervalo entre 1850 e 1900 porque esse é o período mais antigo sobre o qual há observações globais disponíveis; e ele aproxima bem as condições pré-industriais.[1]

As temperaturas que experimentamos em cada lugar do mundo podem variar muito, pois dependem de eventos cíclicos e de diversos fenômenos naturais. Acontece que a temperatura global depende da energia que a Terra recebe do Sol e de quanto essa radiação é irradiada de volta no espaço. Na ausência de interferências externas, essas quantidades deveriam mudar pouco, mesmo em longos períodos de tempo. Mas, ao contrário do esperado, a temperatura média vem aumentando, sendo particularmente preocupante o que ocorre desde 1950. Até aqui, as conclusões citadas se baseiam nos termômetros.

---

1. IPCC, 2021: Summary for Policymakers. In: *Climate Change 2021*: The Physical Science Basis. Contribution of Working Group I to the Sixth Assessment Report of the Intergovernmental Panel on Climate Change [Masson-Delmotte, V., P. Zhai, A. Pirani, S. L. Connors, C. Péan, S. Berger, N. Caud, Y. Chen, L. Goldfarb, M. I. Gomis, M. Huang, K. Leitzell, E. Lonnoy, J.B.R. Matthews, T. K. Maycock, T. Waterfield, O. Yelekçi, R. Yu and B. Zhou (eds.)]. Cambridge University Press. In Press, p. 5.

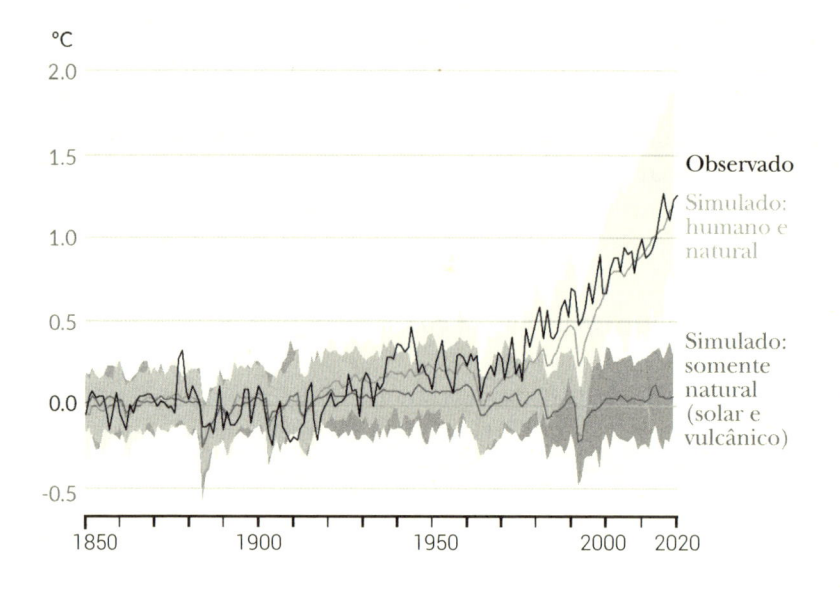

```
°C
2.0
1.5                                                              Observado
                                                                 Simulado:
1.0                                                              humano e
                                                                 natural
0.5
                                                                 Simulado:
0.0                                                              somente
                                                                 natural
                                                                 (solar e
-0.5                                                             vulcânico)
   1850      1900       1950       2000  2020
```

Passemos, agora, à explicação da segunda parte da afirmação que abre este capítulo: tudo isso está acontecendo "por causa da ação humana". Constatar que a temperatura média está aumentando é simples, bastam termômetros precisos e computadores para juntar todos os dados, o que hoje temos de sobra. Mas ainda precisamos dizer como se conclui que esse aumento tem sido causado pela quantidade crescente de gases na atmosfera. Antes de tudo, vale notar que o aumento da concentração de dióxido de carbono na atmosfera também é um fato. Essa grandeza vem sendo medida, e se constata um crescimento de 50% desde o início da era industrial.[2] Desde os anos 1950, a concentração de gases de efeito estufa na atmosfera é medida no observatório de Mauna Loa, que fica em cima de um vulcão altíssimo no Havaí. Os registros mostram um aumento longo, contínuo e consistente de dióxido de carbono e outros gases de efeito estufa, como o metano. Antes dessa data, porém, os registros de dióxido de carbono dependem de métodos indiretos e são obtidos por marcas deixadas por esse gás em camadas profundas de gelo (preservadas das intempéries) ou em fósseis. "Em 2019, a concentração de dióxido de carbono na

---

2. Disponível em: https://www.weforum.org/agenda/2021/03/met-office-atmospheric-co2-industrial-levels-environment-climate-change/. Acesso em: junho de 2021.

atmosfera foi maior do que em qualquer momento dos últimos 2 milhões de anos."[3]

Agora vem a pergunta mais difícil: como os cientistas provam que a temperatura está aumentando *por causa* de uma maior emissão de gases na atmosfera, que por sua vez decorre de ações humanas? A quantidade de energia irradiada pela Terra no espaço depende da composição química da atmosfera, pois uma alta concentração de gases pode prender o calor. Por isso eles são chamados "gases de efeito estufa". Os combustíveis fósseis são a principal fonte do mais perigoso desses gases: o dióxido de carbono. Como a concentração de gases de efeito estufa prende o calor, é plausível supor que o aquecimento da Terra decorra do aumento na emissão desses gases.

Observa-se, antes de tudo, uma correlação entre: 1) o aumento da temperatura e 2) o incremento do volume de gases na atmosfera. A segunda parte do trabalho dos cientistas é mostrar que tipo de relação existe entre as constatações 1 e 2. Isso é feito por meio de modelos. Usando a enorme quantidade de dados disponíveis, esses modelos são testados, e conseguem simular o clima atual e o clima no futuro. Esse conhecimento permite afirmar que o aumento da temperatura não se deve a forçantes naturais. No gráfico anterior, retirado do último relatório do IPCC, a linha cinza escuro indica o aumento de temperatura que teria ocorrido considerando-se apenas fatores naturais; e a linha cinza claro representa a temperatura obtida pelas simulações, levando em conta fatores naturais e humanos. Nota-se que essa última é bem próxima da linha preta, que mostra as temperaturas efetivamente observadas. A seguir, explicaremos alguns métodos-chave usados no estudo do clima e mostraremos que são confiáveis.

Modelos são ferramentas recentes para a compreensão dos fenômenos naturais. Foram desenvolvidos no pós-guerra, fundando uma nova perspectiva sobre as relações causais entre diferentes fatores envolvidos no estudo de um fenômeno. Vamos nos dedicar um pouco a essa história, que traz uma visão matemática distinta da que vinha sendo adotada anteriormente. Até meados do século 20, o paradigma das equações diferenciais era dominante no estudo dos movimentos, mas também servia de referência à matematização de outros fenômenos. Como vimos na primeira parte deste livro, a atração universal foi traduzida em equações diferenciais pelos analistas do século 18,

---

3. Idem, referindo-se ao relatório do IPCC citado na nota 1, p. 9.

que representavam por meio delas diversos movimentos, celestes e terrestres. Em seguida, a astronomia aprimorou os instrumentos de observação e as técnicas de aproximação das soluções das equações diferenciais, conseguindo fazer previsões espetaculares. Podemos dizer que a astronomia foi a realização mais virtuosa do paradigma das equações diferenciais. Mas o alcance desse método se mostrou limitado para a compreensão dos problemas que surgiriam no século 20, e a Segunda Guerra Mundial foi um ponto de virada.

Talvez, parte das dificuldades em entender o conhecimento científico sobre o clima decorra da falta de familiaridade do público com o modo de enxergar as ciências matematizadas surgido no pós-guerra. Por isso, neste capítulo, focamos o papel dos modelos mais que os resultados da ciência do clima, sendo esses últimos analisados mais frequentemente nas obras históricas.[4] Em particular, veremos como o clima se tornou um problema específico, diferente da previsão do tempo.

Uma condição para o sucesso da modelagem do clima foi a disponibilização de dados, abundantes e precisos, sobre condições passadas e presentes das variáveis que interferem nas condições atmosféricas. Por isso, os satélites foram decisivos. Desde os anos 1960, eles passaram a enviar uma quantidade cada vez maior de informações sobre a superfície da Terra, incluindo os oceanos. Além disso, estudos paleológicos forneciam dados sobre o passado longínquo do planeta. A obtenção de registros de longo prazo sobre o clima foi fundamental para sugerir padrões, permitindo identificar mudanças contínuas e sugerindo a variação conjunta de fatores que antes eram considerados independentes. Por exemplo, se os dados indicam mudanças na temperatura da Terra exatamente na mesma época em que se observa mais poeira na atmosfera, é razoável perguntar se foi a poeira que causou o fenômeno. O físico Mikhail Budyko, do Observatório Geofísico de Leningrado, investigou exatamente isso ao receber um grande volume de dados obtidos pelo *Sputnik*.

Analisando as flutuações na temperatura global e as variações da transparência atmosférica (causadas pela poeira de erupções vulcânicas), Budyko teve a ideia de relacionar essas duas informações. Ele

---

4. Waert, Spencer R. *The Discovery of Global Warming*, Harvard University Press, 2008. Disponível em: https://history.aip.org/climate/index.htm. Acesso em: junho de 2021.

construiu, então, um modelo, com objetivo de investigar se a temperatura pode ser afetada por brumas de partículas que perdurem na atmosfera, sejam ou não de origem vulcânica.[5] Na mesma época, chegavam dados de satélite sobre o albedo em diferentes pontos da Terra (albedo é a reflexão dos raios solares provocada pela camada de gelo, que é branca e, portanto, reflete a luz). Já se sabia que o albedo ajuda a preservar a cobertura de neve ao refletir os raios solares, mantendo a temperatura fria. Mas faltava estudar os dados separados por latitude. Budyko propôs, em 1961, um modelo simples, relacionando a radiação solar que entra e sai da Terra, em função da latitude:

$$I = 14 + 0{,}14T - (3 + 0{,}1T)n$$
$$Q(1 - \alpha) - I = 0{,}235(T - T_p)$$

O que cada uma dessas letras representa? Na primeira equação, $I$ é a radiação que sai da Terra para o espaço (em termos médios mensais); $T$ é a temperatura do ar nas camadas mais baixas; e $n$ é a quantidade de nuvens. Portanto, a primeira equação expressa a ideia de que as médias mensais da radiação que sai da Terra dependem, principalmente, da temperatura do ar perto da superfície da Terra e da quantidade de nuvens (que obstrui o fluxo de energia saindo da Terra, daí o sinal negativo antes do parêntesis).

Na segunda equação, $Q$ é a radiação solar que chega ao topo da atmosfera; $\alpha$ é o albedo do sistema atmosférico da Terra; e $T_p$ é a temperatura média planetária da camada de ar mais baixa. A segunda equação traduz a ideia de que, em cada latitude, o excesso de energia de radiação (a diferença entre o que entra e o que sai) é contrabalançado pela transferência de calor meridional entre regiões quentes e frias, de modo que se obtenha um regime térmico de equilíbrio. Essas informações são úteis para analisar a dinâmica das temperaturas em cada latitude.

A engenhosidade do modelo foi combinar dois fenômenos tidos, até então como independentes, somando a radiação e o albedo, o que permitiu descrever o equilíbrio de calor na Terra como um todo (para

---

5. Budyko, Mikhail I. "On the Origin of Glacial Epochs". *Meteorol Gidrol*, v. 2, pp. 3-8, 1968. Uma revisão de seus resultados é apresentada em: Budyko, Mikhail I. *The Earth's Climate: Past and Future*. International Geophysics Series. Londres: Academic Press, 1982, v. 29, p. 307. Ver também: Asnani, G. C. "Energy Balance Models of Climate – A Review". *Current Science*, v. 53, n. 16, pp. 829-38, 1984.

diferentes latitudes). Claro que se trata de uma simplificação, mas ela permite relacionar fenômenos distintos. Surgiram outros modelos, no fim dos anos 1960, levando alguns cientistas a perceber que alterações na cobertura de gelo poderiam intensificar qualquer pequena mudança na temperatura do ar, como aquela gerada por brumas de partículas (decorrentes de vulcões, mas também da emissão de gases). É importante notar que o planeta descrito no modelo não é exatamente o nosso, pois são feitas muitas simplificações. Mas os modelos permitiam enxergar, ainda assim, uma relação sensível entre as grandezas envolvidas, e uma pequena variação de uma delas poderia ter impacto crítico nas outras.

O modelo citado não é uma equação diferencial, o que quer dizer que ele não tem a intenção de descrever o comportamento contínuo das variáveis envolvidas nas condições da atmosfera, que são muitas. O modelo de Budyko, análogo a outros sugeridos na época, concentrava-se em poucos fatores e não se importava com a descrição de cada variável continuamente ao longo do tempo. Isso era considerado uma limitação, que não tardou a ser apontada pela comunidade científica. Uma das questões vinha justamente da convicção de que a representação da natureza deveria se restringir a equações diferenciais. Budyko se opunha a essa exigência, que, segundo ele, decorria do paradigma da astronomia.

> [...] nunca apresentei um resultado quantitativo obtido pelo uso de apenas um método. Eu tinha um motivo e esse motivo era inteiramente suficiente: que nossa ciência não está na posição das ciências precisas reais, como um problema de física teórica ou astronomia – especialmente astronomia – visando calcular tudo e dizer que o resultado é absolutamente preciso.[6]

A "nossa ciência" a que ele se refere é o estudo do clima, defendida como diferente das "ciências precisas reais", ou seja, daquelas que buscam descrever os estados exatos das variáveis ao longo do tempo. Era preciso juntar métodos distintos, pois o uso de equações diferenciais não era suficiente, e isso tornava a ciência em questão distinta da astrono-

---

6. Weart, Spencer R. "Interview with Mikhail Budyko". *Oral History Transcript*, março de 1990. Disponível em: https://www.aip.org/history-programs/niels-bohr-library/oral-histories/31675#top&gt. Acesso em: junho de 2021.

mia. Durante algum tempo, essa característica gerou frustração entre os pesquisadores.[7] Ainda eram poucos os cientistas que admitiam não ater o conhecimento físico ao que pode ser descrito por equações diferenciais. Por outro lado: "o comportamento de modelos físicos reforçava a suspeita crescente de que era fútil tentar modelar o padrão dos ventos globais em uma página de equações, ao modo como um físico deve representar as órbitas dos planetas", ressalta Spencer Weart em sua história da ciência do clima.[8]

Modelos sobre o balanço de energia começavam a exibir um planeta sensível a perturbações. Em 1969, William Sellers, da Universidade do Arizona, propôs um modelo indicando que mantos de gelo são instáveis e que o derretimento de *icebergs* pode provocar "reviravoltas".[9] Mesmo com um número limitado de variáveis, e não apresentando certezas definitivas, modelos desse tipo abalavam a crença, preponderante na época, de que o clima fosse um sistema autorregulado. Até se cogitava que fenômenos naturais pudessem desviar o clima do equilíbrio, mas acreditava-se também que outros fatores restaurariam um estado médio equilibrado. Ou seja, o equilíbrio do clima do planeta deveria ser estável. Aos poucos, porém, os novos modelos indicavam instabilidades, mostrando que algumas variações (naturais ou artificiais) poderiam acarretar mudanças drásticas, como um crescimento explosivo ou uma rápida diminuição da camada de gelo. A questão principal ainda não era o conhecimento preciso do futuro do clima, e sim a possibilidade de que pequenas alterações disparassem transições relevantes. O clima do planeta começava a aparecer, então, como um sistema extremamente sensível a perturbações. No fim dos anos 1960, já se admitia não haver um clima "normal", ou seja, as condições climáticas nem sempre oscilam em torno de uma situação estável de equilíbrio.

É preciso retomar eventos dos anos 1950 e 1960 para mostrar até que ponto essa nova visão desafiava as expectativas da época, tanto da maior parte da comunidade acadêmica quanto das agências de

---

7. Eliassen, A.; Kleinschmidt, E. "Dynamic Meteorology". *In:* Bartels J. (eds.) *Geophysik II*. Berlim: Springer, 1957, v. 48. Um texto que debate abordagens matemáticas e frustrações.

8. Waert, Spencer R. *The Discovery of Global Warming*, op. cit.

9. O modelo exibia sensibilidade a pequenas mudanças: se a energia recebida do Sol diminuísse 2%, poderia haver uma idade glacial.

governo. As ciências do meio ambiente tinham sido impulsionadas no pós-guerra, como vimos na terceira parte, com o objetivo de controlar fatores climáticos, como nuvens e chuvas. Nos anos 1960, o Departamento de Defesa aumentou o interesse pelas ciências ambientais e pelo clima, sobretudo diante da possibilidade de intervir no meio ambiente e de usar alterações climáticas como arma, tal qual descreve o historiador da ciência Erik Conway.[10] Um matemático importante nessas pesquisas foi John von Neumann, muito bem relacionado com o governo dos Estados Unidos e entusiasta da manipulação do clima para a Guerra Fria, já que era um ferrenho anticomunista.

A previsão do tempo e o clima começaram a ser vistos como problemas distintos nas duas décadas que sucederam a Segunda Guerra Mundial, especialmente a partir da repercussão de trabalhos de Von Neumann.[11] A diferença é que o estudo do clima requer um conhecimento de longo prazo sobre o comportamento da atmosfera. Na previsão do tempo, bastam alguns dias ou semanas. Antes da guerra, a meteorologia não era uma ciência unificada e se relacionava a diferentes práticas. Prever o tempo que vai fazer amanhã, ou daqui a alguns dias, não era uma atividade matematizada, pois as previsões se baseavam apenas nas configurações atmosféricas do passado. Paralelamente, havia cientistas usando modelos físicos simplificados para compreender a dinâmica da atmosfera, mas eles não se arriscavam a fazer previsões. Esse panorama começou a mudar no pós-guerra, principalmente a partir dos esforços norte-americanos para controlar o clima. O incentivo estatal levou à criação de centros de pesquisa altamente equipados, fazendo com que a meteorologia se tornasse uma ciência valorizada pelo Estado. Sete mil meteorologistas foram treinados durante a guerra, em diversos laboratórios dos Estados Unidos, e muitos conseguiram empregos em agências do governo. Essa infraestrutura foi fundamental para que a meteorologia se tornasse uma ciência matematizada, formalizada e passasse a ser considerada um saber teórico.[12]

---

10. Conway, Erik M. "Bringing NASA Back to Earth: A Search for Relevance During the Cold War". *In:* Oreskes, Naomi; Krige, John. *Science and Technology in the Global Cold War*. Cambridge: MIT Press, 2014.

11. Especialmente com a repercussão dos *Anais da conferência sobre a dinâmica do clima*, organizada no Instituto de Estudos Avançados de Princeton em 1955.

12. Nebeker, Frederik. *Calculating the Weather: Meteorology in the 20th Century*. Amsterdã: Elsevier, 1995.

Foi justamente nos anos 1950 que a meteorologia começou a trabalhar com modelos, e vale a pena nos determos um pouco sobre as diferenças entre as práticas de modelagem usadas na previsão do tempo e no estudo do clima. A história da ciência do clima costuma destacar o papel das novas tecnologias surgidas no pós-guerra, como computadores e satélites, que de fato tiveram papel essencial. Menos notada, contudo, mas igualmente importante, é a verdadeira revolução dos métodos matemáticos para estudar o clima. A historiadora da matemática Amy Dahan-Dalmedico insiste nessa virada, mostrando que a prática de modelagem só surgiu no pós-guerra.[13] Antes, equações diferenciais buscavam *representar* a realidade e descrever a dinâmica dos complicados fatores atmosféricos. Por meio de aproximações, a intenção era descrever a evolução das variáveis características dos fenômenos analisados. A partir dos anos 1950, as práticas de modelagem passaram a *simular* as condições atmosféricas, sem ter necessariamente a ambição de descrevê-las de modo exato. Essa nova prática foi institucionalizada por uma ação coordenada de parte da comunidade científica com o governo dos Estados Unidos e suas agências.

Nos anos 1950, um projeto meteorológico foi criado no Instituto de Estudos Avançados da Universidade de Princeton, coordenado pelo meteorologista Jule Charney. Foi aí que se desenvolveram diferentes métodos numéricos de previsão do tempo. O ponto de partida eram as equações diferenciais complicadas que descreviam a atmosfera. O matemático inglês Lewis Fry Richardson já havia sugerido, três décadas antes, um conjunto de equações, mas era impossível resolvê-las com as ferramentas disponíveis. Uma saída, vislumbrada por Richardson, seria empregar a mesma divisão de tarefas do Observatório Astronômico, mas com mais gente especializada, criando uma "fábrica da previsão do tempo". No caso das equações dos fluidos, porém, o trabalho seria bem mais extenuante do que na astronomia, sem garantias de que funcionasse. O problema é que a dinâmica dos fluidos, como a água e o ar, tem características bem mais sutis que as órbitas dos planetas, dando lugar a equações diferenciais mais complexas e difíceis de resolver. Estudos meteorológicos envolvem detalhes deste tipo: como a

---

13. Dahan-Dalmedico, Amy. "History and Epistemology of Models: Meteorology (1946-1963) as a Case Study". *Archive for History of Exact Sciences*, v. 55, n. 5, pp. 395-422, 2001.

temperatura varia quando a pressão se altera ou quando a umidade aumenta? Como a umidade do ar se transforma em gotas de chuva ou flocos de neve? Qual é a influência das nuvens na temperatura? Essas são algumas das variáveis a serem consideradas nas equações atmosféricas; e é fácil ver que elas envolvem comportamentos mais sutis que as trajetórias de uma bola ou de um astro.

As equações meteorológicas sugeridas nas primeiras décadas do século 20 tiveram que esperar a chegada dos computadores máquinas (os computadores humanos, usados nos cálculos astronômicos, não bastavam mais). Nas mãos do grupo de Princeton, essas equações diferenciais foram um ponto de partida para a elaboração de modelos. Em muitos casos, tais equações podem ser transformadas em equações sem derivadas e resolvidas por métodos numéricos. Isso já se sabia. Mas a novidade, no pós-guerra, estava na possibilidade de usar computadores para fazer os cálculos exigidos por esses métodos. Como mencionamos na terceira parte, a computação eletrônica se desenvolveu no contexto das ciências de guerra, servindo para testes nucleares, estudos de física de alta energia e também para o controle do clima. As tecnologias de obtenção de dados atmosféricos vinham se aprimorando de maneira análoga, tornando-se cada vez mais integradas. O historiador da tecnologia Paul Edwards destaca que essa infraestrutura foi determinante na elaboração dos modelos do clima, sobretudo por permitir que os dados fossem vistos de forma global.

Jule Charney propôs criar uma hierarquia de modelos. A modelagem consistia em simplificar as hipóteses físicas, a fim de obter diferentes modelos numéricos da atmosfera que pudessem ser simulados por computador. Filtravam-se apenas os aspectos mais relevantes em cada modelo. Por exemplo, a pressão seria considerada constante, a densidade da atmosfera seria admitida como uniforme, os movimentos seriam tidos como apenas horizontais, as correntes de vento seriam vistas como sempre paralelas, e assim por diante. Esses pressupostos eram simplificações, mas permitiam gerar diferentes modelos, mais simples que as equações diferenciais e que poderiam ser testados (por comparação com os dados reais) e relacionados uns com os outros (com auxílio de computadores potentes). A evolução das quantidades variáveis com o tempo (como temperatura, pressão ou umidade do ar) passou a ser descrita por diferentes modelos, tidos como capazes de *simular* os efeitos de variações meteorológicas. Esse conjunto de modelos chegou a obter resultados impressionantes na previsão do tempo, mas apenas em prazos curtos (no máximo alguns dias). Até os anos 1960, havia a expectativa de que computadores mais potentes venceriam esse limite e estenderiam as previsões. Von Neumann chegou a sugerir a possibilidade de uma "previsão infinita", uma esperança excessivamente otimista, como logo ficaria evidente.[14]

No ápice da hierarquia de modelos estavam os chamados "modelos de circulação geral" da atmosfera (ou de "circulação global"). Essa foi a principal realização do programa de Princeton. O clima é governado pela circulação geral da atmosfera, ou seja, pelo padrão global de movimentos do ar, incluindo ventos que sobem do Equador e descem em outras latitudes, ciclones que transportam energia e umidade em latitudes médias, e assim por diante. Esses movimentos podem ser fluxos (como correntes de ar), resultantes da rotação do planeta, da radiação solar, da gravitação, das trocas de calor e umidade, das temperaturas na superfície etc. Os modelos de circulação geral representam – normalmente em três dimensões – todos esses fatores ao longo do tempo. A base são as equações diferenciais (como propostas por Richardson e outros), análogas às equações que descrevem a dinâmica dos fluidos. O problema é que não é possível prever o futuro, mesmo poucos anos antes, resolvendo essas equações. Isso já se sabia, mas havia esperança de que os métodos numéricos pudessem ser aprimorados com o desenvolvimento de computadores mais potentes.

Ainda se acreditava que os fluxos atmosféricos possuíam algum tipo de estabilidade ou de periodicidade. Por isso, previsões de longo prazo eram admitidas como possíveis caso os métodos matemáticos se aprimorassem, incorporando ferramentas estatísticas. Nos anos 1960, as instabilidades do clima entraram definitivamente no debate, mas cientistas ainda se inclinavam a vê-las como produto da limitação dos modelos, e não como características do sistema atmosférico em si. O interesse pela investigação do que poderia acontecer em um prazo mais longo levou à complexificação dos modelos, com o uso de métodos variados. Nos anos 1960 e 1970, dois tipos de prática conviviam dentro dos mesmos grupos de pesquisa. De um lado,

---

14. Ele tinha em mente um padrão estatístico de circulação atmosférica, que emergiria quando as condições da atmosfera se tornassem independentes de suas configurações iniciais, o que teria chances de acontecer após intervalos longos de tempo. Cf. Ibidem.

a previsão numérica do tempo, empregando computadores cada vez mais potentes. De outro, o estudo do clima no futuro. Como mostrou o historiador Frederik Nebeker, os modelos de circulação geral da atmosfera unificaram a meteorologia dinâmica (considerada mais teórica, pois matematizada) e a climatologia (a prática da previsão de tempo pela reprodução de padrões).[15] Surgia, assim, um único programa de pesquisa, produto do fortalecimento de instituições dotadas de tecnologias avançadas. Nesses centros, novos métodos buscavam compreender o clima no futuro, criando uma nova concepção sobre a "experimentação". Sabemos que elencar hipóteses e testá-las com dados da realidade são etapas essenciais do método científico. Mas o estudo do clima requeria dados de um passado muito longínquo (para analisar padrões) e inspeção de situações futuras (que, obviamente, não podem ser testadas de forma direta). Os modelos, portanto, tornavam-se imprescindíveis, ao permitir a substituição da experimentação com dados reais pela simulação em computador.

Mas, afinal, esses modelos todos, tornados cada vez mais elaborados e capazes de simular futuros, confirmavam a hipótese de que o clima do planeta é sensível a perturbações? A sensibilidade percebida nos primeiros modelos era uma limitação dessas ferramentas ou uma característica intrínseca dos fenômenos atmosféricos?

Nos anos 1960, algumas pesquisas jogaram um balde de água fria na esperança de que equações diferenciais poderiam – algum dia – fornecer previsões de longo prazo sobre o clima. O grande problema é que as equações da circulação atmosférica não são lineares.[16] Logo, a sensibilidade não decorre de uma limitação proveniente de modelos simplificados demais. Trata-se de uma característica da circulação geral da atmosfera, espelhada pelas equações diferenciais. Em 1963, o meteorologista Edward Lorenz mostrou que essas equações podem

---

15. Nebeker, Frederik. *Calculating the Weather*, op. cit.

16. As equações que descrevem o movimento dos astros também não são lineares, mas são mais simples, logo essa propriedade não afeta tanto as previsões no prazo exigido pelos astrônomos.

ter um comportamento "caótico".[17] Esse é o apelido do fenômeno definido matematicamente como "sensibilidade às condições iniciais", também conhecido como "efeito borboleta": uma borboleta batendo asas no Brasil provoca uma pequena alteração na atmosfera, o que pode desencadear um ciclone no Japão. Nas equações lineares isso não acontece, ou seja, se a distância entre duas condições iniciais é pequena – por exemplo, a posição e a velocidade inicial de duas bolas postas em movimento –, a distância entre as grandezas se mantém proporcional com o passar do tempo (elas podem se afastar, mas não exageradamente). Quando os fenômenos são descritos por equações não lineares, as soluções podem divergir desproporcionalmente, comprometendo a possibilidade de previsão. As observações de Lorenz não tiveram impacto imediato na comunidade científica e só passaram a ser consideradas essenciais com o desenvolvimento da teoria dos sistemas dinâmicos, conhecida do grande público como "teoria do caos".

Para saber o tempo que vai fazer daqui a alguns dias ou semanas, parte-se das condições atuais da atmosfera, obtidas por observação e medidas acuradas. Depois, as equações são "resolvidas" com auxílio de computadores, obtendo-se os dados de um futuro próximo. Quanto mais distante esse futuro, maiores as imprecisões. Sabemos que a previsão do tempo tem bons resultados com antecedência de mais ou menos duas semanas. A descoberta da sensibilidade às condições iniciais mostrou que o método não funciona no longo prazo, e isso ficou evidente para a comunidade científica entre o fim dos anos 1960 e a década de 1970. A conclusão de que comportamentos caóticos são inevitáveis nas equações da circulação geral da atmosfera jogou um balde de água fria na esperança de previsões de longo prazo.

O comportamento médio do clima em algumas décadas passou a ser analisado por simulações, ou seja, a ciência não desejava mais conhecer de modo exato o valor futuro de cada grandeza. Bastava investigar os efeitos mais prováveis de alterações nas variáveis que afetam o sistema climático. Esse passou a ser o papel das simulações. Até hoje, cientistas partem de perguntas hipotéticas: o que acontecerá se

---

17. Lorenz era pesquisador do departamento de meteorologia do MIT, que se fundiu com o de oceanografia, em 1983, tornando-se Departamento de Ciências da Terra, Atmosféricas e Planetárias. Essa evolução mostra a aproximação das ciências da terra com o estudo da atmosfera. O artigo histórico de Lorenz é: Lorenz, Edward N. "Deterministic Nonperiodic Flow", *Journal of the Atmospheric Sciences*, v. 20, pp. 130-41, 1963.

a temperatura da superfície aumentar e mais nuvens se formarem? E se a umidade diminuir? E se a concentração de dióxido de carbono na atmosfera for duplicada? Essas variáveis são testadas e comparadas com a situação em que a Terra estaria na ausência dessas perturbações. Por isso, usam-se dados de épocas remotas, quando o planeta ainda não tinha sofrido mudanças, como a emissão de gases. Obviamente, não é possível efetuar experimentos concretos com a Terra da época pré-industrial. Logo, esse passado remoto é simulado. Diferentemente da meteorologia, a ciência do clima surgiu buscando *entender* os efeitos de alterações nas condições atmosféricas mais do que *prever* exatamente suas consequências.

O paradigma das equações diferenciais, nos moldes defendidos desde o século 18, mostrava-se insuficiente para compreender o clima. Isso suscitava reflexões, por parte dos próprios meteorologistas, a respeito dos modelos: eles devem sempre *descrever* os fenômenos naturais ou é satisfatório que ajudem a *compreender* seu comportamento? Que tipo de saber é esse que os modelos fornecem, um saber que permanece útil mesmo quando previsões são impossíveis? Essas perguntas tiveram impacto no estudo do clima e se inserem em mudanças mais profundas no modo de encarar as equações diferenciais. Depois do lançamento do *Sputnik*, os Estados Unidos perceberam que havia uma "lacuna matemática" entre eles e a União Soviética. Um centro de pesquisas fundado por Samuel Lefschetz – matemático russo exilado nos Estados Unidos – recebeu apoio do governo e passou a traduzir trabalhos de cientistas soviéticos, que sugeriam novas ferramentas para tratar equações diferenciais não lineares. Foi assim que a abordagem dos "sistemas dinâmicos" se desenvolveu. Por mais irônico que pareça, foram perspectivas originais de matemáticos soviéticos que ajudaram a revolucionar o uso das equações diferenciais em solo norte-americano. A nova teoria dos sistemas dinâmicos passaria a ser definida como um modo qualitativo de enxergar as soluções das equações diferenciais não lineares. Esse ponto de vista já tinha sido sugerido, no fim do século 19, pelo matemático francês Henri Poincaré. Mas foi apenas em meados do século 20, quando a matemática aplicada adquiriu prioridade na cena mundial,[18] que seus trabalhos sobre as equações diferenciais tiveram repercussão mais ampla. Só nos anos 1970 tornou-se consenso na comunidade científica que a previsão de longo prazo era impossível para fenômenos regidos por leis deterministas, como é o caso das equações diferenciais não lineares. Uma breve digressão: matemáticos brasileiros começaram a circular nas universidades norte-americanas nos anos 1950, e principalmente nos 1960, trazendo a pesquisa em sistemas dinâmicos para o país, o que contribuiu de modo decisivo para a inserção do Brasil na matemática mundial.[19]

A aposta nas equações diferenciais como representação primordial de uma grande variedade de fenômenos sofria um baque com o reconhecimento de instabilidades intrínsecas a equações diferenciais não lineares. Quanto ao clima, ficava evidente que a extrema sensibilidade a perturbações não é culpa da imprecisão dos modelos. A comparação com outros planetas reforçava essa ideia. Em 1973, uma nave chegou a Marte e enviou imagens mostrando que já tinha havido água em abundância no planeta vizinho, mas esse recurso acabara. Se algo tão drástico havia ocorrido em outros planetas, por que não poderia acontecer no nosso?

Quando a ciência passa por transformações profundas, como na época citada, surgem novos problemas, e com eles ferramentas originais e métodos inovadores. De certa forma, foi quando as equações diferenciais deixaram de ser sinônimo de previsibilidade que os modelos ganharam espaço. Eles eram apenas instrumentos acessórios para sanar a dificuldade de resolver as equações. Nos anos 1970, a ciência do clima nascia ao mesmo tempo que a construção de modelos era admitida como modo rigoroso de explicar a natureza, ou

---

18. Dahan-Dalmedico, Amy. "L'essor des mathématiques appliquées aux États--Unis: l'impact de la Seconde Guerre Mondiale". *Revue d'histoire des mathématiques*, v. 2, n. 2, pp. 149-213, 1996.

19. Em minhas pesquisas de história da matemática mostro que a Guerra Fria teve um papel importante na fundação do CNPq, em 1951, juntamente com o Instituto de Matemática Pura e Aplicada (Impa). Esse contexto influenciou o desenvolvimento da área de sistemas dinâmicos no Brasil. Ver o artigo apresentado no International Congress of Mathematicians: Roque, Tatiana. "Impa's Coming of Age in a Context of International Reconfiguration of Mathematics", *Proceedings of the International Congress of Mathematicians* (ICM 2018), World Scientific, pp. 4.075-94, 2019.

seja, modelos eram ferramentas à altura da variedade de métodos necessários para entender a atmosfera. Processos sutis tinham que ser levados em conta nos modelos, como é o caso das diferentes camadas de ar e dos delicados fenômenos relacionados à hidrologia, à cobertura de nuvens ou à convecção (corrente atmosférica predominantemente vertical causada pelo movimento que o ar adquire com o aquecimento do solo).

Vários centros meteorológicos foram criados nos Estados Unidos, com o objetivo de desenvolver o programa de Charney e Von Neumann. Um deles, coordenado por Joseph Smagorinsky, em Washington, dedicou-se à construção de um modelo tridimensional de circulação global da atmosfera. O pesquisador japonês Syukuro Manabe, que acaba de ganhar o prêmio Nobel de física, foi integrado a esse laboratório em 1958, onde desenvolveu um modelo para entender como a radiação da atmosfera é barrada pela presença de dióxido de carbono ou de ozônio. Além disso, a troca de água e calor com os oceanos (em representação simplificada), a quantidade de terra e as superfícies de gelo, além das chuvas e outras variáveis, foram inseridas. A complexidade desses fenômenos demandava a participação de pesquisadores de várias áreas, como geofísica, hidrologia, glaciologia (que estuda a formação das camadas de gelo) e especialistas em nuvens.

Os centros de pesquisa também usavam modelos simplificados, como os que analisam o balanço de energia do planeta (caso do exemplo de Budyko). Vimos que esses modelos são equações discretas (não diferenciais), incluindo valores do albedo ou da absorção da energia pela atmosfera, e permitem estudar fatores que influem na temperatura global do planeta. Vencido o ceticismo inicial, eles acabaram se mostrando úteis para analisar os efeitos da duplicação da concentração de dióxido de carbono na atmosfera. Syukuro Manabe chegou a dizer que ele e seus colegas não se dedicaram a investigar os efeitos da emissão de carbono devido a um possível efeito estufa; tratava-se apenas de uma grandeza fácil de medir – logo, passível de ser testada pelo modelo. Devido à facilidade de verificação e à disponibilidade de modelos simples, a duplicação de dióxido de carbono acabou se tornando paradigmática nas simulações do clima, como Paul Edwards observa. Com o advento dos supercomputadores, simulações análogas puderam ser feitas com modelos de circulação geral da atmosfera. No fim dos anos 1970, Syukuro Manabe e Richard Wetherald, então trabalhando em Princeton, construíram o primeiro modelo tridimensional de circulação geral da atmosfera que conseguia simular a mudança climática provocada por uma duplicação da concentração de dióxido de carbono na atmosfera. Tornava-se ainda mais evidente, agora por simulações com um modelo meteorológico clássico, que a emissão de gases de efeito estufa poderia provocar mudanças significativas no clima. Mas ainda havia limitações no modelo, como o fato de não incluir os oceanos.

Esses métodos mais sofisticados permitiam notar outros fatores que podem tornar o clima sensível, como as nuvens. Com muitas nuvens no céu, achava-se que a luz do Sol seria refletida, esfriando a Terra. Mas Manabe e Wetherald mostraram que nuvens interceptam a radiação que sobe da superfície da Terra, irradiando calor de volta. As nuvens passaram a ser vistas como uma das fontes de incerteza mais relevantes no estudo do clima. Ao longo dos anos 1970, com o consenso de que o clima é sensível a alterações da atmosfera, o efeito de substâncias químicas também começou a ser investigado. Produtos químicos têm impacto na camada de ozônio, como notou o químico Paul Crutzen, um dos primeiros a formular a hipótese de que fertilizantes de nitrogênio (usados na agricultura) aumentam as emissões de óxido nitroso na estratosfera.[20] A mesma preocupação valia para os clorofluorcarbonetos – compostos com base de carbono contendo cloro e flúor, presentes em aerossóis e gases para refrigeração (produto hoje proibido em vários países). O maior problema é que essas substâncias são pouco solúveis em água, por isso se acumulam na atmosfera. Em 1978, o físico James Hansen estudava o aquecimento de Vênus, motivado pelos projetos da NASA de explorar outros planetas. Com esse objetivo em mente, ele propôs um modelo da estrutura térmica da atmosfera que obteve sucesso em simular a perturbação global causada pela poeira de um vulcão que entrara em erupção em 1963. Os aerossóis produzidos na ocasião alteraram a temperatura da Terra, logo era razoável perguntar se aerossóis gerados pelas atividades humanas teriam o mesmo efeito. Foi essa pesquisa que levou à descoberta do buraco na camada de ozônio. Para avançar nas investigações, o Centro Goddard da NASA criou o Instituto de Estudos Espaciais, dirigido por Hansen de 1981 a 2013. O físico mudou seus interesses de pesquisa

---

20. Crutzen, Paul. J. M. "My Life with $O_3$, $NO_x$ and Other $YZO_x$". Nobel Lecture, 8 de dezembro de 1995. *In: Nobel Lectures, Chemistry 1991-1995*, World Scientific Publishing, pp. 189-244, 1997.

e, com parceiros do instituto, desenvolveu modelos mostrando que o aumento do dióxido de carbono provocaria um aquecimento global bem antes do que se supunha até aquele momento.[21]

Um aquecimento de 1,5 a 4 graus Celsius, provocado pela duplicação da concentração de carbono na atmosfera, começava a aparecer em simulações com modelos diferentes, realizadas por vários cientistas, o que foi aumentando a preocupação da comunidade. Processos sutis interligados faziam com que o clima passasse a ser visto como um sistema complexo, propenso a sofrer mudanças radicais e autossustentadas. As pesquisas tinham que se servir, portanto, de múltiplos modelos capazes de analisar diferentes aspectos.

Entretanto, a comunidade científica precisava se organizar diante da proliferação de modelos e da necessidade de comparar os resultados – a esta altura obtidos em centros diferentes, em diversos países. Em 1972, realizou-se um primeiro encontro em Estocolmo, reunindo um grupo ainda reduzido de cientistas, mas que foi aumentando com o passar do tempo e com a percepção dos riscos globais associados a alterações no clima. Em 1979, Charney foi convidado pela Academia Nacional de Ciências dos Estados Unidos para analisar os modelos disponíveis, com destaque para dois considerados mais completos, já que eram modelos gerais de circulação em três dimensões – o modelo de Manabe e Wetherald; e o modelo de Hansen. A conclusão apontou uma convergência sólida para um resultado: o mundo ficaria mais quente com o aumento da concentração de dióxido de carbono na atmosfera. Os modelos de circulação geral atestavam isso, e os modelos simples ajudavam a entender que o clima é sensível a perturbações. O aquecimento não era perceptível aos sentidos, notava Charney, logo modelos simples seriam essenciais para apontar os fenômenos com potencial efeito crítico.[22]

A ideia de simulação foi sendo aprimorada nos anos 1970 e 1980. Os cientistas buscavam resolver o seguinte dilema: se um modelo indica que a Terra estará mais quente daqui a trinta anos, como verificar isso sem esperar o futuro chegar? Eles tinham razões

---

21. Hansen, James; Lebedeff, Sergej. "Global Trends of Measured Surface Air Temperature". *Journal of Geophysical Research*, v. 92, pp. 13.345-72, 1987.

22. Weart, Spencer R. "General Circulation Models of Climate". *The Discovery of Global Warming*, op. cit. Disponível em: https://history.aip.org/climate/GCM.htm Acesso em: junho de 2021.

suficientes para estimar que, quando evidências empíricas estivessem disponíveis, seria tarde demais. Por exemplo, os oceanos têm enorme capacidade de absorver calor e adiar o aquecimento global. Logo, quando um aumento da temperatura nos oceanos fosse detectado, essa seria uma prova experimental do aquecimento da Terra. Só que, então, já seria tarde demais para tomar as providências necessárias. Aqui é preciso um parêntese para dizer que, hoje, o futuro projetado pelos cientistas nos anos 1970, chegou: os oceanos de fato estão mais quentes. E as medidas para evitar que isso acontecesse não foram tomadas. Voltando ao papel das simulações, foi posta em prática uma ideia engenhosa para suprir a ausência de dados empíricos sobre o futuro. Era possível testar os modelos com dados sobre o passado longíquo, comparados às condições da época em que tais modelos estavam sendo testados. Ou seja, condições remotas eram inseridas nos modelos para simular as condições do presente, que, estas sim, podiam ser verificadas por medidas e observações. Um bom modelo permitia prever o clima da época a partir das condições do passado. Logo, tratava-se de um candidato promissor para projetar o clima do futuro.

Em 1988, foi criado o Painel Intergovernamental sobre Mudanças Climáticas (IPCC), pela Organização das Nações Unidas (ONU) e pela Organização Meteorológica Mundial. Um dos objetivos era organizar as atividades de modelagem, permitindo a comparação de resultados de diferentes modelos e a replicação das verificações – um critério essencial para garantir a confiabilidade dos modelos. Havia também a intenção de coordenar os esforços globais para evitar o agravamento das mudanças climáticas apontadas pelos cientistas.

Em 1990, foi lançado o primeiro relatório do IPCC. Os cientistas constatavam o efeito estufa e o aumento das emissões de gases resultantes das atividades humanas, o que intensificaria ainda mais o aquecimento da Terra. Mas essa afirmação era cuidadosa e evitava afirmar que as emissões de origem humana eram a causa do efeito estufa. Dizia-se, com confiança, que os cálculos permitiam obter conclusões como a seguinte: o dióxido de carbono foi responsável por mais da metade do aumento do efeito estufa no passado e é provável que continue sendo assim no futuro. Mas quanto desse aquecimento era devido à ação humana e quanto decorria de variabilidades naturais? Essa era a grande pergunta, que os cientistas do IPCC tinham cuidado ao responder. A temperatura média global do ar havia aumentado no século precedente, disso não havia dúvidas, e esse incremento era consistente com as projeções dos modelos disponíveis. Mas variabilidades naturais do clima não eram descartadas como impulsionadores do aquecimento. De lá para cá, tais hesitações foram desaparecendo, sobretudo com o aprimoramento dos modelos e das observações, mas também com uma maior e mais organizada coordenação das pesquisas mundiais.

O relatório mais recente, lançado em 2021, afirma ser "inequívoco que a influência humana aqueceu a atmosfera, o oceano e a superfície da Terra".[23] É exatamente isso que está representado nas diferentes linhas do gráfico da página 236: a linha cinza escuro indica o resultado das simulações dos modelos considerando apenas variações naturais (como atividade solar e vulcânica); e a linha cinza claro exibe o aumento da temperatura quando são considerados impulsionadores naturais e humanos. É nítida a diferença, e isso justifica a "inequívoca" atribuição do aquecimento à ação humana.

O IPCC foi bem-sucedido em promover a interação entre cientistas, sociedade civil organizada e representantes de governos, ampliando o consenso e chamando atenção para as mudanças climáticas. Mas isso também estimulou reações e ataques. Quanto mais cientistas compartilhavam e exprimiam suas conclusões sobre o aquecimento global gerado por ações humanas, maior a perseguição que sofriam. As empresas de petróleo, cujos interesses seriam diretamente afetados pela diminuição dos combustíveis fósseis, passaram a financiar iniciativas para minar o consenso científico.[24] Essas reações aumentaram, então, a preocupação dos cientistas com a forma de enunciar seus resultados. A confiabilidade de cada afirmação deveria ser explicitada de forma honesta, defendiam muitos deles, mesmo que isso implicasse ressaltar as incertezas de suas conclusões. Como já dissemos, modelos fazem projeções – não dizem o que vai acontecer certamente, e sim o que tem grande propensão de ocorrer. Assim, a estimativa das

---

23. IPCC, idem.

24. O livro *Mercadores da dúvida* relata, de forma bem documentada, a ação desses grupos, que promoviam a difamação dos cientistas. Em 2020, uma comissão de investigação no Congresso norte-americano corroborou tais denúncias. Cf. Oreskes, Naomi; Conway, Erik. *Merchants of doubt: how a handful of scientists obscured the truth on issues from tobacco smoke to global warming*. Londres: Bloomsbury Publishing, 2011.

incertezas – inevitáveis nos modelos do clima – foi sendo vista como mais e mais estratégica nos relatórios do IPCC. Surgiram novos métodos para quantificar essas incertezas; cada resultado passou a explicitar sua probabilidade e seu nível de confiança. Dessa forma, o uso de ferramentas estatísticas e probabilísticas tornou-se essencial. E os enunciados foram adquirindo a forma que têm hoje, com um estilo bastante honesto do ponto de vista da comunicação, mas um pouco difícil de entender.

O relatório mais recente do IPCC traz afirmações como as seguintes: a precipitação global média na superfície da Terra *provavelmente* aumentou desde 1950, em taxas mais rápidas desde 1980 (*confiança média*); é *provável* que a influência humana tenha contribuído para as mudanças nos padrões de precipitação observados desde meados do século 20; a influência humana é *muito provavelmente* o principal impulsionador do recuo global das geleiras desde os anos 1990; é *virtualmente certo* que a camada superior dos oceanos tenha aquecido globalmente desde os anos 1970 e é *extremamente provável* que a influência humana seja o principal impulsionador disso. É nessa "linguagem calibrada" que os relatórios do IPCC transmitem os resultados obtidos pela comunidade científica nos últimos anos. Desse modo, a incerteza dos modelos passa a ser admitida como parte da ciência e tratada com rigor estatístico.

Além da linguagem probabilística, uma ferramenta-chave do IPCC é a comparação de modelos. Em meados dos anos 1990, começou a haver consenso sobre uma ideia que vigora até hoje: modelos *acoplados*, capazes de simular e reunir diversos aspectos climáticos, são o meio mais eficaz de acessar o clima futuro.[25] Surgiu, então, o Projeto de Intercomparação de Modelos Acoplados (CMIP, na sigla em inglês), que está em sua sexta edição. Reúnem-se diferentes abordagens, desde representações simples dos processos radiativos verticais da atmosfera (de apenas uma dimensão) até sistemas complexos da circulação atmosférica, incluindo os oceanos e relacionando as condições atmosféricas ao ciclo hidrológico e à presença de gelo (modelos tridimensionais). A organização em hierarquias articula modelos

---

25. O segundo relatório do IPCC (Working Group I), publicado em 1996, traz várias páginas dedicadas ao tema: "Intergovernmental Panel on Climate Change (IPCC) Report". *Climate Change 1995: The Science of Climate Change*. Cambridge: Cambridge University Press, 1996. Disponível em: https://www.ipcc.ch/site/assets/uploads/2018/02/ipcc_sar_wg_I_full_report.pdf. Acesso em: junho de 2021.

simples e outros mais abrangentes, capazes de simular detalhes complicados da dinâmica da temperatura, da umidade, dos ventos, das chuvas e de outros fenômenos. Assim, é possível testar os modelos contrastando uns com os outros, comparando as simulações obtidas a partir de diferentes pressupostos. Essa diversidade de modelos é uma riqueza da ciência do clima, não uma fraqueza. Imaginemos um simulador gigantesco, que rode as soluções de um sistema de equações diferenciais representando todos os fatores envolvidos no clima. Ele teria que fazer tantas reduções e aproximações que acabaria se tornando um instrumento ruim para a obtenção de informações relevantes, fornecendo uma visão superficial dos fenômenos – "não ajudaria os cientistas a distinguir as florestas das árvores".[26]

Já os modelos conseguem mostrar como o clima responde globalmente a perturbações, usando ferramentas que exibem transições críticas do sistema climático. A partir daí, traçam-se cenários, partindo de situações em que se admitem diferentes variações do volume de gases de efeito estufa, do uso da terra ou da concentração de aerossóis. O futuro é prospectado pela análise minuciosa desses cenários, comparados um ao outro em termos de probabilidade. Desse modo, a não ser em casos singulares, a ciência do clima não busca fazer previsões, e sim projeções.

Retomando, enfim, a pergunta sobre como os cientistas chegam à conclusão de que a temperatura global está aumentando por causa da emissão de gases decorrentes da ação humana, temos agora a resposta: é por meio de testes, verificações, comparações, em suma, por uma avaliação rigorosa de uma enorme variedade de modelos, elaborados por uma multidão de cientistas de várias partes do mundo. A linguagem em que tais enunciados se apresentam, contudo, não é a da causalidade. O último relatório do IPCC, por exemplo, afirma que:

> O aquecimento global antropogênico foi estimado (com *alta confiança*) estar aumentando de 0,2 grau centígrado por década (com incerteza de mais ou menos 0,1 grau) e *provavelmente* corresponde ao nível de aquecimento observado, com uma aproximação de mais ou menos 20%.

---

26. Ghil, Michael; Lucarini, Valerio. "The Physics of Climate Variability and Climate Change". *Reviews of Modern Physics*, n. 92, 2020.

As consequências são drásticas e também são explicitadas no documento:

> Este aquecimento observado já provocou aumento na frequência e na intensidade de extremos climáticos e meteorológicos em muitas regiões e diversas estações, incluindo ondas de calor na maioria das regiões (*alta confiança*), secas crescentes em algumas regiões (*confiança média*).

Além desses, há outros efeitos preocupantes, como aumento da intensidade de chuvas, alguns com alta confiança, outros com média.

O que fazer diante de conclusões tão fortes de que a ação humana está gerando riscos graves para o planeta? Segundo o IPCC, os planos submetidos pelos países à conferência do clima de Paris são insuficientes para reduzir a emissão de gases tanto quanto necessário para manter o aquecimento abaixo dos 2 graus Celsius. Essa conclusão tem alta confiança. Ou seja, apesar dos esforços de organismos internacionais, de ambientalistas e entidades da sociedade civil, tem sido mais difícil do que se imaginava. O clima se tornou um problema econômico, político e social – além de científico. As saídas afetam interesses poderosos, como os das empresas de combustíveis fósseis; logo, demandam determinação política e engajamento popular. O discurso científico, portanto, mais do que bem compreendido, precisa ser abraçado. A tarefa não é simples, sobretudo porque, como tentamos mostrar, a ciência do clima traz um modo de lidar com incertezas que é estranho ao público em geral.

# Capítulo 26
# MODELOS NÃO SÃO FÓRMULAS

A ciência do clima tem características que a tornam mais complexa do que outras áreas científicas e isso pode afetar seu poder de convencimento. É preciso lidar com muitas incertezas, mais que nas ciências conhecidas pelo público, vistas como provedoras de certezas. Quando dizemos que a incerteza é estrutural na ciência do clima, não se trata da maneira como entendemos as probabilidades, uma ciência dos eventos intrinsecamente aleatórios, que está muito presente no debate público. O risco de sofrermos um acidente de carro, por exemplo, é aleatório e pode ser traduzido em probabilidades. Já no caso das ameaças planetárias, a incerteza não surge de um acontecimento aleatório: ela é produto de limites intrínsecos à ciência física. O saber construído em moldes deterministas é incapaz de lidar com os fenômenos complexos da atmosfera. Logo, a incerteza da ciência do clima não está na realidade, e sim nas práticas científicas. Os métodos da física-matemática, nesse caso, não têm a previsibilidade de ciências mais populares, como a astronomia. O papel paradigmático do conhecimento dos astros foi enfatizado em capítulos anteriores, justamente porque queríamos ressaltar a diferença de fundo entre esse saber e o estudo do clima.

Durante muito tempo, o conhecimento científico foi associado à realização de previsões, e o ensino – até hoje! – privilegia esse ponto de vista. No máximo, lida-se com eventos aleatórios, mas não com as incertezas de ciências deterministas. Daí a dificuldade de se entender os métodos usados na ciência do clima, cujos modelos já são elaborados contando com certo grau de incerteza. Vejamos um exemplo. A redução global das emissões de gases de efeito estufa é a solução para evitar que a temperatura continue aumentando, isso é certo. Mas não há previsões exatas sobre o quanto se deve reduzir as emissões a fim de garantir certa contenção de temperatura. Os modelos fornecem projeções. Ou seja, estimativas, enunciadas com seus graus de incerteza. Não se trata de uma previsão, como na antecipação da posição futura de uma bola (pela lei da queda livre) ou da passagem de um cometa (pelos cálculos astronômicos). Projeções não são previsões pioradas; elas são outro tipo de conhecimento científico rigoroso, só que pouco abordado no ensino acessível a todos – logo, trata-se de uma visão impopular. Aliás, as projeções têm grande vantagem sobre as previsões: uma projeção depende de nossa ação; portanto, há mais possibilidades de agirmos que nas previsões.

O modo como a ciência encara as incertezas, no estudo do clima, levou cientistas importantes, como Stephen Schneider, a tirar conclusões surpreendentes sobre o modo de lidar com a verdade.

> A verdade não é conhecida com precisão e algumas vezes não é sequer totalmente conhecível. A "verdade" é aproximada por refinamentos progressivos por meio de uma série de probabilidades subjetivas e possibilidades, atualizadas por novos dados e teorias avaliadas por uma comunidade de pessoas informadas sobre o assunto – pois isso é tudo o que a ciência pode oferecer sobre o futuro.[1]

Ele quer dizer que os modelos filtram as chances de todas as conclusões possíveis e avaliam a qualidade das evidências. O essencial a ser comunicado, portanto, é a força do método, mais que sua verdade intrínseca. Ou seja, a incerteza não é escondida: é tratada com rigor, fornecendo a melhor verdade possível sobre o clima no futuro. O problema é que essa não é a imagem comum que se tem da verdade científica.

Talvez a área de conhecimento mais próxima da ciência do clima, na visão do público, seja a previsão do tempo. Quando queremos planejar viagens ou saber se vai dar praia no fim de semana, corremos para aplicativos de meteorologia. No curto prazo, eles costumam acertar. Com mais de duas semanas, porém, a previsão vai se tornando menos confiável. É totalmente justificado, portanto, que as pessoas não entendam de que modo a ciência consegue prever como será o clima daqui a vinte ou trinta anos. A meteorologia e a ciência do clima têm trabalhado juntas, relacionando fenômenos observáveis e projeções. As duas abordagens se complementam, sobretudo quando se busca obter resultados regionais a partir dos modelos. Uma área que ganhou força no último relatório do grupo I do IPCC (que trata da base física) é a chamada "ciência da atribuição". O objetivo é atribuir eventos extremos, como ondas de calor, secas ou chuvas fortes, ocorridos em locais específicos, às mudanças climáticas antropogênicas. Até alguns anos atrás, os modelos climáticos forneciam mais informações globais do que locais, sendo os resultados enunciados como "aumento da probabilidade global" de eventos

---

1. Schneider, Stephen. *Science as a Contact Sport: Inside the Battle to Save Earth's Climate*. Washington: National Geographic, 2009, p. 120.

extremos. Ou seja, não era possível atribuir um evento específico às mudanças climáticas, ainda que já se soubesse que a frequência desse tipo de fenômeno estava aumentando. É essa lacuna que a ciência da atribuição visa preencher, não sem aumentar o potencial de debates acerca dos métodos utilizados.[2] O ponto é que os modelos não são determinísticos, nem fornecem previsões exatas. Isso não os torna menos confiáveis. O problema é que esse tipo de afirmação não costuma ser associado, pelo público em geral, a certezas físicas, consideradas, mesmo que tacitamente, como de natureza determinista.

Chamam-se "deterministas" as representações expressas por equações diferenciais, que costumam ser apresentadas quase do mesmo modo como se impuseram desde os séculos 18 e 19. Vimos no capítulo anterior que a modelagem tem um papel significativo na ciência do clima justamente devido à insuficiência da resolução (direta ou aproximada) das equações que descrevem as condições atmosféricas. Bifurcações, sensibilidade às condições iniciais e outras noções ligadas a sistemas dinâmicos caóticos têm papel fundamental na meteorologia. A imprevisibilidade vem daí e pode aparecer mesmo em fenômenos descritos por equações determinísticas. Nos próximos parágrafos, tento explicar alguns problemas decorrentes de prioridades ultrapassadas no currículo básico de matemática e física.

A visão das pessoas leigas sobre as ciências matematizadas – que têm na física o exemplo mais bem-sucedido – é excessivamente impregnada pela ideia de "fórmula matemática" (representações determinísticas escritas em linguagem algébrica). No caso da queda livre, por exemplo, se o movimento acontece no vácuo,[3] as posições de uma

---

2. Seneviratne, S. I., X. Zhang, M. Adnan, W. Badi, C. Dereczynski, A. Di Luca, S. Ghosh, I. Iskandar, J. Kossin, S. Lewis, F. Otto, I. Pinto, M. Satoh, S. M. Vicente-Serrano, M. Wehner, B. Zhou, 2021, Weather and Climate Extreme Events in a Changing Climate. In: *Climate Change 2021*: The Physical Science Basis. Contribution of Working Group I to the Sixth Assessment Report of the Intergovernmental Panel on Climate Change [Masson-Delmotte, V., P. Zhai, A. Pirani, S. L. Connors, C. Péan, S. Berger, N. Caud, Y. Chen, L. Goldfarb, M. I. Gomis, M. Huang, K. Leitzell, E. Lonnoy, J. B. R. Matthews, T. K. Maycock, T. Waterfield, O. Yelekçi, R. Yu and B. Zhou (eds.)]. Cambridge University Press. In Press.

3. Experimentos em câmaras de vácuo mostram que uma pena e uma bola de boliche caem realmente ao mesmo tempo, como podemos ver no vídeo publicado pela BBC em 2014. Disponível em: https://www.youtube.com/watch?time_continue=3&v=E43-CfukEgs&feature=emb_logo. Acesso em: junho de 2021.

bola com o passar do tempo podem ser calculadas pela fórmula $s = \frac{g}{2}t^2$. Essa função determina a posição $s$ atingida pela bola após $t$ instantes. Na verdade, "fórmula" aqui é o apelido do objeto matemático "função". A física e a matemática ensinadas na escola costumam afogar estudantes em fórmulas, as quais acabam despertando certo ódio à matemática. Com alguma razão, pois se cobra demais o uso de fórmulas. Como o ensino escolar é frequentemente o único contato da maioria das pessoas com as ciências físicas e matemáticas, essa é a imagem que levam para a vida. A preponderância da fórmula no ensino nunca foi uma boa coisa, mas hoje as consequências são mais graves do que nunca. Antes, quem não gostava de matemática e física seguia outra profissão e estava tudo bem. Mas a ciência do clima embaralha esse acordo, pois embasa justificativas para a implementação de políticas que afetarão profundamente a vida de todas as pessoas, gostem elas ou não de matemática e física.

Na primeira e na segunda partes deste livro, mostramos que as equações diferenciais geraram grande otimismo nos séculos 18 e 19, levando cientistas a estimar que todos os movimentos – dos céus e da terra – seriam previstos com a mesma exatidão da queda de uma bola ou da passagem de um cometa. Até os fenômenos atmosféricos chegaram a ser considerados de modo similar. Mas a dinâmica da atmosfera desafiou essa expectativa. As aproximações que funcionaram na astronomia não servem para o estudo do clima devido à complexidade das equações diferenciais que descrevem os fenômenos meteorológicos.[4] A ciência planetária conquistou o público, durante mais de dois séculos, fazendo previsões espetaculares, por métodos que, somados a novas tecnologias, permitiram enviar pessoas de carne e osso ao espaço. Essa imagem não vai deixar de ser sinônimo de "ciência" da noite para o dia, nem mesmo quando se trata de entender fenômenos físicos envolvendo a atmosfera terrestre e as alterações de nosso planeta. Por isso, é preciso aumentar a familiaridade das pessoas com a prática de modelagem, mostrando que esse é um meio eficiente e menos determinista do que as equações, sendo bastante útil para representar fenômenos complexos. As ciências do sistema Terra e do clima têm potencial para revolucionar o ensino. Elas incorporam uma visão de mundo mais adequada aos tempos atuais que

---

4. As equações do Sistema Solar também não são lineares, mas possuem maior previsibilidade que as equações usadas na meteorologia.

as fórmulas e previsões. O ensino de ciências deveria ser reorientado, portanto, diante do significado desses conhecimentos para o futuro de crianças e adolescentes. Não se trata de acrescentar mais uma matéria ao currículo, como educação ambiental e afins. É preciso iniciar uma verdadeira revolução na educação científica, reorganizando saberes matemáticos, físicos, biológicos e sociais. O ensino de ciências deveria, acima de tudo, desenvolver a sensibilidade para modelos do clima, o que abre um leque de situações propícias para se ensinar outras noções. O que é um modelo? Essa pergunta permite falar de equações e funções, com suas diferentes características qualitativas e métodos de resolução. Depois, pode ser explorada a diferença entre conhecimento determinístico e probabilístico, partindo de exemplos simples. Em seguida, entram as simulações computacionais, que possibilitam manejar dados e discutir a natureza dos algoritmos. A visão dos sistemas complexos é fácil de ser ensinada a adolescentes: qual é a consequência de pequenas mudanças que atuam como *feedbacks*? Como diferentes fatores afetam a pesca e por que podem levar à extinção de peixes? Como observar (no computador, só com figuras) comportamentos não lineares e caóticos? Até que ponto o conhecimento do clima ajuda a entender a previsão de tempo? Quais os limites e por que modelos distintos são necessários? Paralelamente, mostra-se que a física, a biologia e a geologia conhecem o mundo de modos diferentes. Esses são exemplos iniciais, que servem para indicar quantas possibilidades existem de reorganizar o ensino e os currículos. Além de salvar crianças e adolescentes de um currículo enfadonho, esses novos conteúdos teriam o potencial de convencer suas famílias sobre a urgência das mudanças climáticas.

Não é possível que o mundo esteja passando por tantas turbulências e continuemos a cobrar de crianças e adolescentes que resolvam equações e lidem com fenômenos naturais por meio de fórmulas. A ciência do clima fala do mundo em que elas viverão dentro de dez ou vinte anos. Por isso, as novas gerações são a principal força de mudança e merecem um ensino bem mais sintonizado com os desafios do presente.

Capítulo 27
# A VERDADE NÃO FAZ POLÍTICA

As mudanças climáticas estão acontecendo e irão se agravar. Isso é verdade, como mostra o consenso científico consolidado ao longo dos últimos quarenta anos. Mas será que essa verdade tem o poder de mover as forças políticas na velocidade e na escala necessárias? Muitos acreditam que ainda é possível, mas as iniciativas internacionais já têm mais de quatro décadas, e os resultados são insatisfatórios.

Um pouco depois da criação do IPCC (ou Painel Intergovernamental sobre Mudanças Climáticas), o Rio de Janeiro foi palco da primeira grande conferência sobre o clima e o meio ambiente, a chamada ECO-92. Daí surgiram as três convenções socioambientais da ONU, que periodicamente realizam suas Conferências das Partes (COPs). Uma delas é a Convenção-Quadro das Nações Unidas para as Mudanças Climáticas (UNFCCC). A ciência tem papel central nesses fóruns, por meio de relatórios versando não apenas sobre a ciência do clima, mas também sobre ações de mitigação e adaptação às mudanças climáticas, sobre o uso da terra, os impactos nos oceanos etc. A aposta é que a constatação técnica dos riscos possa vencer resistências políticas, tornando estratégica a via da diplomacia e do convencimento. As posições de especialistas funcionam, portanto, como ferramenta na disputa política. Por apresentar sínteses da melhor ciência disponível sobre o tema, com afirmações embasadas, tais relatórios teriam o poder de convencer governantes e outros atores relevantes. Esse caminho seria suficiente para que políticos e empresas se engajassem nas causas ambientais. Mas há vários pressupostos frágeis nessas convicções.

Antes de passar à análise desses problemas, vale dizer que houve conquistas essenciais, sobretudo entre o fim dos anos 1980 e o início dos 2000. O ano de 1988 foi marcante porque uma intensa onda de calor nos Estados Unidos fez com que pesquisadores, que já vinham falando do aquecimento global havia uma década, começassem a ser ouvidos pelos políticos. James Hansen deu um testemunho ao Congresso dos Estados Unidos mostrando que uma atmosfera mais quente intensificaria o ciclo de evaporação e de precipitação, gerando mais chuvas, o que poderia prejudicar a agricultura e causar desastres. Tudo isso era provocado pela queima de combustíveis fósseis. A partir daí, o termo "aquecimento global" chegou à opinião pública, deixando explícito que não correspondia a temperaturas ligeiramente maiores nem provocadas por fenômenos naturais, e sim pela atividade humana. Só haveria uma saída, portanto: reduzir a emissão de gases de efeito estufa na atmosfera. Em 1987, já havia sido firmado um tratado internacional para evitar a destruição da camada de ozônio, o Protocolo de Montreal. O documento entrou em vigor dois anos mais tarde, impondo uma redução progressiva da produção e do consumo das substâncias que destroem a camada de ozônio, até sua total eliminação. Com ajuda da sociedade civil organizada, a pressão teve sucesso. Os clorofluorcarbonos (CFCs), usados em setores como limpeza e refrigeração, foram sendo proibidos em diversos países (no Brasil, em 2010). A indústria teve que se adaptar, por exemplo reconvertendo geladeiras, pois elas também emitiam hidroclorofluorcarbonos (HCFCs).

Surgiu uma consciência global sobre os efeitos dos combustíveis fósseis, capaz de desmontar projetos de grandes petroleiras e impedir o avanço sobre regiões protegidas – um exemplo é a exploração no Ártico, foco de campanhas massivas da sociedade civil. O Protocolo de Quioto, firmado em 1997, também representou um avanço, ainda que fizesse vista grossa para o aumento das emissões dos países fora do "anexo I" da convenção, hoje chamados de "países em desenvolvimento". Apesar de não ter sido assinado pelos Estados Unidos, foi ratificado por quase todos os membros, que se comprometiam, assim, a reduzir a emissão de gases de efeito estufa entre 2008 e 2012. No entanto, as reduções ficaram bem abaixo do esperado. Inclusive, os níveis de dióxido de carbono na atmosfera aumentaram nesse espaço de tempo.

No fim dos anos 2000, foram muitos os revezes das causas climáticas, impulsionados por diversos fatores, com destaque para a crise econômica mundial de 2008. Apareceram, então, balanços sobre as fragilidades dos fóruns multilaterais, especialmente dentro do sistema das Nações Unidas. Em primeiro lugar, nessas negociações, as mudanças climáticas são tidas como um problema global, mas é a política doméstica que acaba definindo o engajamento dos governos. Uma das razões para o tímido sucesso das negociações, portanto, seria a ilusão de que é possível ultrapassar fatores ligados à realidade singular de cada um dos países participantes (as chamadas "partes"). Balanços das conferências – feitos por pesquisadores comprometidos com as causas ambientais, mas críticos ao modo como os acordos têm sido concebidos – apontam essa, entre outras fraquezas. O livro *Gouverner le climat?* [Governar o clima?], dos historiadores da ciência Stefan Aykut e Amy Dahan-Dalmedico, reconta a história do multilateralismo climático, começando por lembrar que a "governança" do clima, como o termo diz, segue a inspiração de teorias da nova gestão pública (ou *new public management*).[1] Trata-se de uma abordagem para tornar as políticas públicas mais eficientes, seguindo padrões de gestão do setor privado. Essa escolha tende a esvaziar a política ao supor que as soluções devam ser elaboradas por especialistas e acolhidas por "tomadores de decisão" (como negociadores e representantes de governos). Além disso, a retórica das cúpulas privilegia o aspecto comum do problema – "a Terra é uma só" –, como se estivéssemos todos no mesmo barco, ao passo que as consequências são experimentadas de modos variados nas diferentes regiões do globo.

Esse pressuposto é tão arraigado que incide nos próprios modelos científicos, como apontam Aykut e Dahan-Dalmedico. Os modelos do clima "apagam o passado, naturalizam o presente e globalizam o futuro", resumem. Isso significa que o papel preponderante do Norte, que se industrializou e poluiu a atmosfera durante os últimos duzentos anos, só é levado em conta globalmente, ou seja, sem que os modelos explicitem o aporte de cada nação. Além disso, o presente é traduzido em dados que reproduzem condições similares às atuais (naturalizando o fato de nada ter sido feito para mudar essas condições). E os modelos globalizam o futuro porque tanto a temperatura quanto a concentração de dióxido de carbono na atmosfera são expressos por médias globais. A essa limitação somam-se outras, levando a um duro diagnóstico.

> Depois desses anos todos, é preciso retomar a análise da impotência assustadora da governança climática em agir sobre o real. Existe uma defasagem crescente entre uma realidade do mundo, inclusive com as soberanias nacionais se reforçando, e uma esfera de negociações de governança que veicula o imaginário de um grande regulador central, que tem cada vez menos relação com essa realidade externa. Chamamos essa defasagem de *cisma de realidade*.[2]

Aykut e Dahan-Dalmedico não param por aí. Eles sugerem caminhos para recolocar o regime climático em uma relação mais saudável com a realidade: repolitizar o problema climático, rompendo

---

1. Aykut, Stefan C.; Dahan-Dalmedico, Amy. *Gouverner le climat? Vingt ans de négociations internationales*. Paris: Presses de Sciences Po, 2015.

2. Ibidem.

a ilusão de que uma gestão apolítica possa resolver os impasses; reterritorializar e materializar as soluções, a fim de ancorar a necessidade de transformação ecológica de nossas sociedades em realidades produtivas e econômicas. "Reterritorializar o clima" tem a vantagem adicional de aumentar a inteligibilidade da questão climática, que foi tornada incompreensível e opaca pelo enquadramento excessivamente técnico dos debates nas conferências. Ainda que instâncias internacionais continuem incontornáveis, deve-se levar em conta as singularidades locais. A comunidade científica está atenta a esse problema, tanto que vem se esforçando para "regionalizar" as conclusões do IPCC. O último relatório traz, inclusive, um atlas, permitindo analisar os impactos em cada região.[3]

Muitas organizações da sociedade civil têm agido para aumentar o engajamento público nas causas do clima, e surgiram iniciativas importantes recentemente, como a mobilização de jovens no movimento *Fridays for Future* [Sextas pelo Futuro]. Mas continua sendo difícil criar instâncias para a participação de novos atores e atrizes nas negociações. Hoje, é preciso reconhecer os limites da ciência tanto para mobilizar os políticos como para despertar um engajamento mais amplo na sociedade. Essa insuficiência se tornou uma questão-chave a partir de 2009, principalmente após a COP de Copenhague, considerada um fracasso pelos próprios envolvidos. Ali, ficou explícito que acordos políticos globais dependem de políticas domésticas – mais que o contrário. Na hora da decisão, os governantes agem a partir de seus interesses, que são guiados pela dinâmica política e eleitoral de seus países. Foi então que o "cisma de realidade" ficou evidente. Alguns cientistas passaram a reconhecer que havia sido posta nas costas da ciência uma missão que só a política pode realizar.

As mudanças climáticas são um "problema traiçoeiro" (*wicked problem*), expressão sugerida pelo geógrafo Mike Hulme – cientista respeitado, porém crítico ao modo como a ciência vinha sendo usada nas negociações globais.[4] E por que traiçoeiro? Porque os impactos das mudanças climáticas são vistos como abstratos pelas pessoas comuns; não há um vilão facilmente identificável e, além disso, a própria ciência do clima tem características peculiares (como vimos no

---

3. Disponível no site: https://interactive-atlas.ipcc.ch . Acesso em: junho de 2021.

4. Prins, Gwyn et al. *The Hartwell Paper: A New Direction for Climate Policy After the Crash of 2009*. Oxford: University of Oxford, 2010.

capítulo anterior). Assim, o uso político dos argumentos científicos – que se tornou óbvio com o avanço das cúpulas do clima – pode ser um calcanhar de aquiles. O motivo principal é o potencial desses argumentos para provocar reações, que tentam minar a confiança depositada pela sociedade nos cientistas. Não há dúvida alguma sobre os resultados da ciência nem sobre a urgência de agir para enfrentar as alterações antropogênicas do clima. Mas as soluções devem ser políticas, sem atalhos que almejem driblar os conflitos com recomendações de ordem técnica. "A ação efetiva sobre o clima requer uma política melhor, não uma ciência melhor" é o título de um artigo publicado na revista *Nature* em 2010.[5] Cientistas críticos ao uso tecnocrático da ciência, que tende a esvaziar a política, chegaram a ser acusados de fazer o jogo dos negacionistas.[6] Além de injusta, essa acusação pode ser feita aos pressupostos da própria governança baseada em critérios técnicos, cujo viés "apolítico" pode ter ajudado a atrasar soluções efetivas. A lógica das organizações multilaterais, ao abraçar uma governança fundada na ciência como modo de diminuir os conflitos políticos, pode ter contribuído para a aura elitista que acompanha as causas climáticas.

Em 2015, foi firmado o Acordo de Paris, comemorado como um caso bem-sucedido. Houve, ali, um deslocamento na lógica de governança, com estratégias discursivas e simbólicas passando a ser consideradas mais efetivas do que medidas regulatórias. Desde então, há uma expectativa de que um tipo mais suave (*soft*) de regras, apoiadas em táticas de comunicação, possa surtir efeito. Essa virada foi batizada de "sistema encantatório de governança" por Stefan Aykut e outros.[7] A tarefa dos governos (que deveriam regular as emissões) tornou-se mais flexível por meio de um sistema de compromissos e prestações de contas, envolvendo atores públicos

---

5. Sarewitz, Daniel. "World View: Curing Climate Backlash". *Nature News*, v. 464, n. 7.285, p. 28, 2010. Disponível em: https://www.nature.com/news/2010/100303/full/464028a.html. Acesso em: junho de 2021.

6. Na época, a polêmica ainda havia sido agravado pelo chamado Climagate. Disponível em: https://www.theguardian.com/theobserver/2019/nov/09/climate-gate-10-years-on-what-lessons-have-we-learned. Acesso em: junho de 2021.

7. Aykut, Stefan C.; Morena, Edouard; Foyer, Jean. "'Incantatory' Governance: Global Climate Politics' Performative Turn and Its Wider Significance for Global Politics". *International Politics*, pp. 1-22, 2020.

e privados. Essa abordagem, incorporada em contribuições nacionalmente determinadas (NDCs na sigla em inglês), visa diminuir o impacto das regulações. Mas, até aqui, a estratégia não parece ter resolvido o fosso entre uma comunidade internacional engajada na ação climática e a realidade local dos países. Além disso, o risco de uma "governança encantatória" do clima é invisibilizar problemas que estão no coração da crise ambiental, mas fora do alcance das medidas para diminuir as emissões de gases. Desses problemas, a expansão da indústria extrativa é o mais grave, pois metais serão cada vez mais necessários à produção de energias renováveis. "Esse risco tende a se agravar com a disseminação global dos estilos de vida consumistas do Ocidente", alertam os autores.[8]

Voltaremos a falar, na quarta parte deste livro, das ameaças geopolíticas que vêm sendo deixadas em segundo plano nos debates multilaterais sobre o clima. Vamos nos ater aqui às dificuldades da relação entre ciência e política, pois elas atingem os pressupostos da governança climática e fragilizam as organizações multilaterais. A ciência e a tecnologia tiveram papel determinante na afirmação do pacto democrático no pós-Segunda Guerra Mundial, como vimos na terceira parte. Não é surpresa, portanto, que sua legitimidade e sua autoridade sejam atingidas pela mesma crise que agora afeta esse pacto. Recuperar a confiança é a tarefa mais urgente das instituições democráticas, entre elas as científicas. Os fóruns globais, assim como boa parte das entidades da sociedade civil, têm apostado na formulação de políticas públicas que, por se apoiarem em dados e evidências, teriam maior capacidade de persuasão. Assim, seria possível convencer governos, tomadores de decisão, empresários e opinião pública. Um fator esquecido nessa estratégia é o fato de que ela depende da ação de mediadores. Quer dizer, de instituições e especialistas que atuam como intermediários entre a ciência e a política. Nos últimos anos, porém, tem se observado uma fragilização dessas camadas de mediação, o que diminui o alcance de uma política com caráter técnico, baseada em evidências, mas sem apelo popular.

O livro de Gil Eyal *The Crisis of Expertise* [A crise da expertise], publicado em 2019, ressalta que a palavra dos especialistas vem sendo corroída por suspeição e ceticismo.[9] Apoiado em sondagens feitas

---

8. Ibidem, p. 15.

9. Eyal, Gil. *The Crisis of Expertise*. Hoboken: John Wiley & Sons, 2019.

desde os anos 1990, ele aponta que uma das razões é a impressão crescente, por parte do público, de que esses profissionais são motivados por interesses privados, empresariais ou por convicções políticas disfarçadas. Os *experts* entraram em cena após a Segunda Guerra Mundial, justamente quando a tecnologia adquiriu impacto de massas. À diferença de uma ciência pura, alguns temas já nasciam ligados a demandas sociais, como remédios, vacinas, transgênicos, agrotóxicos, poluição e desmatamento. A política passou, então, a envolver questões tecnicamente complexas, como indicadores econômicos e problemas ambientais. Em todos esses casos, além de implementar políticas e impor que regulações fossem cumpridas, era preciso persuadir tomadores de decisão e convencer a população. Foi assim que os *experts* adquiriram um papel cada vez mais estratégico: unindo conhecimento especializado e habilidade para transmitir informações ao público, orientando governos e conquistando apoio da sociedade.

A atual crise dos *experts* e suas instituições está relacionada, paradoxalmente, ao sucesso que eles obtiveram nas últimas décadas. Uma busca pela palavra "expertise" (em várias línguas) nos livros disponíveis no Google Books mostra que o uso do termo cresceu 4.300% entre 1955 e 2000. Recomendações, guias de conduta, controle de danos, prevenção de riscos e projeções de impacto são exemplos de insumos intelectuais destinados tanto a embasar decisões políticas como a persuadir o público de que elas são acertadas. Essa integração da evidência científica à política é um traço do pós-guerra. Mas também gerou reações contrárias à influência exagerada dos "técnicos".[10] A própria invenção do termo "tecnocracia" (designando o poder político concentrado nas mãos de técnicos) surgiu como crítica à influência de um corpo não eleito na esfera política.

O casamento entre ciência e política foi feliz enquanto os avanços científicos estiveram identificados – de forma inequívoca – a melhorias na qualidade de vida. Desde os anos 1980, porém, cresce a percepção dos riscos decorrentes da tecnologia. Vivemos numa "sociedade de risco", como sugeriu o sociólogo Ulrich Beck, e acidentes graves parecem sem-

---

10. Roque, Tatiana. "Intelectuais de internet chegam ao poder: a luta de classes do saber". *Le Monde Diplomatique*, fevereiro de 2019. Disponível em: https://diplomatique.org.br/intelectuais-de-internet-chegam-ao-poder-a-luta-de-classes-do-saber-2/. Acesso em: junho de 2021.

pre à espreita, como o da usina nuclear de Chernobyl, em 1986.[11] Uma das características dessa sociedade é que problemas pontuais adquirem grande possibilidade de amplificação, como foi o caso de acidentes nucleares, mas também de pandemias. Assim, a legitimidade de decisões políticas fundamentadas na ciência passou a depender de acordos mais frágeis, pois muitas vezes são incertos – e uma pequena quebra de confiança pode ter efeito bola de neve. Durante a pandemia de covid-19, os *experts* estiveram na berlinda, e vimos de perto até que ponto a confiança foi quebrada e dificultou o controle da crise sanitária.[12]

"Negacionismo" e "pós-verdade" se tornaram termos comuns. Mas o que descrevem exatamente? A interpretação mais frequente é que muitas pessoas não seguem recomendações embasadas na ciência porque não entendem bem o conhecimento existente por trás. Assim, bastaria informar melhor e explicar o saber científico de modo mais claro e acessível. Além de minimizar o fator político, esse diagnóstico generaliza um problema que é específico. Nem toda a ciência está na berlinda – ninguém questiona a explicação do movimento pelas leis de Newton ou a fotossíntese como processo de transformação de energia feito pelas plantas. As ofensivas se voltam contra saberes com impacto direto na vida social: na saúde (vacinas e medicamentos), no clima (poluição e outras questões ambientais) ou na comida (transgênicos e agrotóxicos). Mesmo a teoria da evolução pode ser encaixada nessa categoria, já que participa de disputas religiosas. Vivemos uma crise de confiança na interseção entre ciência e política, e isso fragiliza o lugar dos mediadores do saber, sejam eles cientistas, jornalistas, professores ou *experts*. Logo, não presenciamos uma "volta à Idade Média" ou a períodos obscurantistas da história, como diz certo senso comum. Trata-se de um problema de nosso tempo, que deve ser enfrentado com diagnósticos adequados.

O abalo na credibilidade dos *experts* é mundial e vem embaralhando as cartas da relação entre ciência e política. O fenômeno da "pós-verdade" costuma ser caracterizado pela importância de experiências pessoais, usadas como evidências para contradizer afirmações científicas. Mas o historiador da ciência Steven Shapin sugere que não existe uma

---

11. Beck, Ulrich. *Sociedade de risco: rumo a uma outra modernidade*. São Paulo: Editora 34, 2011.

12. Roque, Tatiana. "A queda dos experts". *piauí*, maio de 2021.

crise da verdade, e sim uma "crise do conhecimento social".[13] Isto é, a sociedade está com dificuldade para discernir o conhecimento científico confiável: reconhecer quem sabe e quem não sabe, quem é e quem não é confiável, que instituições produzem um saber genuíno e sem interesses comerciais. Há muito tempo, lembra Shapin, a ciência deixou de ocupar o lugar sagrado de prática desinteressada e protegida. Agora, precisa renovar os laços com a sociedade. Com a internet e as redes sociais, surgiram novos desafios, e estes ainda não foram resolvidos.

A estratégia da extrema direita é aproveitar essa confusão para desqualificar os *experts* e outros intermediários, minando sua autoridade e roubando o lugar que ocupam. A ação de governantes autoritários, como Donald Trump ou Jair Bolsonaro, não deve ser vista, portanto, como *causa* do abalo da confiança nos mediadores, e sim como resposta política a uma crise que já se anunciava. Claro que tais lideranças, e seus seguidores, reforçam o ambiente de suspeição ao proferir acusações injustas, mentirosas e estapafúrdias. Assim, contribuem bastante para minar o debate público. Mas não podemos perder de vista que são táticas, empreendidas por políticos hábeis, para se aproveitar de uma desconfiança já instalada na sociedade.[14] É nesse ambiente social degradado que a ação dos negacionistas ganha repercussão. Não à toa, a estratégia escolhida desde os anos 1990, é semear a dúvida, como mostram Naomi Oreskes e Erik Conway.[15] Não podendo negar um consenso científico que já estava estabelecido, os "mercadores da dúvida" decidiram disfarçar o aquecimento global como uma "polêmica", contando com patrocínio de empresas de petróleo. A mídia caiu na armadilha, guiada pela regra de "ouvir os dois lados". Desse modo, negacionistas treinados para contestar as mudanças climáticas, sem nenhuma relevância na comunidade científica da área, ganharam espaço para disseminar suas teses. Hoje

---

13. Shapin, Steven. "Is There a Crisis of Truth?". *Los Angeles Review of Books*, dezembro de 2019. Disponível em: https://lareviewofbooks.org/article/is-there-a-crisis-of-truth/. Acesso em: junho de 2021.

14. Cf. Roque, Tatiana. "O negacionismo no poder". *piauí*, fevereiro de 2020.

15. Oreskes, Naomi; Conway, Erik M. *Merchants of Doubt: How a Handful of Scientists Obscured the Truth on Issues from Tobacco Smoke to Global Warming*. Nova York: Bloomsbury, 2010.

essa estratégia já foi desmascarada,¹⁶ mas o pano de fundo em que suas ideias repercutiram ainda serve a lideranças conservadoras com agendas antiambientais.

Como, então, a ciência pode ser útil para aumentar o engajamento no combate às mudanças climáticas? Fatos não bastam, por mais verdadeiros que sejam. Quando os fatos têm consequências políticas imediatas, como é o caso do aquecimento global antropogênico, há um modo eficiente de não se fazer o que precisa ser feito: negar os fatos. A extrema direita descobriu isso muito rápido, como aponta Bruno Latour.¹⁷ O filósofo foi um dos mais insistentes teóricos a dizer que fatos científicos não são motivadores de ações políticas, pois eles integram uma articulação complexa de fatores que podem ou não ser capazes de gerar mudanças. É preciso que os fatos se tornem motivo de preocupação,¹⁸ e isso só acontece quando os laços entre os cientistas e a sociedade funcionam bem, mas também quando existem forças políticas à altura do que a ciência diz.

A ciência do clima faz afirmações que podem ter consequências no uso de carros ou nas refeições que faremos ano que vem (diante da necessidade de diminuirmos o consumo de carne de vaca, por exemplo). Mudar hábitos individualmente está longe de ser o bastante, ainda que as corporações responsáveis por grandes danos ambientais tentem reforçar esse caminho. Combustíveis fósseis precisam ser eliminados e nada garante que o número de carros poderá se manter. O interesse de pecuaristas também não é desprezível. Não é a ciência que vai convencer as pessoas a pressionar os políticos, nem persuadir governantes a agir contra seus interesses eleitorais. Há muitas políticas públicas prontas para implementar. Mas é difícil que isso ocorra no ritmo e na escala necessários sem transformações políticas mais profundas. O desafio é fazer com que as políticas públicas cheguem à esfera da política (ir de *policies* [políticas públicas] a *politics*).

---

16. Investigação do Congresso americano, com depoimento de Naomi Oreskes. Disponível em: https://oversight.house.gov/legislation/hearings/examining-the-oil-industry-s-efforts-to-suppress-the-truth-about-climate-change. Acesso em: junho de 2021.

17. Latour, Bruno. *Diante de Gaia: oito conferências sobre natureza no Antropoceno*. São Paulo: Ubu, 2020.

18. Idem. "Why Has Critique Run out of Steam? From Matters of Fact to Matters of Concern". *Critical Inquiry*, n. 30, pp. 225-48, 2004.

Em vez de supor que um déficit cognitivo ou educacional explique o baixo engajamento do público, falta envolver mais gente nas decisões. A população deve ter mais espaço para expressar e debater suas inquietações, não ser vista como alvo de persuasão por *experts*. Há ideias inovadoras na mesa para aprofundar mecanismos de deliberação envolvendo temas científicos. No livro *Open Democracy* [Democracia aberta], a cientista política Hélène Landemore sugere que decisões sobre questões de interesse coletivo possam ser feitas por cidadãos escolhidos via sorteio. Um artigo assinado por ela e outros autores na revista *Science* mostrou que as pessoas são plenamente capazes de evitar manipulações e tomar decisões coerentes sobre temas de impacto comum, inclusive os mais difíceis. Uma iniciativa nesse sentido foi a Convenção Cidadã pelo Clima, realizada na França durante alguns meses entre 2019 e 2020, que sorteou 150 pessoas para elaborarem propostas para diminuir a emissão de gases de efeito estufa. A convenção fez ao governo 149 propostas, entre elas a de um referendo para incluir a defesa do clima e a preservação ambiental na Constituição. Os resultados foram decepcionantes, mas o debate sobre mudanças climáticas na opinião pública foi aquecido. Obviamente, iniciativas locais ainda precisarão ser coordenadas em nível mundial. Uma sugestão é criar instâncias multilaterais envolvendo cidades-chave ao redor do mundo, em vez de representações nacionais.[19] Essas ideias funcionam de forma complementar às conferências do clima, buscando promover maior engajamento cidadão nas decisões políticas, as quais, provavelmente, implicarão regulações e maior ação governamental.

A eleição de Joe Biden, nos Estados Unidos, devolveu certo otimismo em relação aos fóruns multilaterais, em particular os que tratam das mudanças climáticas. O país reingressou no Acordo de Paris[20] e organizou uma cúpula própria, a fim de mostrar ao mundo que está de volta à cena global. Não podemos esquecer, porém, que Donald

---

19. Algumas iniciativas nesse sentido já acontecem, como a C40 Cities. Disponível em: https://www.c40.org/. Acesso em: junho de 2021.

20. Os Estados Unidos ficaram formalmente fora do acordo até o dia seguinte às eleições. Biden reverteu a decisão. "EUA voltam oficialmente ao Acordo de Paris sobre o clima". *G1*, 19 de fevereiro de 2021. Disponível em: https://g1.globo.com/mundo/noticia/2021/02/19/eua-voltam-oficialmente-ao-acordo-de-paris-sobre-o-clima.ghtml. Acesso em: junho de 2021.

Trump teve votos suficientes para tornar difícil a realização de projetos mais ousados. Sem falar que não sabemos se o novo presidente está mesmo disposto a confrontar os empresários do petróleo. Não sabemos tampouco como seu governo vai lidar com o protagonismo adquirido pela China nos últimos anos.

Uma coisa é certa: Joe Biden começou sua gestão desmontando quase todas as políticas de Trump, menos as do espaço. A corrida espacial vem readquirindo popularidade e foi um dos carros-chefes do governo republicano que o precedeu.[21] Biden já assumiu o compromisso de manter o Projeto Artemis, que promete voltar à Lua até 2024. Além disso, os Estados Unidos pretendem partir de lá para Marte, tornando-se o primeiro país a colocar um ser humano no planeta vizinho – de onde já nos chegam informações enviadas pelo robô *Perseverance*. O receio dos entusiastas do espaço é que as preocupações de Biden com o clima o levem a priorizar a Terra, fazendo com que a NASA se volte novamente – a exemplo do que ocorreu nos anos 1980 – para nosso planeta e deixe de lado a exploração dos vizinhos siderais. A inquietação tem fundamento, pois escolhas terão que ser feitas na hora de aplicar as verbas. As missões de observação da Terra seguirão tendo papel fundamental, mas concorrerão com ambições espaciais que voltaram a ter sentido simbólico nas disputas políticas mundiais – trazendo de volta um imaginário de Guerra Fria. A propósito, a fim de acalmar os ânimos de potenciais opositores, Biden pediu emprestado à NASA uma rocha da Lua e a colocou bem à vista em seu gabinete.[22]

---

21. "The Biden Presidency Could Fundamentally Change the U.S. Space Program". *Time*, 29 de janeiro de 2021. Disponível em: https://time.com/5933447/biden-space-nasa/. Acesso em: junho de 2021.

22. "NASA Lends Moon Rock for Oval Office Display". *NASA*, janeiro de 2021. Disponível em: https://www.nasa.gov/image-feature/nasa-lends-moon-rock-for-oval-office-display/. Acesso em: junho de 2021.

Capítulo 28
# RETOMAR OS NEGÓCIOS: EM MARTE

Em plena pandemia, no dia 27 de maio 2020, uma das mais prestigiosas revistas de ciência do mundo, a *Scientific American*, estampou a manchete "Back in business" [Retomando os negócios] para indicar o retorno dos voos tripulados ao espaço, que não haviam decolado de solo norte-americano desde 2011.[1] O sonho espacial está de volta, apresentado com a grande novidade que resulta, nesta ocasião, de uma parceria entre a NASA e uma empresa privada, a SpaceX. Pela primeira vez na história, humanos são lançados ao espaço a bordo de um foguete comercial. De volta aos negócios, agora no espaço.

O dono da SpaceX é Elon Musk, um dos empresários mais conhecidos do mundo e celebrado por suas invenções arrojadas – carros autônomos estão sendo desenvolvidos por outra de suas empresas, a Tesla Motors. Musk é uma espécie de Ford do século 21, em vários sentidos, inclusive pela proximidade que mantém com militares e governos. O braço espacial de seus negócios foi fundado em 2002 e contou com apoio de vários presidentes dos Estados Unidos. Depois do desastre do ônibus espacial *Columbia*, em 2003, George W. Bush havia interrompido a vertente espetacular do programa norte-americano, priorizando estações espaciais com fins científicos e que prestam serviços à população (no campo da meteorologia, por exemplo). Desde o fim dos anos 1990, uma Estação Espacial Internacional foi construída, permanecendo em órbita de baixa altitude. Mantê-la funcionando requer o envio frequente de ônibus espaciais. Só que, desde 2003, os norte-americanos vinham alugando vagas em naves russas ou chinesas para que seus astronautas chegassem à estação. Donald Trump não podia aceitar essa submissão, principalmente porque, desde o início do mandato, investiu em um imaginário de guerra fria, desta vez contra a China.

Dez dias antes do lançamento da nave *Falcon*, em 2020, Elon Musk tuitou: "Tome a pílula vermelha". A mensagem cifrada deu margem a inúmeras especulações. A "pílula vermelha" remete a uma cena antológica do filme *Matrix*, quando o personagem Neo precisa escolher entre dois caminhos: descobrir a verdade ou continuar enxergando apenas as aparências. Com o sucesso do filme, "tomar a pílula verme-

---

1. Klotz, Irene. "Back in Business: NASA Is Set to Return to Human Spaceflight with Historic SpaceX Launch". *Scientific American,* 27 de maio de 2020. Disponível em: https://www.scientificamerican.com/article/back-in-business-nasa-is-set-to-return-to-human-spaceflight-with-historic-spacex-launch/. Acesso em: junho de 2021.

lha" passou a ser símbolo de um despertar para a verdade, associado também à conquista de mais poder: enxergar o que está por trás das aparências para não se deixar enganar. A expressão, assim, ganhou o sentido de ir contra o senso comum. Foi com esse viés que acabou se disseminando em fóruns da *deep web*, conhecidos por estimular ataques de ódio, comportamentos machistas e racistas. Nesse contexto, "tomar a pílula vermelha" significa contrariar o politicamente correto ou negar evidências compartilhadas, adquirindo o poder de enxergar o que está por trás das evidências. É um sinal para aderir a teorias conspiratórias. Por exemplo, depois da vitória de Joe Biden, os seguidores da teoria de Trump (de que teria havido fraude na eleição), diziam ter tomado a pílula vermelha.

Não sabemos exatamente o que Musk quis dizer no tuíte de 17 de maio, mas a data da mensagem, coincidindo com a preparação para o esperado lançamento da *Falcon*, sugere que estivesse celebrando a retomada do espaço – e dos negócios para além da Terra. Com outros bilionários e apoio entusiasmado de Trump, Elon Musk é um dos porta-vozes do plano de colonização de Marte. O planeta vermelho seria apenas a primeira parada para a exploração de outros planetas do Sistema Solar. A pílula vermelha destrava barreiras à conquista do espaço, e o projeto, desta vez, não é o de uma visita rápida: é reconstruir nossa civilização longe da Terra, uma saída que eles consideram possível diante do aquecimento global.

O investimento na SpaceX não é de agora. Em 2011, Barack Obama lançou uma parceria público-privada para recuperar a capacidade dos Estados Unidos de lançar seus próprios astronautas ao espaço. De lá para cá, a NASA não parou de investir na empresa. Desde a interrupção no governo Bush, quando os norte-americanos passaram a alugar vagas na nave russa *Soyuz*, governantes vêm sofrendo pressão de descontentes com a humilhação que isso representa – não faltam ícones da Guerra Fria para alimentar esse espírito. Como confiar na mesma *Soyuz* que disputou com a *Apollo* o pioneirismo na Lua e perdeu? Com esse argumento, John Glenn, o primeiro norte-americano a orbitar a Terra (depois do soviético Iuri Gagarin), tentou convencer Obama a retomar a missão espacial, incluindo novas viagens à Lua. Mas o então presidente respondeu que o dinheiro era curto e, com sua retórica elegante, emendou: "Já estivemos lá antes".[2] Não sabemos exatamente qual era a intenção de Obama, se não priorizava a nova missão espacial ou se queria entregá-la à iniciativa privada. Talvez as duas coisas. Mas sua declaração levanta uma pergunta pertinente: por que voltar à Lua?

Para o governo de Donald Trump, o retorno do homem ao espaço não é apenas de um projeto nacionalista ou propagandístico. Trump lidera – mesmo fora da Presidência – um ideal civilizatório e supremacista branco, que vê o espaço sideral como saída para os limites ambientais. Em palestra na NASA, o antigo vice-presidente Mike Pence explicitou o objetivo do governo Trump após prometer apoio financeiro à agência para voltar à Lua em cinco anos: a ambição é "minerar oxigênio das rochas lunares para reabastecer nossas naves, usar energia nuclear para extrair água das crateras permanentemente encobertas do polo Sul". Essa deve ser "a nova mentalidade americana", afirmou Pence, em nome do governo, acrescentando a disposição de serem os primeiros a explorar a Lua, já que, só assim, escreverão "as regras e os valores do espaço".[3] Por isso a área foi estratégica no governo Trump, que fundou a Space Force, sua própria seção militar, para investir na exploração do espaço.[4] Aguardemos para ver como Joe Biden tratará o assunto, mas a NASA já conhece as riquezas guardadas no satélite natural.

O polo Sul da Lua tem enorme valor econômico e estratégico, principalmente devido à abundância de água congelada. Explorações das últimas décadas revelam a presença de metais raros, como neodímio e lantânio, além de silício, titânio e alumínio, alguns essenciais na fabricação de *smartphones*, baterias e outros bens tecnológicos.

---

2. Inclusive, foi bastante criticado pela oposição por ter dito isso. Boyer, Peter J. "Why Obama Rejected John Glenn's Plea to Save the Space Shuttle Program". *The Christian Science Monitor*, 16 de maio de 2011. Disponível em: https://www.cs-monitor.com/USA/Society/2011/0516/Why-Obama-rejected-John-Glenn-s-plea-to-save-the-space-shuttle-progam. Acesso em: junho de 2021.

3. "Quinta Reunião do Conselho Nacional do Espaço transmitido pela NASA", 2020. Disponível em: https://www.youtube.com/watch?v=ZQkoFuNWXg8. Acesso em: junho de 2021.

4. Em novembro de 2020, o Brasil publicou um decreto para criar uma estatal do espaço, com o sugestivo nome de Alada. Resolução n. 13, de 12 de novembro de 2020. Disponível em: https://www.in.gov.br/en/web/dou/-/resolucao-n-13-de-12-de-novembro-de-2020-288023053. Acesso em: junho de 2021.

Esgotados os recursos naturais da Terra, em crescente escassez, a solução seria extraí-los da Lua, o que gera uma corrida espacial para ver quem chega primeiro.

O satélite natural chega a ser visto como fonte de poeira para projetos tecnológicos visando a conter as mudanças climáticas. Uma ideia seria criar uma película entre a Terra e o Sol, usando poeira extraída da Lua. Posicionada no lugar certo, bloquearia a luz do Sol uma vez por mês, impedindo a emissão de calor durante 20 horas.[5] Esse projeto ainda não avançou, mas há outros similares, com objetivo de diminuir a radiação solar que chega à Terra.

Já em 2021, Bill Gates anunciou seu patrocínio ao Experimento de Perturbação Controlada da Estratosfera, elaborado por cientistas da Universidade Harvard.[6] O projeto pretende espalhar poeira de carbonato de cálcio – aerossol capaz de refletir a luz do Sol – na estratosfera terrestre, visando a interromper o aumento da temperatura média da Terra. Esse é o capítulo mais recente dos projetos de Controle da Radiação Solar (*Solar Radiation Management*, ou SRM). Diante da urgência de diminuir o aquecimento global, mas também de avanços tímidos em saídas econômicas e políticas, ganha força a ideia de intervir na atmosfera. O problema é que manipulações deste tipo, chamadas de tecnoconsertos (*techno-fix*), têm diversos efeitos colaterais, inclusive alguns comprovadamente prejudiciais ao meio ambiente.[7]

Manipular o balanço de energia do planeta, seja impedindo que a radiação solar chegue à atmosfera terrestre, seja aumentando o albedo (isto é, a percentagem da radiação solar que é refletida), interfere nas nuvens. Para intensificar o albedo, a refletividade das nuvens deveria ser alterada, aumentando a quantidade de aerossóis

---

5. Struck, Curtis. "Keep Earth Cool with Moon Dust". *New Scientist Newsletters*, 9 de fevereiro de 2007. Disponível em: https://www.newscientist.com/article/dn11151-keep-earth-cool-with-moon-dust/#ixzz6RsiofYAg. Acesso em: junho de 2021.

6. Cohen, Ariel. "A Bill Gates Venture Aims to Spray Dust into The Atmosphere to Block the Sun. What Could Go Wrong?". *Forbes*, 11 de janeiro de 2021. Disponível em: https://www.forbes.com/sites/arielcohen/2021/01/11/bill-gates-backed-climate-solution-gains-traction-but-concerns-linger/?sh=632a2bc8793b. Acesso em: junho de 2021.

7. Kolbert, Elizabeth. *Under a White Sky: The Nature of the Future*. Nova York: Crown, 2021.

em sua formação. Elas teriam, portanto, mais gotículas, tornando-se mais brilhantes, o que também poderia mudar seu tempo de vida. Mais grave ainda é que todas essas propostas alterariam, de modo imprevisível, a eficiência das nuvens na produção de precipitação, isto é, sua capacidade de produzir chuva. Como consequência, poderia haver secas prolongadas, por exemplo, diminuindo a oferta de alimentos. A desigualdade dos impactos é outra preocupação, pois essas manipulações não afetariam da mesma forma todas as regiões do planeta, como mostrou um estudo encomendado pela própria Força Aérea norte-americana.[8]

Para resumir, o sistema climático é extremamente sensível a perturbações, como vimos no capítulo 25, e as nuvens são responsáveis por boa parte das incertezas dos modelos. Como o sistema climático não é linear, pequenas alterações podem ter consequências desproporcionais, com respostas bem diferentes de qualquer previsão. Essa é a maior limitação – científica – das propostas de "geoengenharia", nome dado a alterações planejadas e intencionais do sistema Terra. Estudos de modelagem climática mostram que a redução da radiação solar não pode ser encarada como antídoto ao aquecimento global, por motivos elencados em vários artigos e pesquisas do Projeto de Intercomparação de Modelos de Geoengenharia (GeoMIP).[9] Ainda que consigam alterar a temperatura média da Terra, intervenções na radiação solar tendem a diminuir as precipitações globais de modo extremamente arriscado, prejudicando o ciclo hidrológico do planeta.[10] Sem falar que o excesso de dióxido de carbono acidifica os oceanos, um problema agravado pelo bloqueio de radiação solar. O físico Alexandre Araújo Costa resume os problemas acima, acrescentando o alerta de que soluções de geoengenharia deixariam o clima como um

---

8. Ricke, Katharine L.; Morgan, M. Granger; Allen, Myles R. "Regional Climate Response to Solar-Radiation Management". *Nature Geoscience*, v. 3, n. 8, pp. 537-41, 2010.

9. Site do Projeto de Intercomparação de Modelos de Geoengenharia (GeoMIP) disponível em: http://climate.envsci.rutgers.edu/GeoMIP/. Acesso em: junho de 2021.

10. Bala, G.; Duffy, P. B.; Taylor, K. E. "Impact of Geoengineering Schemes on the Global Hydrological Cycle". *Proceedings of the National Academy of Sciences*, v. 105, n. 22, pp. 7.664-9, 2008.

paciente em estado terminal, que sobrevive ligado a aparelhos.[11] Isso porque, se essas medidas fossem iniciadas, sua interrupção levaria a mudanças climáticas ainda mais velozes.[12]

A ciência do clima e as ciências do sistema Terra trabalham com o conceito de "pontos críticos", definidos como acontecimentos pontuais capazes de provocar mudanças drásticas nas condições climáticas. Os pontos críticos são os principais limites para os tecnoconsertos. A manipulação da atmosfera pode provocar fenômenos inesperados, que só serão conhecidos de maneira precisa quando for tarde demais.

Salta aos olhos o número de atores e instituições que tiveram papel-chave na Guerra Fria participando do debate sobre geoengenharia nos Estados Unidos. Novamente, recorre-se a alianças entre setores militares, governo e elites empresariais.[13] Um dos pais da engenharia do clima é Edward Teller, o mesmo cientista que insistiu na fabricação da bomba de hidrogênio, quando muitos abandonavam o projeto. Por fidelidade, Teller manteve ótimas relações com os militares desde então. Em 1997, publicou um artigo, com colegas, relacionando o aquecimento global às idades de gelo e propondo intervenções físicas nas mudanças climáticas.[14] As ideias de semear nuvens têm parentesco com o experimento militar com "nuvens negras", de 1973, que explorava a produção de chuvas na Guerra do Vietnã (como explicado no capítulo 23). O projeto foi desenvolvido pela Corporação Rand, que investia no controle do clima como arma

---

11. As referências deste parágrafo foram sugeridas pelo artigo de Alexandre Araújo Costa em seu blog e por postagens feitas em suas redes sociais. Veja em: Costa, Alexandre Araújo. "O equilíbrio do sistema climático terrestre não é um 'problema de engenharia'". *O que você faria se soubesse o que eu sei?*, 15 de abril de 2015. Disponível em: http://oquevocefariasesoubesse.blogspot.com/2015/04/o-equilibrio-do-sistema-climatico.html. Acesso em: junho de 2021.

12. McCusker, Kelly; Armour, Kyle; Bitz, Cecilia; Battist, David. "Rapid and Extensive Warming Following Cessation of Solar Radiation Management". *Environmental Research Letters*, v. 9, n. 2, p. 024005, 2014.

13. Edwards, Paul N. *Changing the Atmosphere: Expert Knowledge and Environmental Governance*. Cambridge: MIT Press, 2001.

14. Teller, Edward; Wood, Lowell; Hyde, Rodrick. "Global Warming and Ice Ages: Prospects for a Physics-Based Modulation of Global Change". *In:* 2nd International Seminar on Planetary Emergencies, 1997, Erice. *Conference*. Disponível em: https://mronline.org/wp-content/uploads/2020/07/29043613.pdf. Acesso em: junho de 2021.

de guerra. Tentativas frustradas de manipulação do clima voltam à cena hoje como saídas possíveis para o aquecimento global. Em 2011, a Rand publicou um relatório analisando os impactos técnicos e políticos da geoengenharia. A Darpa, agência do Pentágono responsável por interligar a área de defesa, pesquisas científicas e empresas, está investindo na engenharia do clima desde 2009. Além disso, como a manipulação do clima envolve numerosas e graves incertezas, os norte-americanos vêm tentando interferir em normas internacionais para que a regulação da pesquisa em geoengenharia os favoreça (ou não os prejudique).

Os setores conservadores dos Estados Unidos levam o problema das mudanças climáticas muito a sério, mas para propor soluções que evitem a todo custo uma transformação da economia. Qual é o problema da colonização do espaço como alternativa ao esgotamento das condições de vida na Terra? É que essa saída, obviamente, não é para todo mundo. Não há como conceber a popularização de viagens de foguete, que demandam carburantes poderosíssimos para sair do campo de atração da Terra. Podem ser usados derivados de petróleo ou outras substâncias, como hidrogênio líquido. O *Falcon* da SpaceX, por exemplo, usou uma mistura de ambos. Alternativas "verdes" estão sendo estudadas, mas ainda sem resultados satisfatórios. O "verde", no caso, é sinônimo de carburantes menos poluentes, mas algumas substâncias experimentadas exibiram um potencial altamente tóxico, como derivados de amônia em combustíveis sólidos que podem afetar a camada de ozônio ou provocar chuva ácida.[15] Nada indica ser possível fabricar carburantes sem efeito poluente. Agora, imaginem se o espaço virar um destino frequente, incluindo explorações turísticas, como Elon Musk e seus amigos bilionários vêm propagandeando? É óbvio que nem todo mundo terá dinheiro para pagar. Mesmo assim, o risco do aumento da frequência de foguetes é enorme e tem um efeito que não pode ser negligenciado, até porque a ameaça não atinge somente aquelas poucas pessoas que desfrutarão do espaço: ela coloca o mundo inteiro em risco, mesmo quem jamais poderá pagar por um passeio tão exótico. Esse exemplo pode parecer irreal, mas é um projeto concreto de governos e bilionários que costumam

---

15. "European Comission. Periodic Reporting for Grail". *Cordis*, 2018. Disponível em: https://cordis.europa.eu/article/id/229923-the-greening-of-solid-rocket-propellants. Acesso em: junho de 2021.

levar adiante suas ideias, por mais excludentes que sejam. Acima de tudo, ele ilustra um problema levantado também pela geoengenharia e que diz respeito à inexistência de fóruns democráticos para decidir sobre questões dessa ordem.

Quem tem legitimidade para decidir sobre intervenções no planeta, cujos efeitos vão muito além da esfera de poder de laboratórios de pesquisa ou de organismos governamentais? Os temas têm consequências cada vez mais amplas, ao mesmo tempo que os fóruns de decisão se tornam mais especializados (logo, pouco permeáveis à participação da população de modo geral). Devido à sensibilidade do sistema climático, uma pequena quantidade de poeira inserida artificialmente na estratosfera pode ter impacto em locais distantes de onde o experimento foi feito. A população desses países, que nem sabemos quais são, não deu procuração a ninguém para modificar a atmosfera. Como vimos, impactos regionais das soluções de geoengenharia são extremamente desiguais, e esse problema tende a se agravar com as tentativas de controle da radiação solar. Soluções tecnológicas são um salto no escuro, com mais lastro em nossa história passada que nas descobertas recentes da ciência do clima e do sistema Terra. O pressuposto é o mesmo que marcou o século 20: a tecnologia ofereceria conserto para qualquer problema. Assim, seria possível prosseguir linearmente a história que nos trouxe até aqui, vislumbrando um futuro de extrativismo e manipulações de engenharia – só que agora longe da Terra.

Tais apostas funcionam como um atalho para que o problema das mudanças climáticas não seja abordado de frente, com todas as consequências econômicas que ele implica. Enquanto se tenta desviar de transformações sociais urgentes, buscam-se saídas arriscadas, cuja face antidemocrática se torna cada vez mais explícita. Alguns filmes esboçam o Universo com uma pequena parte da população humana vivendo protegida, dentro de uma enorme estação espacial, como em *Elysium*. O ano é 2154, e o hábitat artificial só está disponível para os mais ricos; lá qualquer doença ou ferimento são rapidamente curados em máquinas médicas. O resto da população continua morando na Terra, que se tornou superpopulosa, decadente e patrulhada por robôs violentos. O título se refere aos Campos Elísios, da mitologia grega, local habitado apenas por pessoas virtuosas, selecionadas pelos deuses, onde não havia fome, doenças nem guerra. Muitos filmes descrevem cenários distópicos produzidos por intervenções tecnológicas no planeta.[16] Até aqui, só obras de ficção conseguem esboçar um futuro em que a geoengenharia ou a corrida espacial resolvem o problema das mudanças climáticas – e nem assim a história tem um final feliz. Esses recursos fictícios ajudam a imaginar um futuro, mas ele não tem nada de reconfortante. Nós, humanos, somos sempre personagens em vias de desaparecimento ou em guerra perpétua, tomados pela doença e pela angústia que precedem um mundo sem nós.

Quando fala do "fim da infância", Arthur C. Clarke se refere a uma etapa que termina, pois a humanidade desrespeitou o ensinamento dos Senhores Supremos: eles sempre alertaram que "as estrelas não são para o homem". A possibilidade de um planeta que continue existindo sem os seres humanos está posta. E as soluções de geoengenharia funcionam como tergiversação, como meio de fazer vista grossa para o fato de que a situação atual é produto de nossas escolhas. Por certo, é difícil demais reconhecer isso e mudar os rumos. Talvez isso explique que soluções de geoengenharia comecem a ser cogitadas por pessoas razoáveis e sinceramente preocupadas com o planeta. Clive Hamilton explica essa naturalização como uma luta para manter o futuro dentro da narrativa "de progresso incessante". Como essa crença é muito arraigada em nossas estruturas sociais, sua possível desestabilização põe outras certezas em xeque.[17] Daí a tentação de negar o problema, o que é, na prática, uma forma de escapismo da realidade. Só que, como alerta Hamilton, "os tipos de negação e evasão que nos levaram ao ponto de considerar a geoengenharia são meios de tentar resolver a contradição mergulhando mais fundo".[18] Para Bruno Latour, o que chamamos de "negacionismo" é algo parecido: uma tentativa de escapar do problema a ser resolvido na Terra. Em vez de mirar em Marte, portanto, precisamos aterrissar de volta na Terra.[19]

Nenhuma dessas conclusões implica dispensar o auxílio valioso da tecnologia – os satélites, por exemplo, continuam indispensáveis,

---

16. Como o filme *Expresso do amanhã*, do diretor Bong Joon-Ho, lançado em 2013, uma adaptação do quadrinho de 1982 *O Perfuraneve*, de Jean-Marc Rochette e Jacques Lob, publicado no Brasil pela Aleph.

17. Hamilton, Clive. *Earthmasters: The Dawn of the Age of Climate Engineering*. New Haven: Yale University Press, 2013, p. 207.

18. Ibidem, p. 206.

19. Latour, Bruno. *Onde aterrar? Como se orientar politicamente no Antropoceno*. Rio de Janeiro: Bazar do Tempo, 2020.

assim como tantas outras ferramentas que ajudam a enfrentar problemas ambientais. O importante é não tomar as manipulações tecnológicas como "soluções" para as mudanças climáticas. Ou seja, trata-se de evitar o "determinismo tecnológico", que tende a naturalizar saídas como as da geoengenharia. Existe um descompasso flagrante entre qualquer determinismo e o grau de nossa incerteza sobre o futuro do planeta. Ninguém sabe dizer que tipo de intervenção tecnológica pode funcionar e que consequências pode ter, sem falar dos dilemas políticos envolvidos na decisão sobre seu uso.

"Não conheço o futuro. Não vim para dizer a vocês como isso vai acabar. Vim para dizer como vai começar." Essas frases são ditas no fim de *Matrix*, apontando para um mundo "onde tudo é possível" e as pessoas podem fazer escolhas. Esse mundo está deixando de existir. A virada para o ano 2000 foi simbolizada de modo preciso por esse filme, pois pairava uma expectativa dúbia no ar: a tecnologia pode nos levar aonde quisermos, mas também pode nos controlar. "Enxergar a verdade", tomando a pílula vermelha, significava deixar de ser governado pela Matrix, renunciar a viver no automático. Mas a ideia de um futuro tecnológico também era motivo de angústia, pois já se sentia o risco de a vigilância aumentar. De lá para cá, tornou-se evidente a assimetria entre quem possui os meios tecnológicos – e decide o que fazer com eles – e quem os usa, sem poder influir em suas regras (como acontece nas redes sociais). Imaginem uma hierarquia similar em decisões sobre engenhocas tecnológicas capazes de interferir no clima da Terra? Só aumentaria o poder de alguns sobre condições essenciais à vida de todos. E sabemos que brinquedos tecnológicos ganham concretude quando são bancados por homens bilionários (que quase sempre conseguem o que querem).[20]

Tentativas de curar a incerteza com determinismo tecnológico funcionam como remédios milagrosos, de modo parecido com os que foram prescritos – sem base científica – durante a pandemia de covid-19. A pílula vermelha, metáfora do otimismo tecnológico, é uma espécie de cloroquina da crise ambiental. A aposta em saídas fáceis serve para evitar as mudanças radicais exigidas da economia e da política. Elon Musk incarna com perfeição a convergência entre a conquista espacial, os tecnoconsertos e a pílula vermelha (slogan do

---

20. Haraway, Donna. *Staying with the Trouble: Making Kin in the Chthulucene*. Durham: Duke University Press, 2016.

campo conservador). Mas nós não precisamos de remédios que nos façam mergulhar em mundos conspiratórios, onde só alguns enxergam "a verdade". A imaginação pode ser mais útil para nos ajudar a fincar os pés na terra e apostar no presente. Só assim será possível reconstruir uma visão promissora do futuro. Afinal, em 2050, quando um aumento de 2 graus Celsius na temperatura global exibir as consequências desastrosas projetadas pela ciência, nossos filhos e netos ainda estarão aqui, na Terra. E serão a maioria. Provavelmente, não acompanharão X Æ A-12 (o filho de Musk) em sua fuga para Marte.

# PARTE IV
# A VIDA
### (Viagem de volta à Terra)

Capítulo 29
# O NOVO PACTO VERDE

Um novo pacto verde é a proposta mais concreta que está na mesa para enfrentar a emergência climática na Terra. A ideia é abraçar a redução da emissão de gases de efeito estufa como oportunidade de desenvolvimento econômico. Por essa via, poderia ser construído um novo contrato social, com mais políticas de proteção, muitas das quais deixadas de lado nas últimas décadas. Diferentes sugestões circulam nos debates internacionais, com graus variados de originalidade, incluindo desde ajustes tímidos até projetos anticapitalistas.

Os Objetivos do Desenvolvimento Sustentável (ODS) estão na agenda dos organismos multilaterais há tempos, no contexto da Organização das Nações Unidas (ONU). Com a crise financeira de 2008, porém, surgiram projetos mais ousados e orientados a fornecer alternativas econômicas às políticas de austeridade. A defesa do investimento estatal como propulsor do desenvolvimento reconquistou o espaço que tinha perdido desde os anos 1990, tornando-se quase consenso ("quase" porque alguns países, como o Brasil, caminham, em 2021, na direção oposta). Um novo pacto verde global é uma maneira concreta de reduzir as emissões de gases na atmosfera estimulando, ao mesmo tempo, uma economia mais justa. A própria conversão ao uso de energias renováveis tem potencial de gerar empregos, pois incrementa a produção industrial (de painéis solares ou baterias para carros elétricos). Além disso, será preciso reformar edifícios e adaptar os sistemas de transporte; são mudanças em larga escala que necessitarão do trabalho de muita gente.[1]

Em 2009, o Programa Ambiental das Nações Unidas lançou um relatório para um novo pacto verde global[2] (e outros setores da ONU

---

1. Obama já havia criado uma iniciativa de geração de empregos verdes, coordenadas por Van Jones. Burham, Michael. "Obama's 'Green Jobs Handyman' Ready to Serve". *The New York Times*, 10 de março de 2009. Disponível em: https://archive.nytimes.com/www.nytimes.com/gwire/2009/03/10/10greenwire-obamas-green-jobs-handyman-ready-to-serve-10075.html. Acesso em: junho de 2021.

2. United Nations Environment Programme. *Global Green New Deal*. ONU, 2009. Disponível em: https://www.unep.org/resources/report/global-green-new-deal-policy-brief-march-2009. Acesso em: junho de 2021.

logo abraçaram a ideia).³ Entre os objetivos, que pretendem orientar políticas domésticas e internacionais, umas das sugestões é alterar a dinâmica dos mercados e o poder das corporações, inaugurando uma era de distribuição de renda e riquezas. Assim, descarbonizar a economia global deixaria de ser um fardo e se tornaria uma oportunidade. Produzir energias limpas, construir meios de transporte a elas adaptados, criar um sistema alimentar mais saudável e justo, instalar novas indústrias e moradias, assim como outras medidas voltadas para o bem--estar da população, tudo isso faria parte do novo pacto. Obviamente, transformações dessa monta só seriam factíveis com um "grande empurrão" (*big push*). Quer dizer, com investimento público. A economia mundial entraria, então, em uma fase virtuosa de expansão.⁴ Políticas industriais, fomento à pesquisa científica, subsídios e empréstimos com contrapartidas ambientais seriam medidas concretas nesse sentido.

Em 2008, após o caos financeiro gerado pela crise das hipotecas, o mundo assistiu à maior recessão desde a Grande Depressão, com aumento significativo da pobreza, do desemprego e da desigualdade. Portanto, as saídas deveriam ser tão ambiciosas quanto aquelas implementadas por Franklin Roosevelt para reconstruir os Estados Unidos depois da crise de 1929. Aquelas políticas foram batizadas de *New Deal* [novo pacto]. Agora, portanto, precisaríamos de um *Green New Deal* [novo pacto verde]. O adjetivo "verde" indica a necessidade de atualização do pacto, pois os investimentos deveriam visar – desta vez – a setores com potencial de tornar a energia renovável e a economia sintonizada aos desafios climáticos.

Ideias similares circulam, em paralelo, em contextos mais inovadores que o das Nações Unidas, como no movimento da esquerda dos Estados Unidos liderado pelo pré-candidato democrata Bernie Sanders e pela deputada Alexandria Ocasio-Cortez. Em 2019, ela propôs um projeto de lei instituindo um *Green New Deal* (coassinado

---

3. A divisão que trata dos ODS, o departamento de assuntos econômicos e sociais, e o setor responsável por políticas de desenvolvimento da ONU, todos abraçam o plano. United Nations Department of Economic and Social Affairs. *A Global Green New Deal for Climate, Energy, and Development.* ONU, 2009. Disponível em: https://sustainabledevelopment.un.org/index.php?menu=1515&nr=46&page=view&type=400. Acesso em: junho de 2021.

4. United Nations Conference on Trade and Development. *Trade and Development Report 2019.* ONU, 2019. Disponível em: https://unctad.org/webflyer/trade-and-development-report-2019. Acesso em: junho de 2021.

por um senador democrata).⁵ Entre as medidas, algumas saltam aos olhos: atender a 100% da demanda de energia por meio de fontes limpas e renováveis; atualizar ou substituir todos os edifícios por energia eficiente de última geração; expandir maciçamente a fabricação de energia limpa (com fábricas de painéis solares, de turbinas, de bateria e armazenamento); reformar totalmente o setor de transportes, expandindo a fabricação de veículos elétricos e a construção de trilhos de alta velocidade (de modo que boa parte das viagens aéreas deixe de ser necessária). Há várias outras sugestões, mas essas listadas já demonstram potencial para criar milhões de empregos, um dos principais objetivos na área social. A proposta foi apresentada ao Congresso norte-americano e derrotada no Senado, mas funcionou como carro-chefe na estratégia eleitoral de Bernie Sanders, que concorreu nas primárias democratas para as eleições presidenciais.⁶ Joe Biden ganhou as primárias e as eleições, evitando abraçar o *Green New Deal* nesses termos. Ainda assim, incorporou diversas propostas contidas no plano ambiental da esquerda.⁷ No contexto eleitoral conturbado, ficou evidente a intenção de Biden de driblar qualquer retórica que remetesse questões ambientais à ideia de que poderiam ser impostos limites ou restrições aos hábitos da população dos Estados Unidos. A simples menção à diminuição das viagens de avião, incluída no plano de Sanders, suscitou reações violentas dos republicanos. Era uma oportunidade de acusar os democratas, os quais desejariam – supostamente – privar os cidadãos de sua liberdade de ir e vir. Suspeitas de restrições ao consumo de carne

---

5. Ocasio-Cortez, Alexandria. *H.Res.109 – 116th Congress (2019-2020): Recognizing the Duty of the Federal Government to Create a Green New Deal.* Washington: House of Representatives, 12 de fevereiro de 2019. Disponível em: https://www.congress.gov/116/bills/hres109/BILLS-116hres109ih.pdf. Acesso em: junho de 2021.

6. Em abril de 2021, o projeto ganhou mais de cem adeptos no Congresso norte-americano. "AOC Reintroduces Green New Deal: 'Our Movement Towards A Sustainable Future'". *NBC News*, 20 de abril de 2021. Disponível em: https://www.youtube.com/watch?v=jtJJd25dFn8. Acesso em: junho de 2021.

7. *Fact Sheet: President Biden's Leaders Summit on Climate.* Washington: The White House, 23 de abril de 2021. Disponível em: https://www.whitehouse.gov/briefing-room/statements-releases/2021/04/23/fact-sheet-president-bidens-leaders-summit-on-climate/. Acesso em: junho de 2021.

suscitaram ataques semelhantes. Por isso, em sua campanha, Biden buscou evitar declarações que dessem margem a interpretações desse tipo. Revigorar a memória do *New Deal* – política de abundância, que salvou o país da crise de 1929 – foi a saída perfeita. A narrativa de crescimento econômico e geração de empregos, incluindo preocupações climáticas, dissipou a desconfiança de parte significativa do eleitorado e saiu vencedora. O *Green New Deal*, nesses termos, foi posto de lado, mas se manteve como prioridade dos movimentos democratas à esquerda de Biden. Este, por sua vez, incorporou parte das propostas em seu plano climático, mas sem falar em restrições, resgatando apenas a memória positiva do *New Deal*.

Será que uma retórica semelhante seria adequada a países com outras histórias? A escolha do *New Deal* parece acertada no contexto eleitoral norte-americano. Mas não podemos esquecer que ela remete ao imaginário do pós-guerra. O pacto só teve sucesso, de fato, em meados do século 20, com o modelo fortalecido pelo fordismo e a conjuntura geopolítica criada desde então (descrita na terceira parte deste livro). Quais daquelas características deveriam ser incorporadas a um novo pacto para os tempos atuais? Uma associação tão direta com o *New Deal* e a memória do pós-guerra interessa aos países do Sul? Antes de responder a essas perguntas, precisamos lembrar o que tal época representa para países distantes dos Estados Unidos e da Europa. O *espírito de 1945* teve lugar no Norte ocidental, como cenário de uma nova filosofia social, de que os países subdesenvolvidos (como eram chamados na época) estavam excluídos. Como vimos no capítulo 17, serviços públicos e proteção social ajudaram a reconstruir países europeus, que tinham acabado de sair de uma guerra. A produção industrial, o emprego assalariado, a seguridade social e a repartição dos ganhos entre empresários e trabalhadores caracterizaram o regime de produção fordista, responsável pelo sucesso do pacto social-democrata nas décadas que se seguiram. Os frutos foram compartilhados em uma Europa auxiliada pelo Plano Marshall e outras estratégias da Guerra Fria. A pergunta que não pode deixar de ser feita, hoje, é se um pacto similar seria capaz de fundar um novo contrato social, sendo que é imprescindível – desta vez – incluir o mundo todo.

Antes de avançar na reflexão sobre essa pergunta, antecipamos uma contradição que pode assombrar qualquer intenção de revigorar ideais da metade do século 20: foi aí que se iniciou a *grande aceleração* (descrita nos capítulos 24 e 25). As mudanças climáticas se agravaram a partir daquele momento como nunca antes na história humana. Alterações irreversíveis nas condições atmosféricas são consequência imediata do modelo econômico inaugurado no pós-guerra. Será, portanto, que defender princípios similares – substituindo os combustíveis fósseis por energias limpas – é a maneira mais adequada de enfrentar a crise climática e ambiental? Esse pressuposto está presente, mesmo que de forma tácita, em diversas propostas atuais para enfrentar a crise climática. Podemos batizá-lo de aposta *ceteris paribus* (com todas as outras condições mantidas, em latim). Trata-se da ideia de que seria possível diminuir as emissões de gases de efeito estufa – no grau necessário –, sem mexer muito nos hábitos coletivos, na organização da sociedade e nos fundamentos da economia. É uma aposta tão alta quanto improvável.

O mundo vive uma nostalgia do pós-guerra. Com certa lógica, pois a percepção das consequências nefastas das políticas de austeridade é cada vez mais ampla. Principalmente após a crise de 2008. O período chamado neoliberal iniciou, nos anos 1980, sua marcha de priorização do setor financeiro, diminuindo os gastos sociais e aprofundando a desigualdade. A aspiração de reverter essas políticas acaba levando a imaginação para o período histórico que as antecedeu.

Mas há pelo menos duas restrições à ideia de restaurar o pacto do pós-guerra, com seu imaginário de abundância e ganhos compartilhados. A primeira é que o Estado de bem-estar social é indissociável do tipo de industrialização predominante naquela época, além de suas condições de possibilidade serem indissociáveis da Guerra Fria (como mostramos na parte 3 deste livro). A segunda restrição é ainda mais difícil de resolver, pois expõe um calcanhar de aquiles enfatizado por teorias que só ganharam força recentemente: o desenvolvimento do pós-guerra deixou de fora a maior parte do mundo e utilizou estratégias violentas com esse fim. A expressão mais terrível desse fato apareceu nas lutas pela autodeterminação das ex-colônias europeias. E o pior é que, *mesmo assim*, deixando tanta gente de fora, aquele modelo econômico provocou alterações irreversíveis nas condições de habitabilidade do planeta, fazendo com que saíssemos do Holoceno. As mudanças climáticas podem ser vistas como uma resposta a isso em forma de enchentes, secas e outros desastres naturais; o Antropoceno é a inscrição das marcas daquele modelo em rochas. As consequências dessas alterações serão ainda mais sentidas nos países que não participaram da repartição de ganhos propiciada pela industrialização dos anos 1950. Essas são algumas razões, ditas de forma sintética, para desconfiarmos da defesa de um novo pacto que remeta ao ideal do pós-guerra – apenas com ajustes "verdes". Além disso, é razoável que a desconfiança seja maior em países que estiveram à margem daquele pacto.

Quase todo mundo que se preocupa com problemas ambientais e climáticos concorda em adaptar a matriz energética (eliminando os combustíveis fósseis). Além disso, há convergências quanto à necessidade de transformar a produção agropecuária, investir em desenvolvimento sustentável, criar empregos e combater as injustiças sociais por essa via. Ciência e tecnologia, incorporadas a indústrias de ponta, também serão imprescindíveis, inclusive para adaptar sistemas produtivos às restrições ambientais. Nas versões mais ousadas, defende-se que um novo pacto respeite os "limites planetários" – os níveis de perturbação das atividades humanas dentro dos quais o desenvolvimento precisa estar para não perturbar o equilíbrio da Terra.[8]

As divergências começam, entretanto, quando se pergunta quão longe se deve ir no plano político e econômico. As transformações exigidas por um combate verdadeiro às mudanças climáticas ameaçam o capitalismo ou podem ser feitas por ajustes no sistema (como ocorreu no pós-guerra)? É possível impor um magno recomeço ao capitalismo (*a great reset*), como o Fórum Econômico de Davos vem pregando?[9] A aposta *ceteris paribus* evita cogitar grandes mudanças. E o otimismo tecnológico acaba sendo útil a essa linha de pensamento. Um exemplo eloquente diz respeito ao uso de carros. Há bastante acordo quanto à necessidade de transformar todos os veículos em elétricos. Mas será possível manter a quantidade de carros que estão hoje em circulação? E os voos? Pessoalmente, acho que devemos abandonar o carro para uso pessoal e reduzir radicalmente as viagens de avião. Mas não é difícil antecipar o potencial explosivo dessas ideias, sobretudo porque exigem regulações estatais. Conflitos semelhantes envolvem o consumo de carne, outro exemplo com potencial de gerar conflitos.

Essas mudanças só têm chance de acontecer com uma renovação política significativa que seja capaz de apontar caminhos para trans-

---

8. Steffen, Will et al. "Planetary Boundaries: Guiding Human Development on a Changing Planet". *Science*, v. 347, n. 6.223, 2015.

9. Schwab, Klaus; Malleret, Thierry. *Covid-19: The Great Reset.* Cologny: Forum, 2020.

formações econômicas e sociais. Nesse quesito, as propostas técnicas para um novo pacto verde têm uma fragilidade: elas não dizem *quem* serão as protagonistas de uma pressão política capaz de conquistar mudanças. É como se bastassem agendas a ser colocadas em prática por governantes bem-intencionados (caso consigam se eleger). Supõe-se que propostas justificadas tecnicamente tenham poder de convencê-los. Mas, como dissemos no capítulo 27, a verdade não faz política. Governos mais ou menos engajados nas causas ambientais serão postos ou retirados do poder pelo voto popular. Além disso, a capacidade de pressão da população será fundamental para que governantes tenham apoio caso queiram tomar decisões com potencial de desagradar aqueles que terão seus privilégios reduzidos. As políticas de que precisamos só têm chance de acontecer, portanto, se vierem acompanhadas de mobilização. A esquerda dos Estados Unidos conseguiu fazer isso, engajando mais pessoas por um *Green New Deal*, mas com a promessa de que os que foram os últimos no passado serão os primeiros desta vez. Essa inversão visa a dialogar, de modo crítico, com a memória norte-americana do *New Deal*.

Como tentamos mostrar ao longo deste livro, as visões de mundo de cada época são perpassadas por sentidos da história, os quais sugerem modos de perceber o passado e de imaginar o futuro. O objetivo de termos feito uma pausa antes de entrar nesta parte sobre a vida foi mostrar que as mudanças climáticas e o Antropoceno interromperam uma linha histórica que parecia sempre avançar. Essas descobertas evidenciaram algo errado no ideal do pós-guerra (ainda que poucas pessoas tenham notado isso até o início dos anos 2000). Se levarmos em conta, de verdade, as implicações da descoberta das mudanças climáticas e da grande aceleração, entenderemos que o presente precisa ser abraçado como um momento singular, sem precedentes na história humana.

Os trinta anos gloriosos, que se estenderam do início dos anos 1950 até o fim dos 1970, foram marcados por guerras – a Segunda Guerra Mundial e a Guerra Fria. Esses conflitos forneceram as condições para um pacto social entre forças políticas assimétricas. Com uma economia impulsionada pela guerra, a distribuição dos ganhos pôde ser feita sem desagradar a quase ninguém e sem afetar muito os mais favorecidos. Assim, o crescimento econômico e a industrialização geraram as condições políticas para um pacto entre empregadores e trabalhadores (que estavam organizados em sindicatos fortes). Além disso, o rearranjo de forças que sucedeu o armistício continuou a guerra por outros meios, inaugurando a Guerra Fria. Diante de uma real alternativa – liderada pela União Soviética –, os regimes capitalistas foram obrigados a ceder aos trabalhadores em suas reivindicações. As guerras, portanto, não foram fatores contingentes no surgimento do Estado de bem-estar social e da social-democracia: elas foram uma condição necessária, como notam Maurizio Lazzarato e Éric Alliez.[10] Ou seja, os trinta anos do pós-guerra foram gloriosos *por causa* da guerra. Quer dizer, das guerras – a quente e a fria.

Até 1989, quando se costuma datar o fim da Guerra Fria, a ordem mundial foi ditada por conflitos que exigiram pactos e os tornaram factíveis. Na economia, o impulso à industrialização permitia, nos países desenvolvidos, uma repartição dos ganhos entre trabalhadores e patrões; mas a produção era puxada pelos esforços de guerra e pela disputa entre as duas potências mundiais para dominar outros países. Na política, a dinâmica da Guerra Fria e o comunismo ameaçavam o capitalismo, fazendo com que diferentes forças políticas precisassem entrar em acordo. Na sociedade, diferentes movimentos de trabalhadores conquistavam direitos; e a sociedade de consumo aumentava sua influência. Na ciência, as tecnologias de guerra eram aplicadas em todos os âmbitos da vida, de objetos de uso pessoal aos meios de comunicação e ao mundo do trabalho. No plano internacional, o surgimento do multilateralismo, incorporado pela Organização das Nações Unidas, buscava equilibrar a ordem mundial, em especial os efeitos da descolonização. Desde que essa ordem se rompeu, o capitalismo caminha sem rivais. Por que, então, deveria refazer pactos?

Claro que existe a China. Mas 1989 também foi o ano dos protestos da praça da Paz Celestial. O caminho das mudanças havia começado, mas as transformações políticas não tiveram o impacto externo dos tempos da Guerra Fria. Depois disso, a China se tornou uma potência econômica, e isso garante sua força na ordem mundial. É verdade que sua posição no tabuleiro global empurra os Estados Unidos, e outros países ocidentais, ao abandono das políticas de austeridade. Essa pressão, contudo, parece restrita ao âmbito econômico, sem o mesmo potencial de gerar pactos políticos similares aos dos trinta gloriosos.

---

10. Lazzarato, Maurizio; Alliez, Éric. *Guerras e capital*. São Paulo: Ubu, 2021.

O século 20, em especial sua segunda metade, foi marcado ainda por outro tipo de guerra: as guerras de independência e as revoltas contra a colonização. Com o enfraquecimento dos impérios britânico e francês, as lutas pela autodeterminação dos povos colonizados ganharam força. A Índia se tornou independente em 1947, com uma nova Constituição proclamada em 1950. Em 1949, aconteceu a Revolução Comunista da China. A nacionalização do canal de Suez, em 1956, foi outro fato simbólico do período e de seus conflitos sangrentos. As guerras no Vietnã e na Argélia escancararam, mesmo dentro dos Estados Unidos e da França, a face terrível da dominação colonial, provocando resistência da população desses países contra seus governos – diante das atrocidades cometidas contra outros povos. Em 1955, países não alinhados à disputa da Guerra Fria resolveram se reunir na cidade indonésia de Bandung. A Índia estava representada por Jawaharlal Nehru; o Egito, por Gamal Abdel Nasser; a China, por Zhou Enlai – além desses, havia líderes de diversos outros países africanos e asiáticos. O nome desses governantes ganhou fama justamente porque queriam desenvolver seus países para seus próprios povos.[11] Nenhum deles estava incluído no *novo pacto* do pós-guerra, a não ser como populações a explorar e excluir da tão propalada repartição dos ganhos. O ideal de abundância, crescimento econômico e diminuição da pobreza foi sendo incorporado e adaptado ao "resto" do mundo como um modelo a ser traduzido em projetos autóctones. Ao mesmo tempo, conceitos para exprimir a divisão do mundo foram ganhando celebridade. Stuart Hall mostrou que a noção de "resto" sempre foi um correlato do poder do Ocidente, em um artigo chamado "O Oeste e o resto".[12] O orientalismo foi descrito por Edward Said com uma intenção similar.[13] Mais recentemente, a divisão Norte e Sul global tem sido incorporada como forma de denúncia à divergência histórica na geopolítica mundial.

---

11. No Brasil, as tentativas de fazer uma política externa independente nos anos 1960 despertaram a reação dos Estados Unidos. Ver Schwarcz, Lilia Moritz; Starling, Heloisa Murgel. *Brasil: uma biografia*. São Paulo: Companhia das Letras, 2015, p. 438.

12. Hall, Stuart. "The West and the Rest". *In:* Hall, Stuart; Gieben, Bram (eds.). *Formations of Modernity*. Cambridge: Polity, 1992.

13. Said, Edward W. *Orientalismo: o Oriente como invenção do Ocidente*. São Paulo: Companhia das Letras, 2007.

Os anos 1960 foram marcados por movimentos de emancipação e autodeterminação de povos africanos. O pan-africanismo fortaleceu a ideia de união de países, com Estados fortes e industrializados (como foi o caso de Gana desde meados da década de 1950). Conforme descrito por Adom Getachew, a fabricação de mundo do pós-guerra foi produto da ação de lideranças que conseguiram influir nas instituições internacionais, como a própria Organização das Nações Unidas.[14] A autora etíope-americana sugere que os últimos trinta anos de tentativas de fragilização do multilateralismo podem ser lidos como uma resposta aos trinta anos do pós-guerra, quando a fabricação de mundo anticolonial atingiu seu ápice e demonstrou potencial revolucionário.

No plano intelectual, o acerto de contas com o passado colonial abriu espaço para novas teorias, o pensamento pós-colonial ganhou espaço nas universidades e no debate sobre os modos de enxergar a história. Ainda sob a comoção provocada pela Guerra da Argélia, o livro de Frantz Fanon publicado em 1961 convocava os povos a não pagarem mais tributo à Europa, nem mesmo concebendo sociedades inspiradas em seu modelo: "A humanidade espera outra coisa de nós". A conclusão do livro é um manifesto contra os ideais políticos e econômicos europeus, que não deveriam servir de inspiração a políticas transformadoras em países da África ou da América.[15]

Aos poucos, esses movimentos intelectuais foram se incorporando às disciplinas acadêmicas, até começarem a transformar radicalmente a interpretação dos últimos trezentos anos. A história da industrialização e do capitalismo costumava ser contada de forma contínua e longa, reforçando a ideia de que mudanças graduais haviam preparado o Ocidente para a dominação desse regime a partir do século 19. Os ideais iluministas do século anterior teriam sido incorporados, a partir de então, de maneira concreta, ganhando terreno com o passar tempo. Mas, na contramão dessa linha interpretativa, nas últimas décadas do século 20, novas histórias foram escritas, e citamos algumas nas primeiras partes deste livro. Uma boa síntese da mudança de visão sobre a história do capitalismo é *A grande divergência*, livro

---

14. Getachew, Adom. *Worldmaking after Empire: The Rise and Fall of Self-Determination*. Princeton: Princeton University Press, 2019.

15. Fanon, Frantz. *Condenados da terra*. Rio de Janeiro: Civilização Brasileira, 1968.

de Kenneth Pomeranz, publicado no ano 2000.[16] Ele mostra que a história oficial do capitalismo é eivada de reconstruções. Em primeiro lugar, a descoberta dos combustíveis fósseis (no caso, o carvão) foi contingente e teve papel determinante na expansão do comércio. Sem isso, talvez não houvesse capitalismo. A esse acaso, somou-se um fator político: a abertura de novos mundos, condição imprescindível à sustentação do modo europeu de produzir e comercializar mercadorias. Sem isso, talvez não houvesse industrialização. Ou seja, sem combustível e terra, o desenvolvimento industrial europeu poderia não ter sido o que foi. Esses fatores permitiram à Europa remover o gargalo da "restrição da terra". Para contornar isso, estrangulou-se qualquer possibilidade de industrialização em sociedades não europeias (que até o século 18 tinham tudo para atingir o mesmo patamar da Europa). A moral da história é que teriam sido possíveis outras histórias, não fosse a restrição forçada imposta pelo domínio europeu. Mais que isso. A história que "deu certo" foi contingente, excludente, e nada permite concluir que teve um desenrolar necessário. As coisas foram como foram devido a condições excepcionais. Nada garante, portanto, que a continuidade da mesma história possa expandir seus benefícios a outros povos.

De fato, além dos Estados Unidos e da União Soviética, foram poucos os países que, até a segunda metade do século 20, conseguiram se integrar à história da industrialização. Houve o milagre japonês, ligado à Guerra Fria, a ascensão dos Tigres Asiáticos e o papel singular da China a partir dos anos 1980 (quando se tornou um misto de política comunista e economia de mercado). Em termos populacionais, foi apenas nesta época que a repartição de riquezas começou a mudar. Três quartos da população mundial eram pobres por volta de 1950; e mais da metade do mundo vivia em pobreza extrema. Em 1981, a pobreza extrema ainda afetava 44% da população mundial. Mas, desde então, esse número vem caindo de modo mais rápido que nunca, chegando a menos de 10% em 2015.[17] Um dos principais fatores foi a melhoria das condições de

---

16. Pomeranz, Kenneth. *The Great Divergence: China, Europe, and the Making of Modern World Economy*. Princeton: Princeton University Press, 2000.

17. Roser, Max; Ortiz-Ospina, Esteban. "Global Extreme Poverty". *OurWorldInData.org*, 2013. Disponível em: https://ourworldindata.org/extreme-poverty. Acesso em: junho de 2021.

vida na China e na Índia, países cujo número de habitantes desloca as estatísticas, ainda que a pobreza tenha diminuído no mundo todo. Além disso, o tamanho da classe média aumentou de forma significativa. No ano 2000, quer dizer, apenas vinte anos atrás, a proporção da classe média global que vivia na Europa e na América do Norte era de 80%. Esse número caiu para 35% em 15 anos, devido à expansão da classe média na Ásia. Foi preciso esperar 150 anos, desde o início da Revolução Industrial na Europa, para que a classe média incluísse 1 bilhão de pessoas, o que só ocorreu em 1985. O segundo bilhão precisou de apenas 21 anos para entrar na classe média; e o terceiro, 9 anos.[18]

Dipesh Chakrabarty, historiador indiano já citado na introdução deste livro, usa esses dados para assinalar o quanto a retórica de crescimento econômico foi um fator de legitimação política em países como a Índia e a China. Há um legado de "obrigação com as massas", como ele batiza o compromisso com a redução da pobreza, que nenhum aspirante ao governo pode deixar de lado. Isso favorece uma retórica de crescimento econômico.[19] No Brasil, essa também foi a marca de alguns governos durante os anos 1970 e 1980, só que, em vez de autodeterminação, vivíamos um período ditatorial. Falaremos mais dessas questões nos capítulos seguintes. Por ora, queremos formular um dilema que dificulta a defesa acrítica de um novo pacto verde para o Sul.

Para além de programas e agendas, retóricas e narrativas importam, sobretudo em projetos que pretendem ter alcance político. E o ideal de crescimento econômico ainda tem apelo nos países que estiveram à margem da história única que liga a Revolução Industrial ao pacto do pós-guerra. É difícil, portanto, que projetos inovadores deixem de lado a promessa de crescimento como meio de emancipação coletiva. Além disso, a ideia de emancipação tem sido sinônimo de inclusão via consumo. Mas qual é a real viabilidade de propostas desse tipo diante do desafio de enfrentar as mudanças climáticas? Que outros riscos ambientais estão à espreita? Que armadilhas um resgate do imaginário do pós-guerra pode esconder? Em geral, pelo

---

18. Disponível em: https://www.brookings.edu/interactives/the-middle-class-monitor/. Acesso em: junho de 2021.

19. Latour, Bruno; Chakrabarty, Dipesh. "Conflicts of Planetary Proportion – A Conversation". *Journal of the Philosophy of History*, v. 14, n. 3, pp. 419-54, 2020.

menos até aqui, a defesa do crescimento econômico tem servido a discursos e programas que deixam as questões ambientais em segundo plano. Isso pode mudar, mas é cedo para sabermos onde vai dar. Daí a pertinência de explicitar a parte controversa dos planos que estão na mesa.

O petróleo minou as democracias ocidentais, como mostrou recentemente o livro de Timothy Mitchell *Carbon Democracy*.[20] A corrida pelo ouro negro condenou diversos países a ver suas políticas determinadas pela guerra, pela corrupção e pela desigualdade. Como já previa Aimé Césaire, poeta e político martiniquense: "Meu Deus, se houvesse petróleo nas Antilhas estaríamos ao lado de bombas de gasolina para sempre".[21] Em meados do século 20, o petróleo barato e abundante, vindo principalmente do Oriente Médio, forneceu meios concretos de reduzir a pressão por mais democracia, tornando factível e concreta a ideia de um crescimento infinito que evitasse conflitos na distribuição de riqueza. Essa forma de democracia, fundada no petróleo, está se esgotando, ao mesmo tempo que a energia barata se torna inviável e a emergência climática pressiona pela renovação da matriz energética mundial. Se a produção de energia barata foi uma das principais forças a moldar os anos de ouro da social-democracia, como manter a promessa de mais democracia em tempos de pressão energética? Não esqueçamos que, como visto no capítulo 24, o meio do século 20 foi precisamente a época em que teve início *a grande aceleração*.

Como sublinhamos acima, desde 1989, o pacto entre tecnologia e política dá sinais de fragilidade – talvez porque a própria ideia de pacto tenha entrado em crise. A ciência e a tecnologia estavam envolvidas até os dentes na ordem mundial que se rompeu naquele ano. Ou talvez um pouco antes. Mikhail Gorbachev, presidente que iniciou a *perestroika* (reestruturação que tentou salvar o regime soviético), disse que o declínio começou em 1986: "A fusão nuclear em Chernobyl [...] talvez tenha sido a real causa do colapso da União Soviética". Na visão de Gorbachev, esse foi um divisor de águas, justamente porque afetou a confiança no regime, que dependia de uma relação harmônica entre ciência, tecno-

---

20. Mitchell, Timothy. *Carbon Democracy. Political Power in the Age of Oil*. Nova York: Verso, 2011.

21. Césaire, Aimé. *Nègre je suis, Nègre je resterai: entretiens avec Françoise Vergès*. Paris: Albin Michel, 2005.

logia e sociedade.[22] Nos anos 1980, as tecnologias do espaço se voltaram para a Terra, e a NASA mudou suas prioridades, como vimos no capítulo 24. Novas ciências ajudaram a descobrir as mudanças climáticas e sugeriram o Antropoceno como nova época geológica. Só que o mundo ainda não sabe o que fazer com isso. O Painel das Mudanças Climáticas (IPCC) foi criado em 1988, mas seus relatórios custaram a ganhar visibilidade e incidir no debate político – o que só aconteceu no início dos anos 2000. O pressuposto de que o consenso científico tenha força suficiente para refazer os acordos políticos já não se sustenta, como mostramos no capítulo 27. Por isso, estamos em busca de projetos políticos inovadores à altura desses deslocamentos. Será que, de novo, a corrida espacial vai desviar o foco? Preferimos que não.

Dos caminhos que se abrem na Terra, um pacto verde é uma boa pista. Mas com a condição de que seja abraçado por novas forças políticas. Medidas concretas para enfrentar as mudanças climáticas, que ajudem a combater a desigualdade histórica em países como o Brasil e seus vizinhos na América Latina, afetarão interesses de pessoas poderosas, dentro e fora desses países. Logo a mobilização social precisa ir além das cúpulas e das negociações internacionais dedicadas a influenciar governantes – ainda que acordos globais continuem sendo imprescindíveis. Também não bastam tentativas racionais de equilibrar interesses divergentes, pois elas tendem a ser atropeladas pela nova corrida ambiental, farta em sinais de que o ônus vá pesar sobre os ombros dos mais fracos.

A história do Sul funciona como garantia para que não se reproduzam pactos excludentes como os do passado. Os próximos capítulos exploram em detalhes os desafios que estão na mesa. Nossa intenção, nesta última parte do livro, é despertar uma sensibilidade histórica para a excepcionalidade da época que vivemos, integrando impasses sentidos nos países do Sul.

Há algum tempo, o chamado "ambientalismo dos pobres" mostra que proteger a natureza é proteger as formas de vida situadas em locais ameaçados pela devastação ambiental.[23] Joan Martínez Alier

---

22. Gorbatchov, Mikhail. "Turning Point at Chernobyl ». *Project Syndicate*, 14 de abril de 2006. Disponível em: https://www.project-syndicate.org/commentary/turning-point-at-chernobyl?barrier=accesspaylog. Acesso em: junho de 2021.

23. Martinez-Alier, Joan. *The Environmentalism of the Poor: A Study of Ecological Conflicts and Valuation*. Cheltenham: Edward Elgar, 2003.

e Ramachandra Guha, autores da expressão, buscaram contrapor, desse modo, a suposição de que as causas ambientais, apelidadas de "verdes", seriam uma preocupação dos mais ricos. O Brasil já foi palco de um movimento ambientalista dos pobres, do qual o seringueiro Chico Mendes foi um expoente (como argumenta a historiadora ambiental Lise Sedrez).[24] Hoje, são os povos indígenas que têm sustentado a defesa da Amazônia nos fóruns internacionais, obtendo apoio e traçando estratégias para impedir a destruição da floresta. Inspirações não faltam, portanto. As linhas gerais para um pacto verde, descritas no início deste capítulo, podem ser um começo. Mas talvez, para nós, não se trate de um "novo pacto" – já que nunca tivemos pactos duradouros. Desta vez, um contrato social que inclua todo mundo deve ser o ponto de partida, não o de chegada. Ou seja, o problema da desigualdade não pode ser deixado em segundo plano. O "verde" garante isso ou outra cor traduziria melhor a ideia de uma Terra habitada por todos os povos? A terra sobre a qual caminhamos, com "t" minúsculo, é marrom, podendo ficar cinza com o asfalto, a poluição ou as queimadas. Quando bem nutrida e cultivada, ganha um tom avermelhado ou roxo próximo aos tons de púrpura ou violeta, obtidos pela mistura do vermelho e do azul. Talvez não seja necessário definir uma nova cor; podemos defender um pacto verde. Mas há muitos tons de verde. Quando a grande aceleração exibe efeitos desastrosos do modelo hegemônico, estar às margens da narrativa triunfante tem algo de libertador. E pode ter o potencial de inspirar uma renovação política de fato. Talvez, daí, surjam cores mais sanguíneas para adjetivar o projeto.

---

24. Sedrez, Lise. "Rubber, Trees and Communities: Rubber Tapers in the Brazilian Amazon in the Twentieth Century". *In:* Armiero, Marco; Sedrez, Lise. *A History of Environmentalism: Local Struggles, Global Histories.* Nova York: Bloomsbury, 2014, pp. 147-66.

Capítulo 30
# A BÚSSOLA INVERTIDA

No caminho de volta à Terra, precisaremos de novas bússolas. Ou radares, se quisermos instrumentos mais tecnológicos. De toda forma, teremos que nos orientar em meio a visões ainda nebulosas. A história sempre foi um guia, mas chegou a um ponto de ruptura. Não à toa, balanços sobre os últimos dois séculos têm tido destaque nos debates internacionais sobre o clima, especialmente as relações Norte-Sul.

Uma retórica frequente alerta para os "limites" do modelo econômico seguido até aqui. Essa ideia esteve presente desde os primeiros encontros sobre o clima e tem como referência o livro *Limites do crescimento*, publicado pelo Clube de Roma em 1972.[1] Escrito em linguagem científica, ficou famoso tanto pela originalidade quanto pelas ácidas críticas que recebeu. A ideia é simples: a emissão de gases de efeito estufa e o uso de recursos naturais ultrapassaram o máximo que o planeta pode suportar – e isso se deu por causa do crescimento econômico e do consumo desenfreado. Logo, teria de haver limites. O caminho seguido desde a Revolução Industrial estaria fadado ao desastre. Algumas décadas mais tarde, surgiu a teoria dos "limites planetários", formulada por cientistas do sistema Terra. Ela estabelece balizas acima das quais não se pode mexer com o planeta, sob risco de alterar gravemente seu equilíbrio.[2] Essa teoria serve de base científica para propostas como a "economia *donut*" – uma rosquinha com uma circunferência externa definida pelos limites planetários e outra interna garantindo os níveis mínimos de bem-estar a que a economia deve satisfazer.[3] Noções similares justificam guinadas ainda mais radicais na economia, chegando até mesmo à sugestão de "decrescimento".[4] Nessa visão, o consumo de bens e de energia, sobretudo nos países do Norte, deveria ser reduzido de modo drástico, pois não haveria possibilidade de crescimento infinito num planeta finito.

Antes de continuar, quero dizer que muitos dos argumentos usados nessas teorias são consistentes. O problema é que elas têm pouca

---

1. Meadows, Donella; Meadows, Dennis; Randers, Jorgen; Behrens, William. *The Limits to Growth*. Nova York: Universe, 1972.

2. Steffen, Will et al. "Planetary Boundaries: Guiding Human Development on a Changing Planet". *Science*, v. 347, n. 6.223, 2015.

3. Raworth, Kate. *Economia donut: uma alternativa ao crescimento a qualquer custo*. Rio de Janeiro: Zahar, 2019.

4. Hickel, Jason. *Less Is More: How Degrowth Will Save the World*. Nova York: Random House, 2020.

repercussão nos países ditos "em desenvolvimento", e acho pouco provável que venham a ter. No Sul global, é frequente o ponto de vista de que limites ao crescimento são preocupações de países ricos. Nações que estiveram à margem da industrialização ainda teriam que crescer para enfrentar a pobreza e a desigualdade. Essa justificativa, inclusive, tem sido aceita nos debates internacionais, ainda que venham suscitando desconfianças recentemente.

O desenvolvimento desigual do mundo nos últimos dois séculos é peça essencial na narrativa defendida por atores políticos do Sul global, de orientação conservadora ou progressista. O pressuposto é o seguinte: como o desenvolvimento dos países industrializados levou a uma ocupação desproporcional da atmosfera comum, a repartição do fardo de reduzir as emissões não deve ser equânime. Assim, os países desenvolvidos teriam que ser protagonistas na proteção do clima, enquanto os outros gozariam de mais flexibilidade. Essa ideia não é um vago senso comum: é um princípio da Convenção Quadro das Nações Unidas para as Mudanças Climáticas, que estabelece responsabilidades comuns, porém diferenciadas entre os países.

> O caráter planetário das mudanças climáticas requer de todos os países que cooperem o máximo possível e participem de uma ação internacional eficaz e apropriada, segundo suas responsabilidades comuns, porém diferenciadas, suas capacidades respectivas e sua situação social e econômica.[5]

O Brasil, a China e a Índia foram atores importantes na construção desse paradigma e de seus aperfeiçoamentos.[6] Com população superior a 1 bilhão de habitantes, a Índia é um ator incontornável de qualquer acordo para conter o aquecimento global. Mas seus governantes, de orientações políticas diversas, têm reivindicado um lugar de exceção nos acordos climáticos. Em 1972, quando *Limites do crescimento* ganhava popularidade, Indira Gandhi, primeira-minis-

---

5. Convenção Quadro das Nações Unidas sobre as Mudanças Climáticas, ONU, 1992, p. 2.

6. A noção de responsabilidade histórica foi reforçada pelo Brasil em 1997. O país sempre teve papel ativo na afirmação desses princípios. Em 2007, o chanceler Celso Amorim propôs "responsabilidades diferenciadas, mas comuns", liderando o grande acordo mundial sobre florestas, aprovado na Conferência de Bali.

tra da Índia, falando à Conferência das Nações Unidas, disse que a pior forma de poluição é a pobreza: "Os países ricos podem olhar o desenvolvimento como causa da destruição do meio ambiente, mas para nós esse é um dos principais meios de melhorar o ambiente da vida. Como poderemos dizer aos que vivem em vilas ou favelas para preservar os oceanos, os rios e o ar puro se a vida deles está contaminada?".[7] Esse foi, sem tirar nem pôr, o ponto de vista defendido pelo geógrafo brasileiro Josué de Castro, referência no combate à fome, que esteve presente à Conferência das Nações Unidas sobre o Meio Ambiente Humano, ocorrida em Estocolmo no ano de 1972. "Subdesenvolvimento: causa primeira da poluição" é o nome do artigo em que ele não poupa críticas ao relatório do Clube de Roma, denunciando-o como pouco científico, ao deixar a pobreza e as razões do subdesenvolvimento em segundo plano.[8]

Quarenta anos depois, a retórica ainda está presente nas conferências do clima. Nas discussões para firmar o Acordo de Paris, em 2015, enquanto governantes de nações ricas proferiam discursos engajados contra os combustíveis fósseis, Narendra Modi, primeiro-ministro indiano, subiu ao palco para dizer que seu país estava prestes a abrir enormes campos de extração de carvão. Para pavor geral, explicitava o que muitos países do Sul também pensam: a Índia só vai abrir mão de explorar seus recursos naturais quando seu povo alcançar o padrão dos países ricos, que estão pelo menos 150 anos à frente em termos de exploração de recursos (dos outros) para garantir as condições de vida e de consumo de seus povos. Lembrou, ainda, que há 300 milhões de pessoas sem acesso à energia elétrica na Índia. O Acordo de Paris só saiu porque o país também tem investido em energia solar e obteve apoios para isso. Desde 2010, a Índia quer se tornar líder na transição para energias renováveis, sem que isso implique abrir mão da exploração de carvão. A expectativa de crescimento do país é uma das maiores do globo – e não se cogita prescindir de combustíveis

---

7. Ramesh, Jairam. "Poverty Is the Greatest Polluter: Remembering Indira Gandhi's Stirring Speech in Stockholm". *The Wire*, 19 de novembro de 2018. Disponível em: https://thewire.in/books/indira-gandhi-nature-pollution. Acesso em: junho de 2021.

8. De Castro, Josué. "Subdesenvolvimento: causa primeira da poluição". *Correio da Unesco*, v. 1, n. 3, 3 de março de 1973.

fósseis.⁹ A situação é bem diferente na China, país que, apesar de ser hoje o principal emissor de carbono no mundo, lidera a reconversão para energias renováveis.

O princípio das "responsabilidades comuns, porém diferenciadas" foi imposto nos anos 1990 por nações em desenvolvimento, uma conquista que estruturou o multilateralismo ambiental durante bastante tempo. A ideia acompanhou a própria redefinição desse bloco de países, que antes não eram sequer listados na Convenção das Nações Unidas. De lá para cá, aos países agora chamados de "em desenvolvimento" foi reconhecido o direito de prolongar o modelo industrial do pós-guerra. A recusa de limites é consequência imediata desse pressuposto, que traz consigo a defesa de um paradigma de continuidade com os últimos duzentos anos. Os países que estiveram à margem do desenvolvimento durante todo esse tempo teriam o direito de seguir o modelo dos países que se beneficiaram dele. Nada mais justo.¹⁰ Nosso foco, porém, não é a justiça; é a história. A concepção implícita no paradigma da continuidade é o pressuposto do aperfeiçoamento da história, que marcou o início da modernidade (como dissemos no capítulo 7). Os países que estiveram à margem da industrialização – e realmente não contribuíram para o desgaste da atmosfera – seriam o futuro daquele caminho, cuja expansão incluiria novas localidades. Mas no exato momento em que a sociedade industrial abarcou um número maior de países, o aquecimento global se intensificou. Não soa estranho que projetos emancipadores, com pretensão de libertar as pessoas da miséria e da desigualdade, sigam guiados pelos mesmos ideais que levaram às alterações irreversíveis no clima e ao esgotamento de recursos? É compreensível que as aspirações da modernização capitalista fossem promissoras duas décadas atrás, quando a crise climática e ambiental não era tão óbvia. Entretanto, desde os anos 1990, esse problema tornou-se cada vez mais evidente, e as tentativas de fazer vista grossa tornaram-se mais

---

9. Abramovay, Ricardo. "Polarization No Longer Sets the Tone in Climate Negotiations". *In:* Viola, Eduardo (org.); Neves, Leonardo Paz (ed.). "The World After the Paris Climate Agreement of December 2015". *Cebri Dossiê*, v. 1, ano 15, 2016. Disponível em: http://midias.cebri.org/arquivo/CEBRIdossie-COP21-eletronico.pdf. Acesso em: junho de 2021.

10. É levada em conta a noção de justiça climática. Climate Justice, *The Stanford Encyclopedia of Philosophy*, 2020. Disponível em: https://plato.stanford.edu/entries/justice-climate/. Acesso em: junho de 2021.

obscenas. Hoje, a aposta na continuidade do modelo pode estar servindo para mascarar outros problemas.

Nossa hipótese é que os dois paradigmas – dos limites e da continuidade – são impotentes para inspirar projetos políticos transformadores nos países do chamado Sul global. As pautas ambientais e climáticas podem, sim, inspirar uma renovação política nesses locais, mas será preciso vencer a retórica de que "chegou nossa vez". A verdade histórica inscrita no princípio das "responsabilidades diferenciadas" tem apelo porque incentiva um justo acerto de contas com o passado. Mas, ao reivindicar a continuidade desse passado, traz o risco de apagar o futuro. Esse apagamento, convém lembrar, está longe de ser simbólico: está em curso uma expropriação das futuras gerações, que não terão mais acesso a recursos naturais imprescindíveis a seu bem-estar. Nutrir expectativas de que esse caminho seja necessário para reduzir a pobreza é um uso abusivo do futuro. A imaginação política precisa se livrar desse tipo de chantagem, cuja provável consequência será confiscar o futuro das novas gerações – na teoria e na prática.

Daremos exemplos concretos dos riscos que estão em jogo, principalmente nos países do Sul, e que são de dois tipos. Em primeiro lugar, o mais óbvio: os países que lideram a conversão para energias renováveis tendem a terceirizar os danos ambientais para a América Latina ou para a África. Um exemplo loquaz é a liderança conquistada pela China na produção de baterias, essencial às energias renováveis, mas garantida pelo cobalto da República Democrática do Congo, fornecedora de 70% desse metal usado no mundo. Esse caso não é exceção.[11] A meta de "emissão líquida zero" até 2050, que vem mobilizando os países desenvolvidos, acelera a corrida pelas matérias-primas necessárias às energias renováveis, e tende a redesenhar a geopolítica global.[12]

Um relatório da OCDE projeta para 2060 um aumento de 150% na extração de metais. Sobre esse número, assenta-se uma projeção

---

11. Riofrancos, Thea. Projeto "Brine to Batteries: The Extractive Frontiers of the Global Energy Transition", Harvard Radcliffe Institute em 22 de abril de 2021. Disponível em: https://www.youtube.com/watch?v=AqlrGzowE3c. Acesso em: junho de 2021.

12. Hook, Leslie; Sanderson, Henry. "How the Race for Renewable Energy Is Reshaping Global Politics". *Financial Times Magazine*, fevereiro de 2021. Disponível em: https://www.ft.com/content/a37d0ddf-8fb1-4b47-9fba-7ebde29fc510?segmentId=4bd12ca1-650b-5d76-f248-28d252be0562. Acesso em: junho de 2021.

de crescimento mundial de 2,8% ao ano.[13] Economias desenvolvidas (ou em vias de desenvolvimento) tendem a se tornar grandes consumidoras de metais devido à conversão para energias renováveis e à urbanização. É previsto um aumento no uso de aço e de materiais de construção na China, na Índia, na maioria dos países da Ásia e da África subsaariana. Resumindo, a mudança da matriz energética – e a própria meta de redução das emissões – pode acirrar a desigualdade produtiva mundial. Os avanços tecnológicos prometidos diminuem esses impasses? Não há nenhuma certeza sobre isso. Seria ingênuo, portanto, descartar a possibilidade de uma guerra silenciosa pelos recursos naturais que ainda restam no planeta. As projeções para a indústria extrativista demonstram que o caráter insustentável do atual sistema produtivo vai além das emissões de carbono. E a extração de metais, assim como o uso de água ou de madeira, tende a afetar especialmente o Sul global. Logo, as pressões internacionais também devem ser fortes sobre esses países.

A própria expressão "emissões líquidas zero" (*net-zero*) contém boa dose de ficção, mascarada sob o termo "líquidas".[14] Esse complemento ao "zero" significa que os países não precisam se comprometer a zerar as emissões, apenas a equilibrar o balanço entre o que emitem e o que absorvem de carbono da atmosfera. Mas essas metas envolvem planos vagos, com lacunas que permitem que as emissões continuem a aumentar (até mesmo durante décadas), pressupondo que novas tecnologias sejam capazes de remover dióxido de carbono da atmosfera em grau suficiente. O problema é que essas tecnologias são incertas, como é o caso das que demandam grandes extensões de árvores para bioenergia com captura e armazenamento de carbono (BECCS). Simplesmente não há terra suficiente no planeta para acomodar todos os planos de "emissões líquidas zero", nem de empresas, nem governos que vêm prometendo essas compensações. Além de não comprovadas, essas tecnologias têm potencial de prejudicar os

---

13. OECD Highlights. *Global Material Resources Outlook to 2060: Economic Drivers and Environmental Consequences*. Paris: OECD, 2018. Disponível em: https://www.oecd.org/publications/global-material-resources-outlook-to-2060-9789264307452-en.htm. Acesso em: junho de 2021.

14. *Não zero: como as metas "net zero" disfarçam a inação climática-zero*. Global Campaign to Demand Climate Justice, novembro de 2020. Disponível em: https://demandclimatejustice.org/wp-content/uploads/2020/11/Nao-Zero.pdf. Acesso em: junho de 2021.

países do Sul global, que ficariam com o fardo de reservar espaço para o plantio dessas árvores, em troca de compensações financeiras. O caso do Brasil é excepcional, pois não desmatar a Amazônia já teria impacto significativo. Regenerar as partes desmatadas deste e de outros biomas, mais ainda, seria uma contribuição enorme para o clima global, sem falar que faz parte do nosso compromisso com o Acordo de Paris e consta na legislação do código florestal.

No caminho contrário de todo esse potencial, o Brasil tem aceitado passivamente ser um receptor dos riscos da mineração, mesmo depois dos desastres em Mariana e Brumadinho.[15] Além disso, a produção de *commodities* (como minérios, petróleo, soja e carne) tem sido a base de sustentação da economia brasileira. Não é desprezível o risco de que as economias dependentes fiquem reféns de uma matriz produtiva atrasada enquanto os países desenvolvidos convertem suas indústrias e suas cidades de acordo com as exigências ambientais. Esse perigo é maior em países abundantes em terras e recursos naturais, como o Brasil. Por isso, os acontecimentos políticos nessas regiões tendem a ser pautados pela escassez planetária dos recursos naturais. E devemos redobrar a atenção quanto aos efeitos práticos do princípio das responsabilidades diferenciadas: essa não pode ser uma "permissão" para seguirmos explorando combustíveis fósseis e destruindo nossa biodiversidade enquanto outros se adequam aos novos tempos. Esse é um dos motivos que tem levado países em desenvolvimento a insistir para que os países ricos cumpram seus compromissos em relação ao financiamento da adaptação às mudanças climáticas no Sul global – e não se comprometam apenas com a mitigação das suas emissões.

O problema, hoje, ultrapassa o das emissões de carbono. Há alguns anos, surgiram teorias visando a "desacoplar" o crescimento econômico tanto do impacto ambiental quanto do uso de recursos. A defesa do "desacoplamento" – ou "descasamento" – entre expansão da economia e consumo de recursos naturais (*decoupling*) chegou a

---

15. Jair Bolsonaro chegou a propor, recentemente, a mineração em terras indígenas. Rodrigues, Larissa. "Bolsonaro prioriza ameaça aos povos indígenas com projeto que libera mineração". *Folha de S.Paulo*, 3 de fevereiro de 2021. Disponível em: https://www1.folha.uol.com.br/mercado/2021/02/bolsonaro-prioriza-ameca-aos-povos-indigenas-com-projeto-que-libera-mineracao.shtml. Acesso em: junho de 2021.

ganhar adeptos, mas foi desmascarada pouco tempo depois.[16] Com a tecnologia, afirmavam, os processos de produção poderiam ser reconfigurados para se tornarem menos dependentes do uso de matérias-primas. Ou seja, o desacoplamento seria um modo de fazer mais com menos: mais produtos com menos recursos naturais, mais bens e serviços com menos emissões de gases na atmosfera (usando energias renováveis). Desse modo, a economia continuaria crescendo sem mudar muito os paradigmas, mesmo diante da crise climática. O problema é que, como outros pensadores alertaram, a teoria do desacoplamento subestima o uso de recursos oriundos dos países pobres ou em desenvolvimento. Tim Jackson foi um dos primeiros a mostrar que a teoria minimiza os recursos embutidos nos bens comercializados globalmente.[17] Os números usados subavaliam os recursos embutidos, bem como as emissões, de países menos desenvolvidos onde são manufaturados produtos acabados ou semiacabados para consumo de nações ricas. Com a globalização da economia, é essencial levar esses dados em conta. Jackson cita, precisamente, o aumento no consumo de metais estruturais como contraexemplo do desacoplamento. A extração de minério de ferro, bauxita, cobre e níquel cresce mais rápido do que o Produto Interno Bruto (PIB) mundial. Não é coincidência que os argumentos que tentam justificar o estímulo ao crescimento tenham "esquecido" de contabilizar boa parte dos recursos extraídos nos países não desenvolvidos.

O estímulo à indústria extrativista e à exportação de *commodities* é um presente de grego. A inspiração desse dito popular é um cavalo de madeira deixado junto aos muros de Troia pelos gregos, supostamente como presente que simbolizaria a rendição desses últimos e o fim da guerra. Foi assim que os troianos levaram o cavalo para dentro de seus muros, sem saber que dentro dele havia soldados gre-

---

16. International Resource Panel; United Nations Environment Programme; Sustainable Consumption; Production Branch. *Decoupling Natural Resource Use and Environmental Impacts from Economic Growth*. [S.l.:] Unep Earthprint, 2011. Disponível em: https://www.unep.org/resources/report/decoupling-natural-resource-use-and-environmental-impacts-economic-growth. E a contestação: Parrique, Timothée, et al. *Evidence and Arguments Against Green Growth as a Sole Strategy for Sustainability*. [S.l.:] European Environmental Bureau, 2019. Disponível em: https://eeb.org/library/decoupling-debunked/. Acesso em: junho de 2021.

17. Jackson, Tim. *Prosperity without Growth. The Transition to a Sustainable Economy*. [S.l.:] Sustainable Development Commission, 2009.

gos. Durante a noite, os que estavam escondidos abriram os portões para que o exército entrasse e destruísse a cidade. A permissão para a exploração de recursos naturais dos países "em desenvolvimento" é o cavalo de troia dos países desenvolvidos. Dentro dele, há um exército de interessados em devastar nossas riquezas, com aquiescência dos poderes locais, geralmente sedentos por resultados econômicos imediatos (que garantam votos).

Há um segundo tipo de risco para o Sul global, menos óbvio que a devastação de recursos naturais. Uma alternativa econômica à primazia do setor de *commodities* é a industrialização. De fato, países como o Brasil precisam de indústrias de ponta, intensivas em ciência e tecnologia, como nos exemplos sugeridos no próximo capítulo. Mas a defesa da industrialização também precisa estar atenta a impactos ambientais negativos, como indústrias poluentes ou apoiadas em energias que devastam a biodiversidade. Os chamados Brics (Brasil, Rússia, Índia, China e África do Sul) são decisivos para conter o aquecimento global. Essa concertação foi projetada em 2001 para que tais países se tornassem potências globais até 2050.[18] Nas palavras do ex--ministro do Meio Ambiente e das Florestas da Índia (Jairam Ramesh, parte do governo de Manmohan Singh, de orientação progressista), esse bloco jamais encarou as questões ambientais e climáticas de forma adequada, pois o projeto "capturou a fantasia dos sistemas dirigentes dos cinco países, transmitindo-lhes uma sensação exultante de que tinham chegado à cena mundial. Seriam essas cinco economias a desafiar o sistema internacional predominante, ancorado na primazia da América do Norte e da Europa".[19] Aspirações semelhantes têm movido boa parte do campo progressista e de esquerda.

O exemplo dos Tigres Asiáticos nutre esperanças de crescimento por vias similares. É sintomático, contudo, que esse grupo seja designado como "os que chegaram tarde" (*late comers*, sendo que *late* também quer dizer "atrasado"). É assim que parte da literatura econômica

---

18. Brics foi uma criação da Goldman Sachs para denotar cinco países com economias emergentes promissoras, diferente do Basic, que foi uma iniciativa dos próprios países.

19. Rajan, S. Ravi; Sedrez, Lise. *The Great Convergence Environmental Histories of Brics*. Nova Delhi: Oxford University Press, 2018, p. ix. Sobre o Brasil, ver: Duarte, Regina Horta. "State and Environment in Brazil. In Defence of Society", pp. 3-23.

se refere a uma dúzia de países, fora do eixo Europa-Estados Unidos, que se industrializaram desde o fim dos anos 1970. Um livro clássico sobre o tema tem por título *A Ascensão do resto, os desafios ao Ocidente de economias com industrialização tardia*.[20] A autora mostra que China, Índia, Coreia do Sul e Taiwan criaram suas indústrias investindo em pesquisa e inovação, contrastando com Brasil e México, onde o papel das multinacionais foi determinante. A partir desses exemplos, são avaliados os tipos de industrialização mais adequados a países "ainda mais tardios" que os tardios asiáticos. O assunto é retomado em artigo do Fundo Monetário Internacional (FMI) publicado em 2019, que surpreendeu muitos economistas ao defender a intervenção estatal nos mercados como forma de estimular a industrialização. Os autores mostram que o sucesso dos asiáticos se explica, entre outros fatores, pela vontade explícita de reproduzir o modelo das economias ricas, ou seja, pela determinação dos governos em "ingressar no clube seleto das nações industrializadas, ou do primeiro mundo".[21] O discurso do general Park Chung-hee, presidente da Coreia do Sul em 1964, é exemplo desse ideal. Como ressalta o artigo do FMI, os governos desses países não se moveram apenas por um "conceito abstrato que se refere vagamente à melhoria dos padrões de vida" de sua população; o foco explícito em imitar o "primeiro mundo" foi decisivo para o milagre asiático.

Chega a ser paradoxal, após as descobertas descritas na pausa deste livro, a ambição de imitar o primeiro mundo. Mais estranho ainda é que ela mova o imaginário político de povos que não participaram da devastação planetária que ele provocou. Em primeiro lugar, não há planeta para que o mundo todo – uma população de 9 bilhões de pessoas – tenha o nível de consumo dos países ricos.[22] Se todos vivessem como os moradores dos Estados Unidos, seria preciso

---

20. Amsden, Alice Hoffenberg. *A ascensão do resto: os desafios ao Ocidente de economias com industrialização tardia*. São Paulo: Editora Unesp, 2009.

21. Cherif, Reda; Hasanov, Fuad. *The Return of the Policy That Shall Not Be Named: Principles of Industrial Policy*. [S.l.:] FMI, 2019, p. 22.

22. Amaral, Marina. "'Não tem mais mundo pra todo mundo', diz Deborah Danowski". *Pública*, 5 de junho de 2020. Disponível em: https://apublica.org/2020/06/nao-tem-mais-mundo-pra-todo-mundo-diz-deborah-danowski/. Acesso em: junho de 2021.

contar com ao menos dez vezes a energia usada hoje.[23] Para que todos tivessem uma renda comparável à dos cidadãos da União Europeia, a economia precisaria crescer seis vezes até 2050. Isso significa que a intensidade média de carbono teria que ser 55 vezes mais baixa que hoje.[24] A escala é tão imensa que torna irreal qualquer tentativa de mascarar o problema dizendo que basta substituir os combustíveis fósseis por energias renováveis. Isso é necessário, mas não é suficiente. Mas ainda há uma segunda questão, historicamente relevante: que imaginários e expectativas são despertados por esse ideal de "chegar lá"? Não é apenas que haja limites para que todos adquiram os modos de vida e os padrões de consumo do primeiro mundo. É que esse modelo é destrutivo, além de excludente.

A abundância, nos termos da história contada até aqui, não é mais possível; mas, por outro lado, a escassez não é cativante. Diante desse impasse, resta-nos definir essas ideias de um jeito novo, como sugeriremos no capítulo 33. O paradigma dos limites é pouco sedutor para a maior parte dos países do Sul, pois apaga o passado. E o da continuidade recusa visões de mundo originais inspiradas pelas mudanças climáticas, apagando o futuro. Para não cairmos em armadilhas, precisamos inverter a bússola, que costuma apontar para o Norte em busca de orientação. Não porque as histórias do Sul sejam mais justas ou edificantes, e sim porque elas mostram que a exclusão não é um dado contingente na história do Norte. A história do primeiro mundo como um caso de sucesso vem sendo posta em xeque. Como disse Fanon, esse modelo está em estase, quer dizer, num estado de entorpecimento, como após uma parada na circulação do sangue: "Fujamos, camaradas, desse movimento imóvel". E apostemos em outros ritmos.[25]

---

23. Harris, Paul G. *What's Wrong with Climate Politics and how to Fix it*. Nova York: John Wiley & Sons, 2013, p. 109.

24. Jackson, Tim. *Prosperity without Growth*, op. cit.

25. Fanon, Frantz. *Condenados da terra*. Rio de Janeiro: Civilização Brasileira, 1968, p. 273.

Capítulo 31
# DO ARROZ AO AÇAÍ, DO URÂNIO ÀS VACINAS

A pesquisa em ciência e tecnologia é essencial ao desenvolvimento do país. Essa frase já se tornou um bordão nos meios científicos, mas é menos frequente o debate sobre as diferentes formas de aplicar a pesquisa científica a projetos econômicos, cujos impactos sociais e ambientais podem variar. A história da ciência brasileira é chave para sabermos por onde seguir daqui em diante, mas também para decidirmos por onde não seguir. O pós-guerra é um momento de referência para o país, pois tivemos conquistas que se mantêm fundamentais no fomento à pesquisa. Além disso, foi um período em que diferentes caminhos estiveram em disputa. E apenas parte dos projetos foram realizados. A parte irrealizada também constitui a história. Por isso, vale relembrar sucessos – e fracassos.

Muito da infraestrutura que impulsiona nossa pesquisa científica até hoje foi criada nos anos 1950. Como vimos ao tratar do pós-guerra, ciência e tecnologia se tornavam estratégicas no mundo todo, e o Brasil também buscava entrar no jogo. O Conselho Nacional de Pesquisas (CNPq; ou CNP, na época) foi criado em 1951, bem como a Coordenação de Aperfeiçoamento de Pessoal de Nível Superior (Capes). Os debates sobre a necessidade de órgãos de fomento à ciência brasileira já vinham de duas décadas, envolvendo polêmicas e ideias divergentes. O contexto do pós-guerra forneceu o elã que faltava: qualquer país soberano precisava dominar a tecnologia nuclear. E o Brasil estava em posição favorável nessa área. Mostramos, no capítulo 18, que o trauma da bomba atômica não diminuiu a corrida pelo conhecimento necessário à fissão controlada do núcleo do átomo; ao contrário, acirrou-a. Claro que com novos argumentos, como o de que a energia nuclear seria essencial à industrialização e usada para fins pacíficos.

No Brasil, a defesa da ciência e da tecnologia estava inserida na visão de país que marcou os anos 1950. A ideia de um "Brasil grande", com potencial petrolífero – e também nuclear –, embalava as aspirações de militares, governantes e cientistas, unidos pelo ideal da *Big Science* (analisado no capítulo 22). Até hoje o modelo do pós-guerra nos ronda, talvez porque ainda não tenhamos inventado uma nova síntese para entender a singularidade brasileira. Assim, nossa "grandeza irrealizada", nas palavras de Antonio Candido,[1] segue embalando projetos de país. Como a proposta de um novo pacto verde pretende

---

1. Candido, Antonio. "Literatura e subdesenvolvimento". *In: A educação pela noite & outros ensaios*. São Paulo: Ática, 1989, pp. 140-62.

lidar com isso? Essa pergunta importa, mesmo que ainda não tenhamos respostas. Há muitos projetos na mesa para integrar ciência e tecnologia ao desenvolvimento, mas eles incluem desde a exploração do pré-sal até a produção de energias limpas; desde tecnologias para estimular o agronegócio até a agricultura familiar, urbana ou ecológica; desde projetos para mineração na Amazônia até ideias para uma economia da biodiversidade que mantenha a floresta em pé. Algumas dessas opções são "verdes" só no nome. Outras podem servir de base para um pacto verde adaptado a nossos biomas e aos diferentes territórios deste país imenso e diverso. Essas questões estão em aberto e podem gerar conflitos nem sempre explícitos na defesa abstrata do investimento em ciência e tecnologia. Daí a relevância de uma breve retomada da história, que é boa conselheira para não errarmos na hora de fazer escolhas.

Nos trâmites para a criação do CNPq, era nítido o intuito de fundar aqui um órgão análogo à Comissão de Energia Atômica dos Estados Unidos. A produção de consenso envolvia a defesa nacional, a soberania e o papel da ciência na industrialização do Brasil. Uma boa síntese foi apresentada pelo general Eurico Gaspar Dutra, então presidente, ao defender o CNPq no Congresso Nacional: "É um fato reconhecido que, após a última guerra, tomaram notável e surpreendente incremento não só por imperativo de defesa nacional, senão também por necessidade de promover o bem-estar, os estudos científicos e, de modo particular, os que se relacionam com o domínio da física nuclear".[2] Os fins pacíficos já estavam na retórica, como era comum naquela época, só que, na prática, as suspeitas interferiam mais na ordem mundial. Conhecimento era poder, como sempre foi, mas nunca tantos riscos estiveram em jogo. Dr. Strangelove que o diga, como vimos no capítulo 19: bastava apertar um botão para explodir o mundo em cogumelos radioativos. A posse de matérias-primas para a produção nuclear, como tório e urânio (abundantes em nosso território), nutria ambições ousadas, envolvendo soberania e defesa nacional. Por isso, os militares tinham papel de liderança no debate científico. Um exemplo emblemático foi o almirante Álvaro Alberto da Mota e Silva, que integrou a delegação brasileira para discutir a Comissão de Energia Atômica da ONU (de 1946 a 1948) e teve papel-

---

2. De Andrade, Ana Maria Ribeiro. "Ideais políticos: a criação do Conselho Nacional de Pesquisa". *Parcerias Estratégicas*, v. 11, pp. 221-42, 2001.

-chave na criação do CNPq. Como possuíamos materiais radioativos, faltavam apenas mais cientistas e tecnologias para que o Brasil virasse uma potência nuclear. A união de industriais, militares e cientistas poderia conduzir tal projeto, caso houvesse investimento, diplomacia, transferência de tecnologia e formação científica de ponta.

A física nuclear ocupava lugar de destaque, por motivos óbvios. E nisso o Brasil tinha um trunfo. Um físico brasileiro acabara de descobrir uma nova partícula elementar, chamada *méson-pi*. Seu nome é César Lattes, mais conhecido hoje por batizar o Currículo Lattes – plataforma on-line da Capes, na qual todos os pesquisadores em atuação no Brasil devem registrar suas atividades. O trabalho de César Lattes no domínio experimental da radiação cósmica levou à produção artificial daquela partícula, em 1948, em conjunto com Eugene Gardner, no cíclotron do Radiation Laboratory, em Berkeley. A descoberta foi um acontecimento histórico, fazendo com que físicos brasileiros se tornassem conhecidos no mundo.[3] Com esse prestígio, Lattes e outros colegas igualmente reconhecidos, como José Leite Lopes, formaram um grupo em defesa da ciência nacional, reivindicando novas instituições e investimento estatal. A primeira conquista deles foi a criação do Centro Brasileiro de Pesquisas Físicas (CBPF), em 1949.

A Guerra Fria estimulava o avanço tecnológico, como sabemos. Só que, ao mesmo tempo, sua lógica precisava restringir o acesso ao conhecimento – por razões estratégicas. O almirante Álvaro Alberto insistia para que o Brasil exigisse contrapartidas tecnológicas dos Estados Unidos, em troca da exportação de minérios (já que eram cobiçados nos projetos nucleares daquele país). Tratava-se das chamadas "compensações específicas" – a exigência de transferência de tecnologia como condição para exportação de minérios radioativos. Com elas, estariam garantidas as etapas avançadas da produção nuclear em território nacional, do tratamento do minério à produção de energia. Mas os Estados Unidos não topavam esse grau de autonomia de países que almejavam a manter sob seu raio de influência na Guerra Fria, muito menos em relação à tecnologia nuclear.[4] Sob pres-

---

3. Vieira, Cássio Leite; Videira, Antonio Augusto Passos. "Carried by History: Cesar Lattes, Nuclear Emulsions, and the Discovery of the *Pi-meson*". *Physics in Perspective*, n. 16, pp. 3-36, 2014.

4. Pautados na Lei McMahon, consideravam inaceitável o princípio norteador da política nuclear brasileira.

são, logo antes do suicídio, Getúlio Vargas acabou cedendo: exportou uma grande quantidade de minérios para os Estados Unidos em troca apenas de trigo – que, ainda por cima, parecia estragado. Não recebemos tecnologia alguma, e o episódio entrou para a história como símbolo do potencial – irrealizado – do Brasil no setor nuclear. O nacionalismo era um impulso importante para os físicos da época, como mostra Antonio Augusto Videira.[5] E o ideal de Brasil grande está sempre à espreita quando o orgulho nacional se manifesta.

No momento em que foi criado, o CNPq continha alguns órgãos a ele subordinados, como o Instituto de Matemática Pura e Aplicada (Impa)[6] e o Instituto Nacional de Pesquisas da Amazônia (Inpa). A história dessas instituições é cheia de ensinamentos sobre o que fazer e o que não fazer. Na Guerra Fria, era comum o estímulo à pesquisa em centros independentes, desvinculados das universidades – uma característica da *Big Science*. Instituições autônomas eram vistas como mais adequadas a objetivos estratégicos, pois serviam a Estados em vias de modernização, como o Brasil e outros países – por exemplo, a Índia.[7] Formar uma elite científica era parte essencial desse projeto. Soma-se a isso certa insatisfação com as universidades brasileiras na época, onde instâncias de poder eram ocupadas por indicações políticas e não se justificavam pelo mérito, o que incomodava físicos e matemáticos envolvidos na criação do CBPF e do Impa.[8]

Desde o entreguerras, fundações norte-americanas se voltaram para a América do Sul, como a Guggenheim e, sobretudo, a

---

5. Videira, Antonio Augusto. *Pensando no Brasil: o nacionalismo entre os físicos brasileiros no período entre 1945 e 1955*. Rio de Janeiro: CBPF, 2004.

6. No artigo a seguir, relativo à conferência no International Congress of Mathematicians de 2018, relaciono a Guerra Fria às áreas matemáticas desenvolvidas no Brasil na época. Roque, Tatiana. "Impa's Coming of Age in a Context of International Reconfiguration of Mathematics", *Proceedings of the International Congress of Mathematicians* (ICM 2018), World Scientific, pp. 4.075-94, 2019.

7. O Tata Institute of Fundamental Research foi fundado na década de 1950, com um forte departamento de energia atômica e outros cinco institutos de tecnologia. Raina, Dhruv; Jain, Ashok. "Big Science and the University in India". *In*: Krige, John; Pestre, Dominique (eds.). *Companion to Science in the Twentieth Century*. Londres: Routledge, 1997, pp. 859-77.

8. Roque, Tatiana. "Pesquisa matemática e instituições científicas no Brasil do pós-guerra". *Ciência e Cultura*, v. 70, n. 1, 2018.

Rockefeller. A política da Boa Vizinhança ditou as áreas mais interessantes a fomentar em solo brasileiro até o fim dos anos 1940. Frutos de uma tradição antiga, anterior às guerras, pesquisas em medicina, biologia, agronomia, antropologia, geologia ou história natural, já existiam aqui e se fortaleceram.[9] Já a física e a matemática se transformaram totalmente com a internacionalização ocorrida após a Segunda Guerra Mundial. Uma das estratégias dos Estados Unidos nessa época era o financiamento de intercâmbios científicos, como parte do objetivo de criar aqui uma Escola Invisível (*Invisible College*). Quer dizer: um quadro de profissionais de alto nível ligados à ciência norte-americana.[10] No contexto da Guerra Fria, algumas áreas da física e da matemática se tornavam prioritárias e a formação de pesquisadores brasileiros nessas áreas começou a dar frutos a partir dos anos 1960, quando o Brasil começou a atingir o padrão internacional.

A originalidade do pós-guerra pode ser resumida em duas tendências: internacionalização da pesquisa e da formação científica; e fortalecimento do debate sobre a integração da ciência ao desenvolvimento econômico. Nesse último sentido, o contexto histórico de criação do Inpa traz ensinamentos importantes. Não pelo que o instituto se tornou hoje, mas porque os debates que levaram à criação dele trazem à memória, mais uma vez, um projeto irrealizado: o Instituto Internacional da Hileia Amazônica. Essa era uma ideia inovadora, que pretendia reunir diferentes países sul-americanos para refletir sobre a região amazônica e acabou enfrentando obstáculos nacionalistas do Brasil. Hileia é como o naturalista alemão Alexander von Humbolt nomeava a floresta amazônica. Nos anos 1940, alguns cientistas brasileiros vislumbravam a pesquisa científica como meio de desenvolvimento da região, mas por um caminho oposto ao da exploração da borracha (que vinha sendo a principal atividade na floresta desde o início do século 20). O ciclo da borracha havia se esgotado e recuperou um breve fôlego durante a Segunda Guerra Mundial. Era consenso que a região precisava se preparar para um desenvolvimento mais duradouro; todavia, diferentes projetos estavam em disputa.

---

9. Romero Sá, Magali; Miranda de Sá, Dominichi; Cândido da Silva, André Felipe. *As ciências na história das relações Brasil-EUA*. Rio de Janeiro: Mauad X e FAPERJ, 2020.

10. Krige, John. *American Hegemony and the Postwar Reconstruction of Science in Europe*. Cambridge: MIT Press, 2008.

O grupo da Hileia propunha começar por um amplo inventário da fauna e da flora: criando reservas naturais na Amazônia, descobrindo plantas com valor econômico e medicinal, investigando a cultura em terras inundáveis e os conhecimentos etnobotânicos dos povos indígenas. Para isso, seria preciso fortalecer as instituições científicas locais e realizar pesquisas antropológicas sobre as comunidades da região. O projeto foi apresentado à Unesco, organismo das Nações Unidas fundado em 1946, cujo objetivo era justamente o de promover a paz por meio da educação, da ciência e da cultura. Como o saber sobre a região amazônica era escasso e fragmentado, parecia interessante estimular a pesquisa sobre o bioma nos países sul-americanos, região que, segundo a Unesco, carecia de ciência.

Os historiadores da ciência Marcos Chor Maio e Magali Romero Sá contam em detalhes as idas e vindas do projeto do Instituto da Hileia.[11] Vamos direto ao *spoiler*: a ideia não vingou, entre outras razões, devido à desconfiança de que a interferência da Unesco – e dos países vizinhos – ameaçasse a soberania nacional. Em 1952, um consórcio de militares e homens de governo – junto a alguns cientistas – acabou optando por criar o Inpa e engavetar a proposta do Instituto da Hileia. O desenvolvimento econômico da região amazônica, segundo o governo, já tinha um órgão dedicado, o Instituto Agronômico do Norte (IAN), cujo objetivo era transformar a floresta em área agrícola. Não à toa, Felisberto Camargo, antigo diretor do IAN, estava na comissão constituída pelo almirante Álvaro Alberto (presidente do CNPq à época) para regulamentar o Inpa. Atravessando os governos Dutra e Vargas, o plano hegemônico era o mesmo: converter a atividade extrativista em economia agrícola e pecuária. O planejamento regional daria subsídios para a pesquisa necessária ao projeto, cujo objetivo imediato era estimular o desenvolvimento. Um ano após o Inpa, foi fundada a Superintendência do Plano de Valorização Econômica da Amazônia, que a ditadura militar transformaria na Superintendência do Desenvolvimento da Amazônia (Sudam).

A longevidade dos grandes projetos de exploração agrícola na Amazônia surpreende, não mais que o fato de nunca terem dado certo. Desde os anos 1940, o IAN tentava entender o potencial do solo,

---

11. Maio, Marcos Chor; Sá, Magali Romero. "Ciência na periferia: a Unesco, a proposta de criação do Instituto Internacional da Hileia Amazônica e as origens do Inpa". *História, Ciências, Saúde-Manguinhos*, v. 6, pp. 975-1.017, 2000.

tendo como meta a produção de arroz em larga escala, que transformaria a Amazônia em "celeiro do mundo". A intenção era promover a agricultura e a pecuária em núcleos de colonização estabelecidos em áreas propícias para tais atividades. Além do arroz, procurou-se estimular a cultura de feijão, mandioca, milho e a criação de búfalos (que foi um desastre). A ideia não se resumia à monocultura, e sim a uma agricultura em pequenos núcleos, adequados à formação do solo, ao clima, às águas e à vegetação da região. O projeto é analisado por Dominichi Miranda de Sá e André Felipe Cândido da Silva, historiadores da ciência, que também explicam como se descobriu que o solo da região não era fértil para a plantação de arroz – ao contrário do que os planificadores esperavam de uma floresta tão exuberante.[12] As várzeas se tornam férteis pela constante deposição de sedimentos trazidos pelos rios, mas o solo da Hileia – a chamada terra firme, que abrange grande parte da bacia amazônica – não era como se supunha. Porém, esse solo não era fértil em uma acepção particular do termo, determinada pelo que exploradores tinham em mente: a ideia de que é sempre possível adequar a terra a uma cultura estranha à região. Só que a fertilidade da Amazônia tem a ver com uma complexa interação de nutrientes imediatamente consumidos pelas árvores, que não chegam, portanto, a se depositar no solo. Ou seja, sem as árvores nativas, a Amazônia perde sua riqueza e sua fertilidade.[13] Derrubar a floresta para plantar itens agrícolas ou desenvolver a pecuária é uma péssima ideia, e até hoje não aprendemos essa lição.

A exploração da potência agropecuária da Amazônia foi mais um entre tantos projetos de grandeza irrealizados. Mas, nesse caso, não é só que tenham fracassado: uma ideia similar foi – e segue sendo – responsável pela destruição do bioma. Desenrolar cada passo dessa longa história não caberia aqui. O historiador ambiental José Augusto Pádua denomina "cultura do Antropoceno" a visão que sempre predominou no Brasil e ganhou fôlego em meados do século 20: nossos biomas seriam espaços vazios a ser transformados em

---

12. Miranda de Sá, Dominichi; Cândido da Silva, André Felipe. "Amazônia brasileira, celeiro do mundo: ciência, agricultura e ecologia no Instituto Agronômico do Norte nos anos 1940 e 1950". *Revista de História*, v. 178, 2019.

13. A descoberta foi feita pelo limnologista alemão Harald Sioli, que trabalhava no IAN e tentou descobrir os locais mais adequados ao plantio de arroz na Amazônia. Ver artigo citado.

terras produtivas.[14] Teríamos nascido em "berço esplêndido", como diz Pádua, e a outra face dessa ideia foi a devastação de nossos biomas, um após o outro. Primeiro a Mata Atlântica, depois o Cerrado; até que chegou a vez da Amazônia.

Até meados do século 20, o Cerrado foi poupado porque a Mata Atlântica estava sendo destruída a ferro e fogo.[15] O que se preservou da Amazônia só o foi porque o Cerrado estava sendo devastado em sua vegetação nativa, sobretudo a partir dos anos 1980, com o avanço do agronegócio. Para termos uma noção, a floresta Amazônica mantinha 99% de sua cobertura original até o início dos anos 1970.[16] Foi apenas recentemente, portanto, depois que o cultivo agrícola em grande escala destruiu o Cerrado, que a Amazônia virou alvo prioritário do desmatamento. Por isso, a cobiça por essa região só faz crescer. Essa é a expressão de um passado vivo. Hoje, fala-se muito em combater o desmatamento ilegal, o que é importante (obviamente). Mas o desmatamento legal vem aumentando e também ameaça a floresta,[17] pois é parte de uma longa história de planos inadequados às características peculiares da região, um bioma que só foi preservado enquanto havia outros a explorar. Não custa lembrar que as iniciativas bem-sucedidas de preservação, entre 2004 e 2012, exigiram grandes esforços e enfrentamentos. Sistemas produtivos integrados à floresta têm sido cogitados como alternativa, mas ainda são ideias pontuais, sem *status* de "projetos de país" – planos de recuperação verde têm sido ensaiados, mas ainda não sabemos se terão força para virar realidade.

Haveria muito a dizer sobre a história da ciência brasileira dos anos 1950 até hoje, mas o objetivo deste capítulo não é esse, e sim

---

14. Pádua, José Augusto. "The Dilemma of the 'Splendid Cradle'. Nature and Territory in the Construction of Brazil". *In:* Soluri, John; Leal, Claudia; Pádua, José Augusto. *A Living Past: Environmental Histories of Modern Latin America*. Nova York: Berghahn, 2018.

15. Dean, Warren. *A luta pela borracha no Brasil: um estudo de história ecológica*. São Paulo: Nobel, 1989.

16. Pádua, José Augusto. "Brazil in the History of Anthropocene". *In:* Issberner, Liz-Rejane; Lena, Philippe. *Brazil in the Anthropocene: Conflicts between Predatory Development and Environmental Policies*. Londres: Routledge, 2017, p. 10.

17. O Instituto do Homem e Meio Ambiente da Amazônia (Imazon) divulga boletins mensais sobre o desmatamento da Amazônia Legal. Disponível em: https://imazon.org.br/categorias/boletim-do-desmatamento/. Acesso em: junho de 2021.

resgatar o espírito daquela época, enfatizando o contraste com a sensibilidade de que precisamos nos dias atuais. As conexões entre projetos de ciência e tecnologia, por um lado, e iniciativas econômicas planejadas, por outro, seguem sendo necessárias. Mas o imaginário do pós-guerra, que ronda os projetos progressistas – chegando a abarcar o período da ditadura – deve ser deixado de lado. Esse recuo ao passado não é a única narrativa de que dispomos para combater a herança das políticas de austeridade.

Em vez de arroz – ou de qualquer outra produção agropecuária em grandes extensões de terra –, a Amazônia oferece uma variedade enorme de produtos com a floresta em pé. O açaí é citado no título como exemplo emblemático, já que o produto é hoje valorizado aqui e em outros países.[18] Mas há diversos recursos sustentáveis cuja rentabilidade supera em muito a da soja e do gado.[19] Projetos não faltam para desenvolver tecnologias que aproveitem o potencial biológico da região, sem desmatar ou reduzir nossa biodiversidade. Uma ideia é incentivar a bioeconomia por meio de laboratórios científicos, com a instalação de pequenas indústrias na região, estimulando cadeias produtivas de cacau, cupuaçu, castanha-do-pará ou açaí.[20] Tudo isso pode servir à fabricação de alimentos, óleos, remédios e outros produtos, com uma logística local. O problema é que essas ideias precisam ganhar escala e força política para evitar a expansão da agropecuária e da mineração na região. Não temos um plano à altura do papel da Amazônia no mundo de hoje. E para que tenhamos, devemos aguçar a sensibilidade histórica sobre a excepcionalidade do momento que vivemos. Talvez pareça irônico, mas hoje o melhor caminho para o velho sonho de uma economia da floresta pode ser não fazer nada, deixá-la intacta. Diante do que o ecossistema amazônico representa na preservação da biodiversidade e no equilíbrio atmosférico, mantê-la como está – e recuperar o que foi desmatado – pode valer dinheiro, como nos projetos de pagamento por serviços ambientais, que vêm sendo discutidos nos fóruns interna-

---

18. Nobre, Carlos; Dias, George Paulus. *Amazônia e bioeconomia*. São Paulo: Instituto de Engenharia, 2021. Disponível em: https://d335luupgsy2.cloudfront.net/cms/files/159293/1616524097IE-Amazonia_e_Biodiversidade_-_final.pdf. Agradeço a Diego Vianna e Marcio Penna pela indicação.

19. Ibidem, gráfico, p. 14.

20. Nobre, Ismael; Nobre, Carlos. "Projeto 'Amazônia 4.0': Definindo uma Terceira Via para a Amazônia". *Revista Futuribles*, n. 2, pp. 7-20, 2019.

cionais. Essa é uma forma de compensar os países pela preservação de suas florestas.[21]

A pandemia de covid-19 evidenciou um problema grave de nossa economia, cuja solução requer uma nova inteligência para unir pesquisa científica, inovação tecnológica e produção. É o caso das vacinas. Citamos o urânio no título deste capítulo, pois o intuito também era enfatizar projetos irrealizados. Mas, na área de energia, foi o petróleo o maior símbolo de uma integração exitosa entre ciência e tecnologia, projeto de desenvolvimento e soberania nacional. A descoberta do pré-sal segue alimentando esse imaginário, no exato momento em que o mundo parece – enfim – avançar no consenso sobre a eliminação de combustíveis fósseis. Mas, hoje, há projetos muito melhores, como a produção de vacinas, desde que se consiga imprimir um novo alcance à nossa capacidade científica e tecnológica, a partir de um modelo produtivo que diminua nossa dependência das importações e garanta maior autonomia na produção de insumos para o Sistema Único de Saúde. Essa é uma escolha que tem a ver com os modos como costumamos pensar a integração da pesquisa em ciência e da tecnologia à indústria.

A produção em biotecnologia está no centro das preocupações mundiais e demanda uma concertação de atores com objetivos comuns. Estruturas desse tipo não se criam da noite para o dia. Deixar a produção se guiar pelas leis do mercado, por um lado, e o Estado funcionar na lógica dos interesses políticos, por outro, é a receita certa para dar errado. Mesmo que o Estado passe a investir mais em ciência e tecnologia, não vai bastar. Por esse motivo, a produção de vacinas, medicamentos e insumos para nosso sistema público de saúde deve ser encarada como missão, sobretudo porque estamos entrando na "era das pandemias".[22] Após a tragédia da covid-19 no Brasil, ganhou força uma ideia que já vinha sendo defendida há alguns anos: priorizar um Complexo Econômico-Industrial da Saúde, como propõem

---

21. Áreas prioritárias para restauração ecossistêmica estão sendo analisadas, como no artigo: Strassburg, Bernardo et al. "Global Priority Areas for Ecosystem Restoration". *Nature*, v. 586, n. 7.831, pp. 724-9, 2020.

22. Morens, David; Fauci, Anthony S. "Emerging Pandemic Diseases: How We Got to Covid-19". *Cell*, n. 182, pp. 1.077-92, setembro de 2020; e Morens, David et al. "The Origin of Covid-19 and Why It Matters". *The American Journal of Tropical Medicine and Hygiene*, v. 103, n. 3, pp. 955-9, 2020.

Carlos Gadelha e o ex-ministro José Gomes Temporão.²³ Esse é um dos melhores exemplos de integração da pesquisa à produção, com um objetivo que é, ao mesmo tempo, social, econômico e ambiental.

Uma economia voltada para missões tem sido sugerida pela economista Mariana Mazzucato.²⁴ A ideia não é tão nova, mas a retórica enfatizada em seus trabalhos tem angariado simpatizantes, mesmo os mais improváveis. Com foco em determinada missão, diz ela, devem ser criadas articulações envolvendo desde universidades e centros de pesquisa até *startups* inovadoras, órgãos de governo e indústrias. Assim, Mazzucato tem convencido alguns governos e setores empresariais de que é preciso ir além da dicotomia entre incentivo estatal e lógica de mercado, pois planejamento e coordenação de interesses voltaram a ser relevantes na economia. No Brasil, já se propunha algo similar nas teorias chamadas "estruturalistas" do desenvolvimento. A economia deveria ser totalmente reorganizada a partir da identificação de problemas, inclusive na área social, o que daria lugar à pesquisa científica e tecnológica e à implementação de soluções.²⁵ Nas palavras de Mazzucato, o pacto verde ganha uma tradução concreta, ao apontar os atores necessários para criar e implementar políticas públicas sintonizadas à agenda ambiental, o que precisa envolver e conjugar interesses de diferentes setores sociais e econômicos.

As sugestões são interessantes e podem servir de inspiração de fato. Mas é curioso notar que a narrativa de Mazzucato faz sucesso porque resgata a memória – e o espírito de retomada – do pós-guerra; não à toa ela cita iniciativas-chave da Guerra Fria. Seu livro precedente, *O Estado empreendedor*, já apresentava exemplos de tecnologias industriais geradas a partir do investimento do Estado norte-ameri-

---

23. Ver: Gadelha, Carlos Augusto Grabois; Temporão, José Gomes. "Desenvolvimento, inovação e saúde: a perspectiva teórica e política do Complexo Econômico-Industrial da Saúde". *Ciência & Saúde Coletiva*, v. 23, pp. 1.891--902, 2018; e Gadelha, Carlos. "O Complexo Econômico-Industrial da Saúde 4.0: por uma visão integrada do desenvolvimento econômico, social e ambiental". *Cadernos do Desenvolvimento*, v. 16, n. 28, pp. 25-50, 2021.

24. Mazzucato, Mariana. *Mission Economy: A Moonshot Guide to Changing Capitalism*. Londres: Allen Lane, 2021.

25. O artigo citado sobre o Complexo Econômico-Industrial da Saúde faz uso dessas teorias, que têm no nome de Celso Furtado uma das maiores referências.

cano, citadas no capítulo 18.[26] Jamais se lembra, nem nesta, nem em sua obra mais recente, que uma tão bem-sucedida integração entre governo e empresas dependeu de um contexto histórico e geopolítico específico, responsável pelo grande interesse do setor militar. O subtítulo do livro sobre a *Economia das missões* prega que as propostas se inspirem na "ida à Lua" (*moonshot*). Essa expressão é usada para qualificar projetos de tecnologia que visam a resolver problemas complexos e demandam soluções radicais e superinovadoras. Como são caros, arriscados e não dão retorno em curto prazo, demandam papel ativo do Estado. Exatamente o modelo que, segundo a autora, funcionou durante e após a Segunda Guerra Mundial. Parece-nos sintomática a restauração de símbolos daquele período, mesmo por uma pensadora que está preocupada com problemas ambientais e climáticos. Não desconfiamos de que a intenção seja sincera, mas não se nota que tais problemas foram agravados pela adoção do modelo produtivo do pós-guerra.[27] Para que transformações econômicas tenham o alcance necessário nos tempos atuais, em vez de uma retórica inspirada pela viagem à Lua, precisamos nos deixar guiar pelo retorno à Terra (um *down-to-Earth guide*).

Neste capítulo, falamos das vacinas e do açaí como alusão a uma retórica mais pé no chão, que também incide no debate econômico. Um exemplo são os "arranjos produtivos locais", que visam a territorializar a atividade produtiva e inovadora na economia contemporânea, tendo como foco o conjunto de agentes que interagem em certo território e as atividades econômicas em que estão envolvidos.[28] A ciência e a tecnologia estão ligadas, nesses arranjos, a empresas, governos, organizações de pesquisa ou educação, bem como a entidades e atividades locais, ancoradas

---

26. Mazzucato, Mariana. *O Estado empreendedor: desmascarando o mito do setor público vs. setor privado*. São Paulo: Portfolio-Penguin, 2014.

27. O potencial das ideias de Mazzucato para enfrentar os problemas climáticos, assim como sua pertinência em países menos desenvolvidos, são postos em questão por Flora Parkin na resenha para o blog da London School of Economics. Disponível em: https://blogs.lse.ac.uk/usappblog/2021/04/04/book-review-mission-economy-a-moonshot-guide-to-changing-capitalism-by-mariana-mazzucato/. Acesso em: junho de 2021.

28. Matos, Marcelo Pessoa de et al (eds.). *Arranjos produtivos locais: referencial, experiências e políticas em vinte anos da RedeSist*. Rio de Janeiro: E-papers, 2017.

no território. Assim, permitem romper "a invisibilidade e incluir atores, atividades e regiões geralmente ignorados",[29] gerando um enraizamento da economia. Eis um exemplo, entre outros, de missão que prefere descer à Terra a retornar à Lua. E que talvez já esteja sendo realizada, só que em pequena escala e de forma pouco visível. O desafio hoje é criar novas sínteses, de grande alcance, a partir dessas experiências fragmentadas.

---

29. Ibidem, p. 55.

Capítulo 32
# CUIDAR DO FUTURO, AGIR NO PRESENTE

O sonho de ser "o país do futuro" marcou a história do Brasil e a construção de nossa autoimagem. Como lembra a historiadora Heloisa Starling, essa ideia serviu para apagar o passado e hoje projeta apenas futuros distópicos.[1] Por que a promessa de futuro nunca se realizou? E por que assume faces tão mais dramáticas nos tempos atuais? Um dos motivos pode ser o fato de termos ficado amarrados a valores que não nos pertencem. Assim, fomos nos tornando o país do futuro que nunca chega. Como ironiza o historiador José Murilo de Carvalho: "O país do futuro, sempre". Essa imagem do Brasil vem mudando em tempos recentes, pois pensamentos que carregam outras histórias ganham força. Não é mais tão fácil deixar de lado nosso passado de escravidão, apagamento dos povos indígenas e desigualdades estruturantes. Uma boa síntese, a ser contraposta à promessa de futuro que marcou a história, serve de subtítulo ao filme *Amarelo*, do músico Emicida: "É tudo para ontem". Esse "ontem" vem sendo trazido para o centro de nossa cultura e dos embates políticos atuais, indicando a necessidade de contarmos outras histórias do Brasil. Mas a expressão lembrada por Emicida também traz certa urgência. Um apelo para que problemas estruturais do país, como o racismo e a desigualdade, sejam resolvidos agora e não adiados, como sempre.

O economista Marcelo Paixão diz que vivemos a "lenda da modernidade encantada".[2] Ou seja, desde meados do século 20, acredita-se que nossas mazelas históricas serão resolvidas por sucessivos ciclos de modernização econômica, em especial com a migração de uma nação agroexportadora para uma economia industrial. Assim, ressalta Paixão, o problema das assimetrias de cor ou raça foi sempre adiado, em especial pelo modelo desenvolvimentista, ao apostar no processo modernizador como via de eliminação das barreiras que sempre impediram a plena assimilação dos afrodescendentes à vida nacional. A contrapartida foi a de adiar – sempre – a solução da desigualdade racial. Como ela é estruturante de todas as nossas desigualdades, o

---

1. Starling, Heloisa. "Não dá mais para Diadorim? O Brasil como distopia". *In:* Duarte, Luisa; Gorgulho, Victor (eds.). *No tremor do mundo: ensaios e entrevistas à luz da pandemia.* Rio de Janeiro: Cobogó, 2020.

2. Paixão, Marcelo. *A lenda da modernidade encantada: por uma crítica ao pensamento social brasileiro sobre relações raciais e projeto de Estado-nação.* Curitiba: Editora CRV, 2014.

adiamento também é usado como ferramenta para não enfrentar o problema de modo amplo. Este é um modo concreto de perceber os efeitos negativos de ficarmos atrelados ao ideal de "país do futuro". Empurrar para mais tarde soluções de nossos maiores problemas traduz-se, concretamente, no que chamo de "economia da promessa". Salientar essa armadilha no uso do futuro é o alerta que quero deixar neste capítulo. Nossa política foi marcada por uma eterna promessa de que o desenvolvimento econômico seria o meio mais eficaz de criar uma sociedade justa e igualitária. A história da desigualdade persistente em diferentes países do Sul é tema de pesquisas recentes, dentre as quais a do economista francês Thomas Piketty.[3] Ele mostra que a Índia e o Brasil reduziram a pobreza nas últimas décadas, sobretudo sob governos progressistas. Mas a desigualdade não mudou muito. A pobreza diminuiu porque a economia cresceu; foi assim que pequena parte da riqueza chegou às mãos dos pobres. Mas isso aconteceu sem que os mais ricos tenham perdido a parte que sempre lhes coube neste latifúndio.[4] A promessa de crescimento traz consigo a expectativa de elevar a renda dos pobres, até que – um dia, quem sabe – tenhamos uma sociedade igualitária. Mas, se observamos bem, o futuro, nessa narrativa, serve para adiar ações que deveriam ser implementadas desde já – se quiséssemos mesmo diminuir as desigualdades.[5] Isso poderia ser concretizado por meio de uma reforma tributária, por exemplo, que nunca foi feita no Brasil e é uma maneira imediata de distribuir renda *aqui e agora*.[6]

---

3. Piketty, Thomas. *Capital e ideologia*. Rio de Janeiro: Intrínseca, 2020.

4. Em alusão ao poema de João Cabral de Melo Neto. Cf. "Morte e vida severina, Auto de Natal pernambucano, 1954-1955". *In:* De Oliveira, Marly (org.). *Obra completa*. Rio de Janeiro: Nova Aguilar, 1999, pp. 169-202.

5. Alguns economistas mostram que combater as desigualdades, inclusive, é condição para o crescimento econômico. Ver: Moreira, Assis. "Elite brasileira comete erro histórico ao não impulsionar distribuição de renda, diz Piketty". *Valor Econômico*, 17 de junho de 2020. Disponível em: https://valor.globo.com/eu-e/noticia/2020/07/17/elite-brasileira-comete-erro-historico-ao-nao-impulsionar-distribuicao-de-renda-diz-piketty.ghtml. Acesso em: junho de 2021.

6. Carvalho, Laura. *Curto-circuito: o vírus e a volta do Estado*. São Paulo: Todavia, 2020.

No caso da crise climática, o paradigma da continuidade dá combustível à economia da promessa. Mas agora ele foi abatido pelo aquecimento global e pela grande aceleração. Essa virada ainda não foi incorporada em nossos projetos políticos, ao menos não com a centralidade que deveria. Daí os impasses que vivemos hoje, sem apelo a um futuro projetado como expectativa, maculado pela percepção de ter sido traduzido concretamente como promessa nunca cumprida.

A ideia de que o crescimento econômico deve preceder a distribuição de renda é antiga, como no bordão de que "temos que crescer o bolo para depois dividir" – criado na ditadura militar.[7] Na prática, o lema serviu para aprofundar a desigualdade, que nunca foi tão desconectada do crescimento quanto na ditadura, como mostrou o sociólogo Pedro Herculano de Souza.[8] Esse é um exemplo concreto de quanto a promessa de futuro esteve – e permanece – associada a uma tolerância (mais ou menos disfarçada) com nossas desigualdades estruturais. Romper esse ciclo de promessas requer uma aposta radical no presente, deixando, ao menos por hora, o futuro de lado. O cuidado com o futuro, avivado pelas mudanças climáticas, precisa ser encapsulado em meios concretos de enfrentar todas as desigualdades, aqui e agora. Aliás, para ontem. Daí o mote deste capítulo: cuidar do futuro, agir no presente.

Não se trata de ser contra ou a favor do crescimento econômico – talvez esse seja um falso dilema para os países do Sul global. Mas a retórica do crescimento não pode continuar servindo a governantes que preferem mascarar, sob a divisão entre países ricos e países pobres, o escândalo da distância entre ricos e pobres dentro de seus países. O paradigma da continuidade, como peça na engrenagem da economia da promessa, serve de desculpa para não apostarmos em caminhos originais. A narrativa de que iremos "chegar lá" aprisiona os povos que não participaram do longo processo de destruição (empreendido pelo capitalismo industrial) no imaginário dos que o lideraram. Esse é um limite concreto das negociações internacionais sobre o clima, como citamos no capítulo 30. Precisamos de fóruns mais cidadãos e populares, que furem a dinâmica das cúpulas da

---

7. A frase é atribuída a Antônio Delfim Neto, ministro da Fazenda do Brasil de 1967 a 1974; e do Planejamento de 1979 a 1985.

8. De Souza, Pedro H. G. Ferreira. *Uma história de desigualdade: a concentração de renda entre os ricos*, 1926-2013. São Paulo: Hucitec, 2018.

ONU e recriem laços internacionais "por baixo" das negociações entre governos.[9]

Os Fóruns Sociais Mundiais, iniciados no Brasil, conseguiram resgatar a imaginação política nos anos 2000, após a irrupção dos movimentos antiglobalização – ou altermundialistas (que eram a favor de outra globalização). Tínhamos uma palavra de ordem: "Pensar global, agir local". Ativistas, pensadoras e movimentos sociais de diversos países passaram a se reunir regularmente para afirmar "outro mundo possível". A questão ambiental era abordada, mas sua urgência ainda não era sentida como agora. O Sul era prioridade, mas incorporado ao ideal de crescimento econômico e modernização (com exceção de alguns movimentos, como os indígenas). Naquela época, o neoliberalismo era o principal inimigo, e políticas estatais para induzir o crescimento eram, de fato, um antídoto contra as medidas de austeridade e restrição fiscal. A América Latina vivia uma época áurea de governos progressistas e de esquerda, que implementavam políticas democráticas e reduziam a pobreza, o que fornecia uma base concreta à mobilização política nesses fóruns. Sem governos como o de Lula, no Brasil, e outros na América Latina, talvez os Fóruns Sociais Mundiais tivessem tido pouca repercussão. Mas o ideal de que "outro mundo é possível", principal inspiração daqueles encontros (em que estive presente), deixava as questões ambientais em segundo plano. Quase não se falava em mudanças climáticas, ainda que o Protocolo de Quioto tenha sido assinado em 1997.

Nos anos 2000, as ciências do clima e do sistema Terra começaram a ter mais repercussão, trazendo o desafio de fazer com que "este mundo seja possível". Diante disso, projetos de futuro, sem o cuidado com o planeta no centro, tendiam a ser ilusórios e passageiros. Talvez isso explique, ao menos em parte, o fôlego curto dos fóruns sociais mundiais. Mas aquela experiência pode servir de inspiração para encontros internacionais com o mesmo espírito popular e cidadão.[10] Só que, desta vez, não basta "pensar global e agir local". Precisamos inventar modos de "cuidar do futuro e agir no presente".

---

9. Algumas pessoas têm pensado em outras abordagens para decisões internacionais sobre o clima, como: Ostrom, Elinor. "Polycentric Systems for Coping with Collective Action and Global Environmental Change". *Global Environmental Change*, v. 20, n. 4, pp. 550-7, 2010.

10. Essas causas precisam ser elaboradas de baixo para cima, e não só pela dinâmica das cúpulas.

Como recuperar a confiança no presente? Uma espécie de cura do tempo é necessária para que projetos políticos transformadores ganhem espaço. A chantagem implícita na temporalidade da promessa precisa ser rompida, pois ela tem mantido povos inteiros em compasso de espera. Sair dessa armadilha talvez ajude a destravar o engajamento popular nas causas ambientais. O futuro é incapaz de convocar à ação com base em ameaças de catástrofe, muito menos invocando uma "conscientização" abstrata sobre riscos ambientais. Cuidar do futuro e agir no presente é a síntese de duas tarefas: preservar nossas riquezas para as futuras gerações e construir projetos que façam sentido aqui e agora.

O Ocidente subsumiu as temporalidades e as experiências de inúmeros povos em uma linha do tempo homogênea. Essa foi a operação temporal do progresso (como vimos no capítulo 7). Por isso, o próprio ideal de progresso é contestado por teorias pós-coloniais, pensadores latino-americanos e filosofias de matriz indígena ou africana. Elas não cansam de denunciar que a unidade da história foi obtida de modo artificial e violento, para justificar a exploração de nossos povos e recursos naturais. Minérios, terras e combustíveis fósseis não foram acessórios à construção da história única de que a modernidade é sinônimo.[11]

As mudanças climáticas podem ser vistas como cifras de nosso tempo – as quais ainda não conseguimos decifrar. Como sugere o cientista do clima Mike Hulme, as mudanças climáticas devem ser usadas como uma lupa, ajudando-nos a enxergar implicações no longo prazo de escolhas de curto prazo e a levar em conta contextos específicos, que envolvem valores sociais e realidades materiais singulares.[12] Por isso, o presente requer um aprendizado, com vistas a aumentar nossa capacidade de lidar com desdobramentos que ainda são desconhecidos. É como se o presente estivesse acometido por um tipo de ansiedade e precisasse ser curado da eterna expectativa de que os problemas serão resolvidos depois. Nesse processo de cura, que seria como uma terapia coletiva do presente, a ideia de futuro como promessa de algo melhor precisa ser abandonada. De fato,

---

11. Charbonnier, Pierre. *Abondance et liberté: une histoire environnementale des idées politiques*. Paris: La Découverte, 2020.

12. Hulme, Mike. *Why We Disagree about Climate Change: Understanding Controversy, Inaction and Opportunity*. Cambridge: Cambridge University Press, 2009.

muita gente já está deixando essa expectativa de lado e buscando promessas longe da realidade.

Se imaginarmos que o tempo é um fluxo, como o de um rio, nossa incumbência é achar um meio de represar o tempo, conter seu fluxo caudaloso rumo a um futuro que não sabemos onde vai dar. Filosofias africanas e indígenas ajudam a perceber o deslocamento temporal que vivemos. Bunseki Fu-Kiau, pensador congolês que chegou a receber os ensinamentos das escolas avançadas de seu país antes que fossem extintas pelos europeus, explica as temporalidades que davam consistência aos modos de vida de seu povo. Um conceito-chave são as "represas do tempo" (ou "barragens do tempo").[13] "Somos tempo porque somos represas do tempo", diz Fu-Kiau.[14] Isso quer dizer que o tempo é experimentado, concretamente, pelas coisas que acontecem e que funcionam como cifras: chove, venta, alguém nasce, alguém morre, faz-se uma guerra, obtém-se um alimento, uma criança corre e cai, temos uma conversa na casa da avó, fazemos uma comida ou um vaso. O tempo, como o experimentamos, vai sendo constituído por esses acontecimentos, que são como "represas" (*n'kama*, em quicongo). Eles formam a linha do tempo, que passamos a sentir como um acúmulo de acontecimentos. Até podemos percebê-los como sequenciais, mas, no mundo, fazem parte de um só processo da vida (o *dingo-dingo*).

Cada um desses acontecimentos, ao represar o tempo, cria um nó ou uma cifra (*kolo*, em quicongo). As cifras são demarcações, são como códigos inscritos no tempo; podem ser entendidas também como ritmos ou outras maneiras de habitar o tempo. O filósofo brasileiro Tiganá Santana, estudioso de Fu-Kiau, mostra que, mais que um ponto determinado na linha do tempo, essas cifras precisam ser decifradas, ou seja, devem ser traduzidas para que possamos compreender o tempo vivido. Isso seria "abrir-se à hora".[15] Seria um modo de nos abrirmos para viver nosso tempo em sua singularidade. É disso que se trata quando falamos de um processo regenerativo de cura do tempo presente.

---

13. Fu-Kiau, Bunseki. "Ntangu-Tandu-Kolo: The Bantu-Kongo Concept of Time". *Time in the Black Experience*, pp. 17-34, 1994.

14. Ibidem, p. 20.

15. Santana, Tiganá. "Abrir-se à hora". *Revista Espaço Acadêmico*, v. 20, n. 225, pp. 4-13, 2020. Agradeço à Ana Kiffer pela indicação desse texto.

O futuro permaneceria em nossa vida como inspiração de cuidados com as novas gerações, como sugere o conceito de ancestralidade, de que voltaremos a falar na conclusão. Como imaginar um futuro se as novas gerações, incluindo nossos filhos e netos, talvez não tenham a oportunidade de conhecer uma floresta de verdade, visitar o Pantanal, fazer observação noturna de animais, mergulhar com os peixes em Bonito, viver a experiência da Amazônia e aprender com seus povos originários? Isso para não falar do próprio ar que elas irão respirar e dos desastres que se tornarão mais frequentes por causa da ação humana.

Abrimos este livro falando de enchentes e chuvas fortes, cuja relação com as mudanças climáticas fica cada vez mais nítida. Também mencionamos secas e eventos extremos. Houve um dia em que o céu de São Paulo ficou preto, como se fosse noite, por causa das queimadas na Amazônia.[16] Estamos chegando perto da queda do céu, como diz Davi Kopenawa.[17] As cosmologias ameríndias nos alertam desde há muito, ao mesmo tempo em que mantêm outros mundos vivos. Quem sabe um mundo porvir possa ser figurado a partir do passado das Américas, o mesmo que foi apagado na construção da história única? Para Déborah Danowski e Eduardo Viveiros de Castro, o possível, caso nos reste, será sinônimo desses mundos, que, *apesar de tudo*, sobrevivem.[18]

No Brasil, vivemos boa parte de nossa história em transição para um futuro que nunca chega: uma terra em transe.[19] Assim, apagamos o passado marcado por escravidão, ataques aos povos indígenas e desigualdade estrutural. Hoje, quando não se pode mais adiar o enfrentamento das consequências desses problemas, o Brasil de 2021 é o país onde a distopia está mais perto de virar realidade. Isso traz certo pavor. Mas talvez consigamos ver as coisas de outro jeito, caso

---

16. "Dia vira 'noite' em SP com frente fria e fumaça vinda de queimadas na região da Amazônia". *G1*, 19 de agosto de 2019. Disponível em: https://g1.globo.com/sp/sao-paulo/noticia/2019/08/19/dia-vira-noite-em-sao-paulo-com-chegada-de-frente-fria-nesta-segunda.ghtml. Acesso em: junho de 2021.

17. Kopenawa, Davi; Albert, Bruce. *A queda do céu: palavras de um xamã yanomami*. São Paulo: Companhia das Letras, 2015.

18. Danowski, Déborah; Viveiros de Castro, Eduardo. *Há mundo por vir? Ensaio sobre os medos e os fins*. Florianópolis: Cultura e Barbárie, 2014.

19. Em referência ao filme *Terra em transe*, dirigido por Glauber Rocha e lançado em 1967.

sejamos capazes de encarar a singularidade presente. Diante do aquecimento global provocado pela ação humana, é normal nos perguntarmos o que podemos fazer pelo planeta. Mas essa pergunta pode ser invertida: o que as mudanças climáticas podem fazer por nós?[20] O Brasil é responsável pelo cuidado de uma das florestas tropicais mais importantes para o equilíbrio planetário do clima, a Amazônia. Logo, interromper o ciclo de destruição que marcou sua história pode inverter, de modo irônico, nosso lugar no mundo. Não seremos mais o país do futuro – aquele Brasil grande que um dia vai "chegar lá". Mas podemos ser o país do agora, um lugar onde novas formas de habitar o presente – salvando a Amazônia e regenerando vegetações destruídas – tornaram possível algum futuro. Para nós e para o planeta.

---

20. Hulme, Mike. *Why We Disagree about Climate* Change, op. cit., p. xxiv.

## Capítulo 33
## CHEGAMOS AO FIM DA PICADA, E AGORA?

Foi apenas na terceira expedição que conseguimos chegar a Marte. Depois de duas tentativas frustradas, a nave pousou. Mas eis que tudo parecia assustadoramente familiar. As ruas, as casas, o clima, todos os sinais lembravam uma pequena cidade dos anos 1950. Agora, imaginem a euforia da tripulação ao reencontrar, na longínqua cidadela marciana, todos os parentes que já haviam morrido. Teve até banda, bolo e festa. Era real ou ilusão? Quanto durou a felicidade dos tripulantes? Deixo o fim em suspenso, para que seja descoberto no livro *As crônicas marcianas*, de Ray Bradbury.[1] Na apresentação da obra, Jorge Luis Borges pergunta como episódios de conquista de outro planeta podem invocar sentimentos tão profundos de solidão.

Muitas pessoas queridas se foram durante a pandemia de covid-19. Nem quero imaginar como seria reencontrá-las em Marte, as avós fazendo o bolo da tarde ou o almoço de domingo. Passamos pelos momentos mais tristes do último século. Com consequências graves e desigualmente distribuídas, o coronavírus afetou – direta ou indiretamente – todo mundo no mundo todo. Dá até calafrios pensar que, ainda por cima, não se trata de um evento excepcional. Entramos na "era das pandemias", como alertam vários cientistas.[2] E muita coisa vai mudar a partir de agora. Não sabemos em que direção. O espalhamento do vírus é diretamente associado à destruição de florestas, que são o hábitat de animais selvagens. Com sua casa em desequilíbrio, eles acabam saindo de lá e topando com outros animais e seres humanos, transmitindo vírus que – de outra forma – poderiam seguir confinados na floresta. Quanto mais devastarmos o hábitat de animais e micróbios, maior será o risco de novas pandemias.[3]

A covid-19 tornou mais evidente algo que já sabíamos: o mundo está interligado de forma quase surreal, e as mercadorias precisam dar voltas imensas antes de chegar ao destino. Quando a urgência é grande, como foi o caso da demanda de respiradores artificiais, não é simples recolher componentes em tantas partes do mundo para

---

1. Bradbury, Ray. *As crônicas marcianas*. São Paulo: Biblioteca Azul, 2013.

2. Morens, David M.; Fauci, Anthony S. "Emerging Pandemic Diseases: How We Got to Covid-19". *Cell*, v. 182, 2020.

3. Mediavilla, Daniel. "Redução da biodiversidade favorece o surgimento de novas pandemias". *El País*, 6 de agosto de 2020. Disponível em: https://brasil.elpais.com/ciencia/2020-08-06/reducao-da-biodiversidade-favorece-o-surgimento-de-novas-pandemias.html. Acesso em: junho de 2021.

acelerar a fabricação. Durante a pandemia, também ficou evidente como o trabalho e a renda dependem da circulação de pessoas nas cidades (e entre cidades). Isso é ainda mais verdadeiro em países cuja economia depende do setor de serviços, como o Brasil. Se não tiver gente na rua, trabalhadores do comércio e informais ficam imediatamente sem recurso algum. A economia hoje depende sobremaneira da circulação de pessoas e mercadorias, além de logística e meios de transporte. Mas, na pandemia, tudo isso que costumava ser motor de crescimento econômico virou fator de risco. Daí a contradição de pedir para as pessoas ficarem em casa, uma medida necessária para controlar os contágios, mas com efeitos imediatos na economia. No Brasil, a situação foi aberrante, pois o o governo apostou na estratégia de deixar o vírus se espalhar,[4] mas outros países também tiveram dificuldades. Até a Alemanha, vista como exemplo positivo de enfrentamento à covid-19, sofreu com resistências às restrições de circulação e ao fechamento do comércio (o chamado *lockdown*).[5]

Como resumiu o historiador Adam Tooze: "Com a pandemia, vivemos a primeira crise econômica do Antropoceno".[6] A grande aceleração teve que dar uma pausa, e isso teve efeitos deletérios na economia. Um aspecto preocupante foi a incapacidade da estrutura produtiva global para fabricar e distribuir insumos básicos, dos quais dependiam vidas. Diante do susto, a ideia de *relocalização* ganhou

---

4. Cepedisa; Conectas. "Direitos na pandemia: mapeamento e análise das normas jurídicas de resposta à covid-19 no Brasil". *Boletim*, n. 9, janeiro de 2021. Disponível em: https://www.conectas.org/publicacao/boletim-direitos-na-pandemia-no-9/. Acesso em: junho de 2021.

5. Braun, Julia. "Merkel volta atrás e desiste de confinamento mais rígido na Alemanha". *Veja*, 24 de março de 2021. Disponível em: https://veja.abril.com.br/mundo/merkel-volta-atras-e-desiste-de-confinamento-mais-rigido-na-alemanha/. Acesso em: junho de 2021.

6. Tooze, Adam. "We Are Living Through the First Economic Crisis of the Anthropocene". *The Guardian*, 7 de maio de 2020. Disponível em: https://www.theguardian.com/books/2020/may/07/we-are-living-through-the-first-economic-crisis-of-the-anthropocene. Acesso em: junho de 2021.

fôlego.[7] Nas últimas décadas, boa parte da produção havia sido "deslocalizada", ou seja, a cadeia de suprimentos tinha sido distribuída por diferentes países, distantes entre si e longe da sede da empresa. Esse espalhamento das chamadas "cadeias de valor" diminuíam os custos da produção (principalmente pelo uso de mão de obra mais barata, em países menos desenvolvidos). Agora, inicia-se um movimento contrário. Alguns países desenvolvidos anunciam medidas para trazer indústrias de volta e tornar suas economias mais autossuficientes, o que tende a reconfigurar o panorama mundial. Essa é também uma forma de garantir melhores empregos à população local e evitar o descontentamento político crescente (que é uma das causas da ascensão da extrema direita em diversos países).

A China divulgou planos de estabelecer uma economia de "circulação dual" – o que significa manter relações externas, mas dando maior prioridade ao mercado interno.[8] Ao protecionismo da China, somou-se o plano de Joe Biden, que manteve a preferência dada a empresas norte-americanas no governo anterior, de Donald Trump; além disso, foi lançada uma campanha pelo consumo de produtos *made in America*.[9] Os europeus levaram um susto ao notar que grande parte dos insumos farmacêuticos é produzida na Índia e na China. Mesmo que sua indústria seja potente, anunciaram estratégias para

---

7. Na França o debate está avançando. Ver o manifesto "Ce qui dépend de nous - manifeste pour une relocalisation écologique et solidaire" da organização francesa Attac. Disponível em: https://france.attac.org/nos-publications/livres/article/ce-qui-depend-de-nous-manifeste-pour-une-relocalisation-ecologique-et-solidaire. Acesso em: junho de 2021. E também o *podcast* La démondialisation de Jacques Sapir na France Culture. Disponível em: https://www.franceculture.fr/oeuvre-la-demondialisation-de-jacques-sapir.html. Acesso em: junho de 2021.

8. Yao, Kevin. "What We Know about China's 'Dual Circulation' Economic Strategy". *Reuters*, 15 de setembro de 2020. Disponível em: https://www.reuters.com/article/china-economy-transformation-explainer-idUSKBN2600B5. Acesso em: junho de 2021.

9. "Biden tenta promover o *made in America* desejado por Trump". *UOL*, 25 de janeiro de 2021. Disponível em: https://economia.uol.com.br/noticias/afp/2021/01/25/biden-tenta-promover-o-made-in-america-desejado-por-trump.htm. Acesso em: junho de 2021.

evitar carestias futuras.[10] Insumos necessários à produção de energias renováveis também estão sendo relocalizados, como a fabricação de painéis solares e até mesmo a extração de minérios (ainda que, neste último caso, os danos ambientais pesem em favor de manter o extrativismo na América Latina ou na África, como mostramos no capítulo 30 – o que não é exatamente uma boa notícia).

Desde 2008, ideias como relocalização, reterritorialização da economia e arranjos produtivos locais voltaram a repercutir, somadas à defesa de circuitos curtos de distribuição – um modo de diminuir o estresse ambiental gerado por transportes de longa distância. Todas essas propostas reivindicam mais proximidade entre a economia e o território onde as pessoas vivem. Essa tendência foi reforçada após a pandemia. Usou-se, inclusive, o termo "desglobalização" para caracterizar a intenção de reverter algumas políticas da globalização dos anos 1980. É cedo para saber onde isso tudo vai dar. O mais importante é observar que alguns países saíram na frente ao se prepararem para as novas crises que se anunciam, sejam sanitárias, sejam ambientais. O mundo está entrando numa fase de capitalismo protecionista, e o Brasil está longe de saber se posicionar diante desta correlação de forças,[11] ainda que teóricos-chave do pensamento nacional, como Milton Santos, venham conclamando há tempos por uma "outra globalização", nesse caso, acompanhada por "uma mutação filosófica do homem, capaz de atribuir um novo sentido à existência de cada pessoa e, também, do planeta".[12]

Não é o objetivo deste livro dar uma direção econômica para o país. Porém, com base no que dissemos nos capítulos anteriores, é possível refletir melhor sobre as posições que estão sobre a mesa. As políticas de austeridade, que marcaram o período neoliberal, estão

---

10. European Comission. "Affordable, Accessible and Safe Medicines for All: The Commission Presents a Pharmaceutical Strategy for Europe". *Press Release*, 25 de novembro de 2020. Disponível em: https://ec.europa.eu/commission/presscorner/detail/en/ip_20_2173. Acesso em: junho de 2021.

11. Gerbaudo, Paolo. "Why the Battle Between Left and Right Protectionism Will Shape the Post-Covid World". *NewStatesman*, 22 de abril de 2021. Disponível em: https://www.newstatesman.com/international/2021/04/why-battle-between-left-and-right-protectionism-will-shape-post-covid-world. Acesso em: junho de 2021.

12. Santos, Milton. *Por uma outra globalização: do pensamento único à consciência universal*. Rio de Janeiro: Record, 2010, p. 174.

em decadência, mas no Brasil ainda precisam ser vencidas. No interior do campo político progressista, há mais convergências que divergências quanto à urgência de enfrentá-las. Mas o que devemos colocar no lugar? Aqui, os caminhos se bifurcam. Retomar uma agenda de desenvolvimento é a saída invocada com frequência. Mas não há apenas um jeito de fazer isso.

A América Latina tem uma longa tradição intelectual sobre modelos próprios de desenvolvimento.[13] Em especial o Brasil, onde também ocorre de a longevidade desse pensamento ser inversamente proporcional à sua duração como política econômica de fato. Houve períodos de desenvolvimento nacional sob a presidência de Getúlio Vargas e, principalmente, de Juscelino Kubitschek (com todos os problemas colaterais mencionados no capítulo 31). Depois, veio a ditadura militar, com suas medidas excludentes, responsáveis por números relevantes de crescimento econômico, mas acompanhadas de aumento significativo da desigualdade. Após mais de uma década de austeridade, com o arrocho econômico dos anos 1990, tivemos nossos primeiros governos de esquerda, cuja prioridade foi o desenvolvimento socioeconômico, com combate à pobreza e à fome. Houve diversos acertos, mas também alguns erros, nas políticas econômicas dos governos de Lula e Dilma Rousseff, analisados de forma consistente e didática pela economista Laura Carvalho no livro *Valsa brasileira*. Nossa ideia não é retomar o debate sobre a agenda econômica de governos que tiveram sucesso em impulsionar o crescimento econômico e diminuir a pobreza. Queremos refletir sobre a retórica e o imaginário assumidos de modo mais ou menos implícito nesses projetos, que costumam ser defasados em relação às urgências ambientais e climáticas. O governo de Dilma Rousseff chegou a adotar o *slogan* de "aceleração do crescimento" em um de seus programas mais importantes.[14] Isso demonstra absoluta dissintonia com a relevância mundial adquirida pelo tema das mudanças climáticas e do esgotamento de recursos, cujo agravamento a partir de 1950 é designado como "a grande aceleração". Nos governos do Partido dos Trabalhadores, o desmatamento

---

13. Bielschowsky, Ricardo. *O pensamento econômico brasileiro, o ciclo ideológico do desenvolvimentismo*. Rio de Janeiro: Contraponto, 2004.

14. O Programa de Aceleração do Crescimento foi criado em 2007. Disponível em: http://www.pac.gov.br/. Acesso em: junho de 2021.

da Amazônia diminuiu significativamente (entre 2004 e 2012),[15] mas a dita "aceleração do crescimento" gerou situações constrangedoras para um governo de esquerda, como a construção da usina de Belo Monte.[16] De fato, a pobreza diminuiu de modo significativo,[17] e outros projetos tiveram papel quase revolucionário, como a democratização das universidades. Mas a inspiração do Brasil grande e o paradigma da continuidade, como batizamos no capítulo 30, foram fiadores de boa parte dessas realizações. Assim, mesmo com muitas políticas positivas, a desigualdade não mudou tanto. Por que essa é uma marca tão perene e arraigada no Brasil, a ponto de se manter até mesmo quando o país conseguiu crescer? Há respostas de vários tipos. A nossa será histórica, coerente com a busca deste livro por definir melhor os impasses dos tempos em que vivemos.

Apesar de toda a tragédia pela qual temos passado no Brasil, a ideia de "país do futuro" ainda tem apelo, funcionando como forma de gestão das expectativas.[18] Dissemos, no capítulo 32, que a contrapartida da expectativa é uma economia da promessa, que mantém as pessoas à espera dos frutos do crescimento, que não chegam – ou chegam e se vão rápido demais. Vamos explorar mais essa questão nos próximos parágrafos. O descompasso temporal que vivemos não é uma jabuticaba (como se costuma batizar as coisas que só existem no Brasil). Desde o pós-guerra, a história não é mais a mesma. Essa frase pode ser estranha, afinal os acontecimentos continuam se dando no curso da história. Sim, claro. Mas a história não se define por esses acontecimentos, e sim pelo modo de encadeá-los. A principal preocu-

---

15. Instituto Nacional de Pesquisas Espaciais. *Monitoramento do desmatamento da floresta Amazônica brasileira*, 2020. Disponível em: http://www.obt.inpe.br/OBT/assuntos/programas/amazonia/prodes. Acesso em: junho de 2021.

16. Para mais informações, acesse o Dossiê Belo Monte do Instituto Socioambiental. Disponível em: https://www.socioambiental.org/pt-br/dossie-belo-monte. Acesso em: junho de 2021.

17. De acordo com dados da Pesquisa Nacional por Amostra de Domicílios (PNAD) de 2014, a redução de pobreza extrema nesse intervalo foi de, pelo menos, 63%. Cf. Calixtre, André; Vaz, Fábio. *Nota técnica: PNAD 2014 – breves análises*. Brasília: Ipea, n. 22, 2015. Disponível em: https://www.ipea.gov.br/portal/images/stories/PDFs/nota_tecnica/151230_nota_tecnica_pnad2014.pdf. Acesso em: junho de 2021.

18. Michel Foucault diria que a ideia de futuro é uma forma de governo das subjetividades. No Brasil, constituiria uma governamentalidade desenvolvimentista.

pação da história é como lidar com a novidade. Trata-se de um modo de olhar para o que aparece no horizonte e que, hoje, é concebido como novo e diferente de tudo o que havia antes. Essa novidade costumava ser bem encaixada em narrativas ligando passado, presente e futuro. A isso podemos chamar de "sensibilidade histórica", e ela tem mudado radicalmente desde o pós-guerra.

A modernidade foi construída sobre a ideia de "futuro melhor", como mostramos no capítulo 7. Uma sensibilidade histórica, associada à própria definição de modernidade, dava sentido ao mundo em termos de processos de desenvolvimento. No fim do século 18, acirrou-se a divisão entre a experiência prévia e as expectativas que se abriam. Logo, a diferença entre o passado e o presente (de então) aumentou. O que se vivia era sentido como ruptura, como um período de transição, em que algo novo e inesperado estava acontecendo. Só que isso aparecia como parte de uma longa trajetória: um processo histórico, cuja natureza seria progressiva e estaria sempre em desenvolvimento. A função da história, inventada na mesma época como um saber específico do tempo, era conectar o passado, o presente e o futuro. Assim, foi produzida a sensibilidade histórica que ligava essas épocas como se fosse um processo em evolução. As transformações produzidas pelo ser humano teriam o poder de acelerar as melhorias que já se observavam. O tempo moderno seria, portanto, sempre progressivo. Uma flecha que iria do passado em direção ao futuro. Uma data-chave foi 1789, ano da Revolução Francesa, tida como o início desse modo de experimentar a história. Se quisermos um marco do mesmo naipe, poderemos fixar o fim desse regime de historicidade em 1989. Detalhamos no capítulo 29 o papel do fim da Guerra Fria e a entrada em cena de novos atores geopolíticos. Junto a isso, houve outro fator: o impacto das novas tecnologias.

Desde o pós-guerra, as tecnologias nucleares, a automação e os robôs, o aquecimento global e o Antropoceno vêm transformando de modo radical a ideia que os seres humanos faziam de si mesmos. Não somos apenas suscetíveis a mortes, sejam individuais ou massivas, provocadas por guerras ou regimes políticos – esses acontecimentos sempre existiram na história humana. A partir de meados do século 20, ou seja, no período inaugurado pela bomba atômica, os seres humanos adquiriram o poder de se extinguir. Eventualmente, robôs poderão nos substituir. E mais: nós, seres humanos, descobrimos que estamos alterando de maneira irreversível o planeta em que habitamos e a atmosfera contendo o ar que respiramos. Que isso demore mais ou menos para acontecer, que vá ser ou não exatamente como imaginamos, importa pouco. O que conta é que, agora, essas ideias fazem parte de nosso imaginário comum. Isso é inédito e tem efeitos indeléveis em nossa sensibilidade histórica. Diversos autores apontam essa questão, falando de um "novo regime de historicidade" que teria inaugurado uma espécie de presentismo, como sugere o historiador François Hartog.[19] Tudo o que poderia acontecer no futuro já aconteceu, então o presente teria se tornado mais relevante que o futuro e o passado. O planejamento perdeu espaço e só o agora passou a ser valorizado. Tudo é feito no instante, e imperam visões de curto prazo, como no mal que acomete a política. De fato, vivemos um novo regime de historicidade, mas vamos nos servir outro pensador da história, que dialoga com Hartog, porém discorda do diagnóstico de presentismo.

Desde o pós-guerra, é cada vez mais intensa a sensação de que vivemos tempos sem precedentes. A experiência do presente não aparece mais, a partir de então, como uma ruptura bem integrada ao passado e ao futuro, à maneira que a história moderna estabelece. Agora, o tempo vivido é aquele em que o passado e o futuro aparecem desconectados, pois o que estamos vivendo é inédito; não tem precedentes na história humana. Essa é uma ruptura, como a entrada na modernidade – simbolizada pela Revolução Francesa ou por outro marco que escolhamos. Mas a diferença é que essa ruptura não pode mais ser suavizada como parte de uma continuidade longa e profunda do tempo, estendida do passado ao futuro, em uma linha a que o presente estaria integrado. A tese é do historiador Zoltán Boldizsár Simon e está no livro *History in Times of Unprecedented Change* [História em tempos de mudanças sem precedentes].[20]

O que ocorreu a partir do pós-guerra e que provocou esse ineditismo foi a experiência da novidade de maneira desconectada de tudo o que já fora vivido pela humanidade. Ao menos durante o período moderno, que costuma inspirar nossos referenciais políticos, econômicos e sociais. Dizer que entramos, então, em uma época "pós-moderna" é ir rápido demais, daí a ambiguidade desse termo no debate

---

19. Hartog, François. *Régimes d'historicité. Présentisme et expérience du temps.* Paris: Le Seuil, 2003.

20. Simon, Zoltán Boldizsár. *History in Times of Unprecedented Change: A Theory for the 21st Century.* Londres: Bloomsbury, 2019.

intelectual. Mas diversas noções que davam sentido ao projeto moderno estão se desfazendo diante de nossos olhos, sem que saibamos o que pôr no lugar.

> Quando as filosofias da história explicavam o aprimoramento das sociedades e dos seres humanos, quando visões emancipatórias dominavam o âmbito político, quando Estados-nação estavam para ser construídos, o desenvolvimento gradual do novo a partir do velho era estendido tanto ao passado como ao futuro. O novo percebido e desejado (o Estado-nação, a liberdade humana ou qualquer outra coisa), que era feito já presente no passado como potencial presumido, em uma forma alterada e subdesenvolvida, era considerado o mesmo objeto que se supunha estar por desenvolver no futuro.[21]

Havia uma aposta na perfectibilidade inata dos seres humanos e das sociedades, que teria se aprofundado desde o Iluminismo, constituindo o pano de fundo de continuidade inventado pela história moderna. Assim, fazia sentido confiar em um processo ininterrupto de desenvolvimento, cuja expectativa era de realização: cumprir um potencial já assumido e presumido como o da própria natureza humana. Agora, não haveria mais nada a cumprir: "[...] as visões de futuro do pós-guerra não prometem cumprir nada comparável a um passado já assumido como potencial".[22] Em vez disso, acrescenta Simon, com a guerra nuclear, as mudanças climáticas antropogênicas e as visões tecnológicas da inteligência artificial, da bioengenharia ou do trans-humanismo, "o mundo Ocidental do pós-guerra concebe cada vez mais seu futuro a partir de mudanças que não se desenvolvem de estados de coisas prévios, mas suscitam algo sem precedentes".[23] Dito em poucas palavras, experimentamos uma sensação de dissociação em relação ao passado. E não sabemos ainda o que fazer com isso. Sendo assim, a utopia – que era o aperfeiçoamento máximo a partir do passado – se transformou em distopia – um futuro inimaginável.

As sociedades ocidentais se movem, hoje, sem apelo à ideia desenvolvimentista de história (que marcou a era moderna). As novi-

---

21. Ibidem, p. 22.

22. Ibidem, p. 7.

23. Ibidem, p. 7.

dades que vêm aparecendo desde o pós-guerra, de tipo tecnológico ou ambiental, suscitam, portanto, uma sensibilidade histórica não desenvolvimentista. Como isso interfere na política, na economia e no pensamento social de nossos tempos? Essa é uma pergunta que ainda não foi respondida de modo satisfatório e nem temos a pretensão de fazê-lo. Queremos apenas notar que uma precondição de qualquer resposta é dar vazão a uma sensibilidade histórica diferente daquela que vigorou até meados do século 20 (e que se estendeu durante os trinta anos "gloriosos" do pós-guerra). Desde os anos 1990, e com mais ênfase no início do século 21, as mudanças climáticas e o Antropoceno tornaram agudo o esgotamento de uma experiência sensível do tempo e da história, de um modo de lidar com o tempo que vigorou durante quase três séculos. Não é tão surpreendente, portanto, que a transição seja difícil e que outros modos de vivermos a história ainda estejam sendo elaborados.

Mas há, sim, lições imediatas a aprender. No que concerne ao desenvolvimento econômico, não existe mais lastro para confiarmos em destinos grandiosos. O "país do futuro" precisa saber o que fazer com isso. Mas não é só aqui; o mundo não pode mais contar com o futuro (como diz o ditado, contar com o ovo na barriga da galinha). A não ser que sigamos sonhando com a galinha dos ovos de ouro, a melhor saída é distribuir os ovos que já foram postos. Nossa diferença, no Brasil e em boa parte do chamado Sul global, é que a suspensão do futuro pode dar lugar a uma inversão surpreendentemente simples: pôr fim às desigualdades antes de pensar em crescer. Simples na ideia, claro, porque é justamente a inversão que grandes forças políticas tentam impedir. Não há mais nada a esperar, porém. Não é só que crescer o bolo não seja requisito para distribuir a riqueza; não é só que combater as desigualdades seja uma condição para o desenvolvimento; não é só que a economia da promessa deixe as pessoas submetidas à espera; não é só que o crescimento desenfreado tenha consequências ambientais gravíssimas. É tudo isso e mais um pouco: o sentido da vida em comum, do fazer político e da perseverança dos seres humanos neste planeta precisa ser reencontrado no presente. Só temos o tempo vivido como hábitat. Logo, esse é o único ponto de partida razoavelmente seguro. O medo e a angústia de imaginar um futuro sem nós são sensações avassaladoras demais, que podem ter efeito paralisante. Por isso, o catastrofismo, encampado por alguns movimentos que buscam honestamente meios para enfrentar o aquecimento global, pode ter consequências contrárias às desejadas; pode gerar aturdimento em vez de incitar à ação. Uma pesquisa recente, feita no Brasil, mostrou que a maioria da população acredita nas mudanças climáticas e dá grande importância aos problemas ambientais. Mas isso não é suficiente para que essas causas adquiram força política, ou seja, para que essas pessoas se engajem em ações capazes de pressionar por soluções para o problema.[24] Sondagens mais elaboradas indicam que o caráter ameaçador das mudanças climáticas reforça a sensação de não se saber o que fazer, aumentando a angústia e a paralisia.[25]

Uma renovação política ainda está por vir que consiga lidar com a sensibilidade histórica de nossos tempos – estes tempos sem precedentes. Não conseguiremos encarar o século 21 com ferramentas do século 19, que vigoraram até meados do século 20. Isso significa que não é tão simples absorver um "pacto verde" em programas políticos, como dissemos no capítulo que abre esta última parte do livro.

Até aqui, um imaginário de abundância funcionava como promessa de que haveria lugar para todos quando chegasse sua vez. O único problema a enfrentar seria o poder de homens gananciosos, que criam escassez de modo artificial, a fim de manter a riqueza em suas mãos. Isso ainda acontece, obviamente; contudo, mesmo que consigamos derrotar os detentores desse poder, aquela abundância pode não existir mais. Ao menos não no que tange aos bens materiais, pois eles precisam ser fabricados, e isso demanda recursos naturais – que são finitos. Ou seja, em comparação com o que a pro-

---

24. De acordo com a pesquisa realizada pelo Instituto de Tecnologia & Sociedade do Rio em conjunto com o Ibope Inteligência (2020), os índices de reconhecimento da importância e gravidade do tema são elevados, acima de 70%. O número de pessoas que já compartilharam alguma informação sobre o meio ambiente é de 65%, aqueles e aquelas que votaram em algum político por causa das questões ambientes é de 42%, e 24% já fizeram alguma doação para instituições que lidam com o tema. Entretanto, os índices de engajamento direto em ações relativas às mudanças climáticas não repetem esse padrão. Cf. Instituto de Tecnologia & Sociedade do Rio de Janeiro; Instituto Brasileiro de Opinião Pública e Estatística. "Mudanças climáticas na percepção dos brasileiros". *Relatório*, outubro de 2020. Disponível em: https://www.percepcaoclimatica.com.br/. Acesso em: junho de 2021.

25. Ver as considerações sobre a percepção do risco em Hulme, Mike. *Why We Disagree about Climate Change: Understanding Controversy, Inaction and Opportunity*. Cambridge: Cambridge University Press, 2009, pp. 198 e 211.

dução de bens exige deles, os recursos são escassos. Esse problema se soma e agrava a questão política com que já tínhamos que lidar: não há mais possibilidade de gerar escassez sem dissolver todos os laços sociais, como a ascensão da extrema direita tem mostrado. Mas há saída mesmo assim: abandonarmos o par abundância-escassez. A tarefa não é fácil, pois está em curso uma verdadeira batalha teórica para impedir que a ideia de abundância material seja abandonada. Até certo ponto, é compreensível, pois essa ideia está inscrita até o pescoço em nossos costumes. E claro que há também interesses econômicos e certa má-fé no debate.

As teorias do desacoplamento, explicadas no capítulo 30, são as mais perversas das que têm surgido como panaceia para manter inalterada a essência de nosso modelo econômico, fingindo incorporar a tarefa de enfrentar as mudanças climáticas. Essas teorias tentam reafirmar a possibilidade de crescimento nos termos atuais, buscando mostrar que a disponibilidade de recursos naturais poderia ser preservada. Só mesmo o apelo à matemática, com sua vocação para gerar enunciados contraintuitivos, é capaz de sustentar uma afirmação tão absurda (afinal, esses recursos são finitos). A façanha é realizada, pelos defensores do desacoplamento, com uma pegadinha: a manipulação dos números para deixar de fora recursos embutidos em produtos manufaturados em países do Sul (como mencionamos no capítulo 30). Claro que a culpa não é da matemática, e sim das pessoas que a empregam a seu bel-prazer. Todo esse plano tem um único objetivo: dizer que os recursos não são escassos e que a crença na abundância pode seguir orientando nossos modelos econômicos.

Há outra maneira, bem mais digna, de se escapar do dilema entre abundância e escassez. Mas ela requer novos pressupostos sobre o que propicia o bem-estar humano. Em vez de tomar o par abundância-escassez como determinante do dilema econômico, podemos recorrer à ideia de suficiência. Todo mundo quer uma vida boa, mas basta que ela seja boa o suficiente. Ou seja, o bem-estar não precisa ser sinônimo de mais e mais posses e bens materiais, inclusive porque muitos são supérfluos ou estragam mais rápido do que deveriam. Eliminando os excessos, poderíamos ter "uma vida boa o bastante" ou suficientemente boa, como sugere o antropólogo Eduardo Viveiros de Castro, inspirado na ideia de uma boa mãe proposta pelo psicanalista Donald Winnicott. A mãe boa o suficiente não é aquela que dá tudo o que os filhos querem, e sim a que mantém o apoio e o acolhimento quando eles se frustram.²⁶ Viveiros de Castro adapta essa ideia para uma mãe Terra boa o suficiente, que nos dá apenas o bastante, sem excessos. Assim, o par abundância-escassez seria substituído pelo par superabundância-suficiência.²⁷

O desacoplamento de que precisamos – e que pode ajudar a vivermos o ineditismo de nossos tempos – é entre viver bem e ter coisas. Essa pode ser uma nova definição de bem-estar social, inclusive. Mas a fim de que "ter muitas coisas" não seja condição para "viver bem", os requisitos do bem-estar devem estar garantidos. Serviços públicos universais e gratuitos têm essa função. Não à toa, as tendências hipercapitalistas querem torná-los privados e submetidos ao dinheiro, e resistir a essa ofensiva tem sido a luta mais importante dos últimos tempos. Contra isso, a defesa de serviços básicos universais deve ser ampliada, como já é o caso de saúde e educação universais e gratuitas para todos.²⁸ O Brasil tem longa tradição na defesa de um sistema de saúde universal. Mas ainda temos o desafio de ultrapassar o sistema dual, em que o serviço privado convive com o público. A ideia seria tornar tudo público e usar a mesma filosofia em outros requisitos de bem-estar, como moradia, saneamento e transporte.²⁹ Além disso, é essencial desacoplar o crescimento econômico da distribuição de renda, daí a pertinência de uma renda básica universal. Crescimento e bem-estar foram acoplados, durante tanto tempo, porque nunca se teve a coragem de tirar dos ricos o excesso do que possuem tanto no que toca à renda quanto à riqueza.

A crise climática ocorre ao mesmo tempo que o contrato social dá sinais de esgotamento. Daí a força da proposta de um novo pacto

---

26. Viveiros de Castro, Eduardo. "Desenvolvimento econômico e reenvolvimento cosmopolítico: da necessidade extensiva à suficiência intensiva". *Revista Sopro*, n. 51, maio de 2011.

27. Eduardo Viveiros de Castro sugere chamar os países desenvolvidos de "superdesenvolvidos". Ver entrevista com Eliane Brum. "Diálogos sobre o fim do mundo", *El País*, 29 de setembro de 2014. Disponível em: https://brasil.elpais.com/brasil/2014/09/29/opinion/1412000283_365191.html. Acesso em: junho de 2021.

28. Como na proposta de Serviços Básicos Universais, descrita em: https://universalbasicservices.org. Acesso em: junho de 2021. Agradeço à Ligia Bahia pela indicação.

29. Tornar tudo público é o que pode tornar tudo bom, pois a classe alta não teria a opção de serviços privados e pressionaria mais pela qualidade dos serviços públicos.

verde. No Sul, o bem-estar social, que nunca foi satisfatório, precisa se tornar prioridade. Educação, saúde, saneamento, transportes, alimentação e moradia em quantidade e qualidade suficientes – não apenas necessárias. Não se trata do mínimo necessário à sobrevivência, e sim do suficiente para uma vida boa. Essas podem ser as bases de uma nova economia política verde – um nome que talvez seja mais adequado que "novo pacto verde". Cuidados e qualidade de vida devem estar no centro dos projetos, como ponto de partida, não de chegada (jamais adiado para *depois* do crescimento econômico). Com a pandemia, os cuidados com doentes, crianças, portadores de deficiência e idosos voltaram a ser vistos como prioridade, e a ideia de "economia dos cuidados" ganhou força.[30] Mas ela não pode ser vista como novo terreno de ganhos e lucros privados.

Por fim, a relocalização da economia brasileira passa pela aposta na singularidade de nossos biomas, na diversidade de nossos territórios e dos povos que neles vivem (o que sempre foi uma demanda dos movimentos indígenas e ambientais). Essas ideias não podem mais ser adiadas – nem relegadas a segundo plano – em favor de grandes projetos de desenvolvimento. Relocalizar a economia é retornar ao território, como definido pelo geógrafo Milton Santos: uma "extensão apropriada e usada". Ou seja, um espaço que inclui as pessoas e o lugar em que habitam, uma "área de vivência e de reprodução".[31] O território é o lugar em que se vive, mas valorizado por uma sensação de pertencimento (que anda em falta nos nossos dias). Uma economia política verde deve se inspirar, em suma, em vocações territoriais e povos locais. Esse pode ser o horizonte de transformação para novos arranjos produtivos.

Tudo isso demanda muita pesquisa em ciência e tecnologia. Não para extrair minérios, e sim para criar uma economia da floresta em pé, dos rios correndo e da terra firme (sem que a lama destrua cidades e populações inteiras, como em Mariana e Brumadinho). Não para explorar o pré-sal, muito menos para construir usinas nucleares, e sim para desenvolver energias limpas. Não para estimular o agronegócio de

---

30. Timmons, Heather; Shalal, Andrea. "Analysis: How Biden Plans to Add $600 Billion to the U.S. 'Care economy'". *Reuters*, 6 de maio de 2021. Disponível em: https://www.reuters.com/world/us/how-biden-plans-add-600-billion-us-care-economy-2021-05-06/. Acesso em: junho de 2021.

31. Santos, Milton; Silveira, Maria Laura. *O Brasil: território e sociedade no início do século XXI*. Rio de Janeiro: Record, 2004.

exportação, e sim para produzir alimentos saudáveis a partir de vocações regionais, diminuindo os longos circuitos das comidas. Não para fabricar carros, e sim para produzir remédios e vacinas. Não para ir à Marte, e sim para desenvolver satélites capazes de monitorar o desmatamento e a poluição, preservar as florestas e evitar novas pandemias. O Brasil já tem a base científica e tecnológica de tudo isso, só falta usá-la como alma da economia.

A sensibilidade histórica de que vivemos tempos sem precedentes poderia, assim, dar lugar à renovação política de que precisamos e que implica redefinir as próprias noções de desenvolvimento, trabalho e proteção social. Mudanças desse porte podem acontecer dentro do capitalismo, como a ideia de pacto sugere? Pessoalmente, acho difícil. Mas também não enxergo condições para uma revolução. Esse impasse tem dificultado a renovação política, sobretudo no campo da esquerda. A fuga do capitalismo, entretanto, pode ser uma questão de chegada, não de partida. Especialmente porque os projetos anticapitalistas também precisam se livrar da temporalidade de progresso instituída pela modernidade. Talvez a suspensão do futuro como promessa possa adquirir um potencial revolucionário. Por enquanto, o futuro está poluído de visões nostálgicas. Melhor deixá-lo de lado por hora enquanto repovoamos a imaginação; com os pés fincados na terra, no aqui e agora. Criar caminhos enquanto os percorremos é perfeitamente possível.

O *dingo-dingo*, conceito de Bunseki Fu-Kiau, embala o processo da vida e origina um novo tempo – mesmo que ele ainda se mostre em cifras. Como ainda não desvendamos os nós do tempo que vivemos, resta-nos abrir trilhas durante a caminhada. É como capinar picadas enquanto vamos avançando no matagal, sem enxergar direito o que vem pela frente. Chegamos ao fim da picada, no sentido literal e figurado, e está difícil de enxergar saídas. Mas como diz Rita Lee, no "fim da picada começa uma grande avenida" – e aí pode haver uma chance. São *coisas da vida*.

Conclusão
# O POUSO NA TERRA

O plano de pouso pode ser resumido em dez passos. Começar por:

1) Usar a ciência como aliada, mas não como arma de convencimento. As mudanças climáticas estão acontecendo e não há dúvida disso. Já as soluções implicam escolhas difíceis e ações políticas ainda em gestação.

2) Ensinar modelos do clima e ciência do sistema Terra na escola. O ensino é abarrotado de fórmulas, que estão longe de traduzir os desafios do mundo hoje. É possível dar exemplos e fazer simulações simples, usando variáveis locais e a comparação com a meteorologia. Além disso, deve-se enfatizar a sensibilidade do sistema climático a pequenas alterações nas condições iniciais.

3) Enfatizar as incertezas na imagem pública da ciência. A verdade científica não tem apelo político imediato, por mais correta que seja. As incertezas são parte do fazer científico, que, mesmo assim, oferece um conhecimento confiável sobre a realidade. A ciência conquista a sociedade quando integrada a projetos mais amplos, incluindo instituições voltadas para difundir o gosto e o prazer científico.

4) Reterritorializar a questão climática. As conferências do clima (COPs) visam a convencer tomadores de decisão e governantes, mas eles costumam agir segundo ditames da política doméstica em seus países. Logo, os povos desses países precisam se apropriar das propostas e enxergar um impacto local positivo.

5) Realizar fóruns internacionais cidadãos. Organizações multilaterais, como as das Nações Unidas, atuam no âmbito de negociações entre governos, incluindo no máximo algumas entidades da sociedade civil. Essas esferas devem ser fortalecidas, mas precisamos também de instâncias de deliberação mais democráticas e participativas. De baixo para cima, com o lema: cuidar do futuro, agir no presente.

6) Abraçar a ideia de um novo pacto verde, porém adaptado à história do Sul. É preciso traduzir as propostas que estão na mesa para a realidade do Brasil e de outros países da América Latina, os quais têm sofrido com a produção de commodities e a indústria extrativa. Nada garante que as novas tendências mundiais nos libertarão desse destino.

7) Priorizar a ciência e a tecnologia em novos arranjos produtivos, mas não a partir dos ideais que imperaram na Guerra Fria. A ciência e a tecnologia devem se voltar prioritariamente à produção de insumos para o bem-estar da população, como saúde e alimentação (além de energias limpas).

8) Romper com a economia da promessa. As desigualdades de todos os tipos devem ser enfrentadas desde já e não podem seguir subjugadas à retórica do crescimento econômico. Não se trata de impor restrições a populações que já vivem com muitas. Ao mesmo tempo, não é mais possível manter as pessoas em compasso de espera por um futuro que nunca chega.

9) Criar uma economia política verde. O contrato social precisa ser refeito, refundando a proteção social e priorizando uma economia dos cuidados. Além disso, o bem-estar deve garantir condições suficientes para uma boa vida. Vivemos tempos de mudanças sem precedentes, o que traz o desafio de lidar com uma nova sensibilidade histórica.

10) Curar o presente. Mesmo que para isso seja preciso deixar o futuro em suspenso, especialmente as ideias de grandeza que inspiraram os anseios de desenvolvimento no Brasil. Não somos o país do futuro. Somos o abrigo de uma das maiores florestas tropicais do mundo, cujo papel no equilíbrio do clima e da biodiversidade do planeta é essencial. Não sabemos por quanto tempo. Todos os esforços para deixar a floresta em pé e os rios correndo – além de regenerar o que já foi desmatado de todos os nossos biomas – devem ser para já.

Esta não é uma agenda política – ao menos, não ainda. É uma preparação para fincarmos os pés no tempo que vivemos. Para não deixar que visões do passado e ilusões de futuro nublem o ineditismo que o caracteriza. Vivemos uma época de mudanças sem precedentes. Isso altera o próprio sentido da história e nossa experiência do presente. Recorrer ao passado já não nos ajuda a saber o que pode acontecer. A continuidade da história foi fundada nos tempos da razão, como dissemos na primeira parte deste livro, que agora termina. A afirmação da crença no progresso foi analisada na segunda parte. No meio do século 20, as guerras aceleraram a transformação tecnológica, dando origem a visões inéditas sobre o destino humano. Isso também mudou a relação da sociedade com a ciência. Como mostramos na terceira parte, os conflitos políticos mundiais deram origem às inovações tecnológicas do pós-guerra, quando o próprio modo de organizar a produção científica mudou. Por sua vez, a confiança nas invenções humanas tornou-se inseparável da percepção dos riscos que certas tecnologias trazem para a humanidade.

As mudanças climáticas e o Antropoceno inverteram a direção em que o Ocidente estava caminhando: cada vez mais longe nos céus.

Sem Deus, mas com a atração universal; sem uma ordem satisfatória na Terra, mas com a ordem desejada no mundo dos astros; sem garantia contra os riscos que nós mesmos criamos, mas com toda a *hybris* fornecida pela tecnologia, incluindo o poder de conquistar o espaço. A descoberta de um planeta sensível e sob sérias ameaças para a vida humana desvia esse percurso e embaralha a visão sobre o que vem depois. Seguir na mesma trilha, hoje, seria partir rumo a Marte. Um plano que até pode ser factível, mas só para poucos bilionários excêntricos. Para tantos e tantas, para nós, simples mortais, fincar os pés na Terra é o único plano possível. Mas não é só isso: essa é a maneira mais acolhedora de imaginar a missão que temos pela frente. Por enquanto, só se aventa a vida em Marte dentro de uma redoma, onde o ar que respiramos teria que ser gerado artificialmente, pois não existe oxigênio no planeta vizinho. Se na Terra a concentração de gás carbônico na atmosfera preocupa, qual é o sentido de buscar o futuro em um planeta cuja atmosfera sempre foi 96% composta desse gás? Depois da pandemia de covid-19, quem consegue imaginar a falta de oxigênio, ou mesmo a vida com oxigênio artificial, como uma ideia reconfortante?

Interrompemos a rota de Marte porque ela deu sinais de uma falha irreparável: acabou o combustível, literalmente. O impasse a que chegamos pode ser resumido, então, por etapas. Um caminho de avanços e expansão era a promessa de que o modelo econômico do pós-guerra um dia incluiria todo mundo. Com auxílio da tecnologia, isso seria possível, bastaria encontrar o modo certo de chegar lá; quer dizer, implementar a opção política mais apropriada (e aqui começavam as divergências). Essa promessa de abundância tinha uma contrapartida material imediata: os recursos naturais, dos quais os combustíveis fósseis eram os mais emblemáticos.[1] Que não possamos seguir usando e abusando deles é também um indício do esgotamento das expectativas que nos embalaram até aqui. Ainda não se sabe se novas fontes de energia serão capazes de manter nossas sociedades funcionando do mesmo jeito. Muito provavelmente, não. Além disso, a destruição da biodiversidade pode levar a pandemias como a que acabamos de viver.

O plano de pouso, listado aqui, tem a intenção de criar pré-condições para que consigamos buscar saídas com lastro nesta nova realidade. Pousar na Terra tem este sentido, portanto: o de prepa-

---

1. Essa tese foi demonstrada em: Mitchell, Timothy. *Carbon Democracy. Political Power in the Age of Oil*. Nova York: Verso, 2011.

ração, desvio de caminho para inspirar a imaginação de soluções, a partir de uma sensibilidade renovada sobre nosso planeta e seus habitantes. Ainda não estamos em condições de propor saídas à altura do ineditismo de nossos tempos. Enquanto isso, não podemos nos afastar muito do planeta, sob o risco de cedermos a escapismos e fugas que se apresentam hoje como negação da realidade, e até mesmo das evidências científicas. O fenômeno chamado de "negacionismo" não tem apenas o sentido de contrariar a ciência: ele também designa crenças infundadas em soluções puramente tecnológicas, cujo objetivo seria evitar qualquer ameaça de mudança mais radical. Em casos pontuais, inovações tecnológicas têm, sim, potencial de atenuar o aquecimento global e diminuir outros riscos ambientais. Mas não vão *resolver* o problema. Novas teorias que tentam nos convencer do contrário, ou seja, que tudo será solucionado por novas pesquisas científicas e tecnológicas, visam a nublar nossa visão e a bloquear a sensibilidade do ineditismo de nossos tempos. Nada mais sintomático que a proposta de que precisaríamos de um "novo iluminismo", como sugere Steven Pinker e outros profetas do gênero (como os defensores da teoria do desacoplamento, citados no capítulo 30).[2] Recorrendo aos dados – como se números falassem por si –, defendem o prolongamento da mesma história que nos trouxe até aqui. Afinal, as estatísticas indicam melhoras na expectativa de vida, no tratamento de doenças, na pobreza e em outros índices do gênero. Sim, esses dados são verdadeiros. E, *mesmo assim*, trazem uma mensagem enganosa: a de que ainda é possível confiar na promessa de futuro, tal como forjada pela modernidade (e que, no capítulo 33, vimos estar se esgotando). Afogar essa sensibilidade em números é o objetivo – mais ou menos consciente – dessas teorias. Muitos querem calar os rumores, que já se escutam aqui e ali, dizendo que existe algo muito errado no mundo como está hoje e as saídas devem apontar caminhos radicalmente distintos. A intenção é desviar o foco do caráter sem precedentes de nossos tempos. Pois o livro que vocês têm em mãos visa ao oposto: reforçar a sensibilidade de que habitamos um ponto de descontinuidade da história e dar razão a quem está em busca de novas bússolas, pois nossos problemas são graves.

---

2. Pinker, Steven. *O novo iluminismo: em defesa da razão, da ciência e do humanismo*. São Paulo: Companhia das Letras, 2018.

A gravidade ganhou uma relevância epocal; quer dizer, tornou-se uma sensação própria de nossa época. São tempos graves e decisivos para o próprio futuro da humanidade. Dipesh Chakrabarty sugere uma "consciência epocal" da idade planetária em que entramos, que carrega um novo "clima da história". A partir da descoberta do Antropoceno, houve um choque e abriu-se uma brecha na própria estrutura do tempo histórico em que a humanidade sente estar inserida. De agora em diante, ela é compelida a se engajar em um tempo mais profundo: o da história do planeta e de quando a vida humana surgiu na Terra.[3] A consciência, ainda em formação, dessa nova época seria um ânimo para mudar nossa visão sobre o próprio papel da humanidade. O conteúdo dessa nova maneira de experimentar o tempo ainda é pré-político, Chakrabarty ressalva. A política precisará ser refundada a partir daí, quando conseguirmos imaginar de que outra maneira a humanidade pode habitar o planeta.[4] Acrescentamos a isso a proposta de condensar essa sensibilidade histórica no que chamamos de "gravidade epocal".[5]

A ideia de gravidade tem dois sentidos: o que mantém nossos pés sobre a terra (ao mesmo tempo que mantém a Terra em órbita); e a seriedade despertada pelos riscos que nos espreitam. Enquanto preparamos novos tempos, precisamos ficar por perto da Terra, sem deixar que a angústia do indeterminado nos leve ao espaço sideral – seja no plano tecnológico, seja no terreno dos afetos e das ideias. Recriar, assim, uma relação prática e estética com o planeta, sem a qual não existiremos mais. Pisar no chão e circundar a Terra a uma distância limitada. No nível dos satélites já é suficiente – e não tão longe a ponto de escapar para Marte. Afinal, é preciso um impulso grande demais para sairmos do campo gravitacional do planeta. Mas para manter a órbita dos satélites, a força de atração terrestre só ajuda. Este livro não renuncia ao espaço nem à tecnologia. Os satélites, por exemplo, seguirão aliados imprescindíveis, mais importantes que os foguetes de

---

3. Chakrabarty, Dipesh. *The Climate of History in a Planetary Age*. Chicago: University of Chicago Press, 2021, p. 192.

4. Ibidem, p. 204.

5. A palavra "consciência" ainda remete o humano a si próprio, é um conhecimento que permite ao humano experimentar seu mundo interior ou perceber o que é moralmente certo ou errado. Essa sensação epocal talvez precise de sentidos menos humanocentrados.

exploração extraterrestre. Satélites são "olhos no céu", cuja fabricação foi essencial na descoberta das mudanças climáticas (como vimos no capítulo 25), e precisamos deles para nos enviarem imagens do desmatamento a ser combatido e das condições atmosféricas a ser estudadas.

Precisamos confiar na ciência. Mas temos também uma tarefa mais trabalhosa: renovar a confiança na ciência, como sugere a historiadora da ciência Naomi Oreskes em *Por que confiar na ciência?* [6] Essa pergunta precisa ser respondida com transparência e comprometimento, indo além de acordos que pareciam dados de antemão. Há alguns anos, ninguém imaginava que a verdade científica seria questionada por estratégias tão engenhosas, inclusive encampadas por governos e pessoas em postos de poder. Mas não é que a verdade esteja em crise, como afirmam os diagnósticos da "pós-verdade". Estamos em meio a uma reconfiguração profunda do conhecimento social, ou seja, do modo como o conhecimento costumava ser reconhecido pela sociedade. Muita gente ainda observa as reconfigurações entre saberes e poderes em nossos tempos, tentando entender quem traz os conhecimentos mais seguros e aonde eles podem nos levar, que mundo novo eles podem ajudar a construir. É compreensível que a ciência e a tecnologia despertem hoje menos confiança que há três décadas. Isso não quer dizer que as pessoas não acreditem nos cientistas. Quer dizer que elas percebem mudanças que acarretam avanços, mas também riscos. De uns tempos para cá, computadores e robôs vêm mudando – muito – nossos modos de viver e de conviver com as outras pessoas. Eles chegam a ameaçar os empregos ainda existentes e, com isso, o senso de utilidade de uma multidão de homens e mulheres. Será que nos tornaremos inúteis? Será que a tecnologia vai nos dominar? Além disso, há debates sobre poluição, agrotóxicos, transgênicos, remédios ou mapeamento e edição do genoma humano. Tudo isso aproxima a ciência de problemas sociais, chegando a afetar costumes íntimos, como a comida que colocamos na mesa e o modo de tratar doenças. Todo um pacote de expectativas, que nos alentaram até bem pouco tempo, tornou-se incerto e arriscado, em alguns casos. Isso arrasta a ciência para o lado da política, e é normal que seja assim. Daí a relevância de renovar a confiança na ciência ao mesmo tempo que buscamos reconquistar a confiança na política e nas instituições. Contanto que sejam outra política e novas instituições.

---

6. Oreskes, Naomi. *Why Trust Science?* Princeton: Princeton University Press, 2019.

O que significa *confiar* em alguém (ou em governos e instituições)? Confiar depende de uma *relação* estabelecida sobre uma sensação de segurança, transmitida pelo outro lado, de que se importa conosco. Um exemplo banal são os bancos, em que precisamos confiar bastante antes de lhes entregar todo nosso dinheiro. Mas quando eles quebram, como na crise financeira de 2008, ou quando confiscam nossa poupança, como fez o governo de Fernando Collor, começamos a desconfiar. É também uma confiança no sistema que faz funcionar a política. Por exemplo, quando saímos para votar, ainda nutrimos alguma confiança de que essa pequena ação fará diferença, mesmo que seja só um voto no meio de tantos. Já o aumento dos votos brancos e nulos preocupa, justamente porque indica crescente desconfiança no sistema político.

Resumindo, confiar é dar um voto sobre atitudes presentes e futuras, tanto de pessoas como de instituições, apostando que se preocupem conosco e desejem nosso bem. Isso já não sabemos ao certo. Nem sobre pessoas distantes do nosso círculo familiar, nem sobre o sistema político – agora, nem sobre o planeta. Só que, neste último caso, não podemos culpá-lo por não desejar nosso bem. Não é que o planeta queira vingança – sentimento demasiadamente humano. É que ele não liga tanto para nossa existência. Afinal, haverá outras vidas se a humanidade deixar de habitá-lo. Mas ainda podemos mudar a relação com ele e talvez, assim, "adiar o fim do mundo", como diz Ailton Krenak: "[...] a minha provocação sobre adiar o fim do mundo é exatamente sempre poder contar mais uma história. Se pudermos fazer isso, estaremos adiando o fim".[7]

Que planeta vamos deixar para as futuras gerações? Em geral, famílias se preocupam muito com a herança de seus descendentes. Mas o que eles poderão fazer em um planeta devastado? Não vai adiantar ter muito dinheiro. A pergunta sobre nosso legado é uma maneira de trazer o futuro de volta, encapsulando-o no presente. A ancestralidade pode ser um conceito-chave para fundar um novo modo de conceber a relação dos atuais habitantes da Terra com os que virão depois. Essa ideia tem sido reivindicada pela filosofia africana, como forma de revigorar o passado comum dos povos em diáspora. Mas a ancestralidade é definida também como sentimento de pertenci-

---

7. Krenak, Ailton. *Ideias para adiar o fim do mundo*. São Paulo: Companhia das Letras, 2019, p. 27.

mento, capaz de unificar comunidades além dos laços sanguíneos. Assim como nas tribos indígenas, adultos são responsáveis por todas as crianças da comunidade, parentes ou não. Logo, ancestralidade é cuidado e responsabilidade com um mundo porvir. Nas palavras da filósofa Adilbênia Freire Machado, a ancestralidade funda uma ética de cuidado e de pertencimento.[8] É uma relação de continuidade dos ancestrais na vida dos mais jovens.

> Um tempo está partindo, outro está chegando
> Um dia vai e outro vem
> Os da frente (os velhos) estão indo
> os de trás (os jovens) os estão seguindo
> (dando-lhes continuidade)[9]

Como viverão as crianças e os jovens de hoje no mundo que estamos preparando? Que tipo de ancestrais queremos ser?[10] Essas ponderações sugerem maneiras originais de reenvolver o futuro no presente. Contanto que consigamos ir além da ideia de herança, que pressupõe um parentesco. Não são apenas *nossos* filhos, filhas, netos e netas que importam. Pois em que mundo eles viverão? A vida de uma pessoa dura pouco para ver tudo o que ainda vai se alterar no que chamávamos de paisagem: rios, mares, montanhas, bosques ou florestas. Por isso, a responsabilidade e a solidariedade entre gerações talvez seja a maneira mais profunda de despertar uma preocupação comum com a destruição do planeta. Temos de guardar algo para as futuras gerações – esse é um compromisso político, mas também existencial, ético e estético. O sumiço de um rio não é apenas uma alteração da paisagem: é o fim dos peixes que as pessoas comem, da água que elas bebem e de um mundo que dá sentido à vida. Nada disso é abstrato, basta lembrar de Mariana e Brumadinho. O rio Doce, que se tornou tóxico, é chamado de *Watu* [nosso avô] pelo

---

8. Machado, Adilbênia Freire. "Filosofia africana: ética de cuidado e de pertencimento ou uma poética do encantamento". *Problemata: Revista Internacional de Filosofia,* v. 10, n. 2, pp. 56-75, 2019.

9. Ditado Yourubá. Ribeiro, Ronilda Iyakẹmi. *Alma africana no Brasil: os iorubás.* São Paulo: Oduduwa, 1996, p. 61.

10. Krznaric, Roman. *The Good Ancestor: How to Think Long Term in a Short-Term World.* Londres: WH Allen, 2020.

povo krenak. Ele é uma pessoa, "não um recurso, como dizem os economistas". Agora, são 600 quilômetros com o material que desceu da barragem de contenção de resíduos da Vale do Rio Doce, "o que nos deixou órfãos e acompanhando o rio em coma", lembra Ailton Krenak.[11] A mineração sempre alterou elementos que acreditávamos ser eternos na paisagem. Nos anos 1980, o poeta Carlos Drummond de Andrade já narrava o desaparecimento de montanhas que tinham forjado sua experiência em Itabira, desde muito cedo.[12] Montanhas inteiras, transformadas em pó de ferro, eram levadas para longe: "O maior trem do mundo/ Puxado por cinco locomotivas a óleo diesel/ Engatadas geminadas/ desembestadas/ Leva meu tempo, minha infância/ minha vida". Rios, montanhas, florestas e praias estão desaparecendo e levando consigo nossas memórias. Pior: a possibilidade de que as futuras gerações tenham as experiências que tivemos.

O mar não está para peixes, literalmente. Oceanos mais ácidos, atmosfera tóxica funcionando como uma câmara de gás, desigualdades galopantes corroendo os laços sociais ou aumento da agressividade e da violência são preocupações de um mesmo tipo em nossos dias. Não existe, portanto, um âmbito da natureza e outro, distinto, de preocupações humanas. Nossa época é excepcional, inédita, justamente porque desastres naturais não são excepcionais. Antes, a paisagem era estável, e sua desaparição, um evento trágico, como narra Drummond. Havia desastres naturais, claro, que já afetavam a vida e tinham papel-chave em nossa história, como terremotos ou tsunâmis. Mas era como se acontecessem de modo independente de nossa vontade e de nossas decisões. Seres humanos destruíam-se uns aos outros com frequência – e poderiam seguir assim ou não, dependendo de suas escolhas e de suas lutas. Mas os rios seguiriam correndo, os oceanos ainda produziriam plâncton para renovar o oxigênio da atmosfera, as florestas continuariam com o poder de capturar o gás carbônico em excesso no ar que respirávamos. Fora eventos excepcionais, essa base estava segura. Foi essa segurança que nós perdemos. E perdemos todos: estadunidenses e latino-americanos, europeus, africanos ou asiáticos, homens e mulheres, brancos e negros, ricos e pobres – ainda que o segundo grupo, em cada um desses pares, tenda a sofrer

---

11. Krenak, Ailton. *Ideias para adiar o fim do mundo*, op. cit., p. 42.

12. Wisnik, José Miguel. *Maquinação do mundo: Drummond e a mineração*. São Paulo: Companhia das Letras, 2018.

as consequências mais que os primeiros (e antes deles). Como recuperar, então, o sentido de que vivemos um risco comum e recriar, a partir daí, uma sensação de coletividade e um ideal de solidariedade? Um mundo em que caiba todo mundo ainda está para ser criado – e não vai ser fácil nem sem conflitos. Resgatar o senso de coletividade e solidariedade é apenas um primeiro passo. Teremos que acolher pessoas próximas e distantes, animais e árvores, rios e bosques; oceanos acidificados cheios de plástico e florestas em chamas.

Se você, leitor ou leitora, chegou até aqui e se sensibilizou com a história que contamos, quero deixar uma última mensagem. Caso se sinta impotente, pois a missão que nos aguarda é imensa e difícil, caso queira fazer algo e não saiba exatamente por onde começar, não se angustie: ninguém sabe. Esse "não saber" talvez seja, em nossos dias, o sentimento mais compartilhado na face da Terra. Quem finge que sabe provavelmente está em negação – ou está mentindo. Há os que sabem que estão criando um mundo para poucos e fingem que não é bem isso. Esses sabem e fingem não saber. São eles que já estão a caminho de Marte. Em vez disso, nós não sabemos que mundo pôr no lugar deste, e não adianta fingir que sabemos. Como construir um projeto político fundado no "não saber"? Sempre foi muito difícil que seres humanos, principalmente aqueles em busca de poder, assumissem que não sabem apresentar a saída para um situação difícil. Mas, hoje, qualquer promessa de que os problemas analisados neste livro possam ser simplesmente *resolvidos* é enganosa. Uma preparação para a busca de soluções duradouras, e dos meios para colocá-las em prática, implica aprender a lidar com esses problemas. Como resume a filósofa Donna Haraway, aprender a "ficar com o problema".[13] E fazer o melhor possível diante do novo tempo que ele traz consigo. Podemos, sim, inventar soluções durante o percurso e, para isso, há vários caminhos, alguns dos quais foram sugeridos neste livro. Por eles voltamos de Marte em busca de um novo presente. Aqui mesmo, na Terra.

---

13. Haraway, Donna. *Staying with the Trouble: Making Kin in the Chthulucene.* Durham: Duke University Press, 2016.

**Acreditamos
nos livros**

Este livro foi composto em ITC New Baskerville e impresso pela Geográfica para a Editora Planeta do Brasil em novembro de 2021.